Naturerlebnisführer

Unsere Vögel

Naturerlebnisführer

Unsere Vögel

Biologie, Verhalten und Schutz

Autoren:

Arnoud B. van den Berg, Tom van der Have, Guido Keijl

Illustratoren:

Gerald Driessens, Frits-Jan Maas, Karel Mauer, Erik van Ommen

Wissenschaftlicher Berater der Originalausgabe:

Dominic Mitchell

Wissenschaftlicher Berater der deutschen Ausgabe:

Prof. Dr. Josef H. Reichholf, Dr. Hans-Wilhelm Ley

Mosaik

Unsere Vögel
Titel der englischen Originalausgabe: Birdwatching
Dieser Band wurde konzipiert und hergestellt von Weldon Owen Pty Ltd,
59 Victoria Street, McMahons Point, NSW, 2060, Australia, einem Verlag der
Weldon Owen Group of Companies,
Sydney und San Francisco.
Die europäische Ausgabe wurde erarbeitet von
Uniepers B.V. Abcoude, Niederlande.

Weldon Owen Pty Limited
Redaktionsleitung: Sheena Coupe
Redaktionelles Management: Lynn Humphries
Projektredaktion: Scott Forbes
Art Director: Hilda Mendham
Umschlaggestaltung: John Bull
Produktionsleitung: Caroline Webber
Direktor internationaler Verkauf: Stuart Laurence

Uniepers B.V.
Wissenschaftliche Beratung: Dominic Mitchell, *Birdwatch*, London
Korrektur: Arnoud B. van den Berg, *Dutch Birding*, Amsterdam
Autoren: Arnoud B. van den Berg, Tom van der Have, Guido Keijl
Redaktionelle Koordination: Annelies Bouma
Redaktionsassistentin: Marielle Hovemann
Bildredaktion: Arnoud B. van den Berg; Maartje Snel;
Foto Natura, Wormerveer
Illustrationen: Gerald Driessens, Erik van Ommen, Frits-Jan Maas,
Karel Mauer
Layout: Erik Sok, Kjeld de Ruyter
Produktionsdirektor: Marinus H. van Raalte

Deutsche Ausgabe
Übersetzung, Redaktion und Herstellung: Thema Produktmarketing und Werbung GmbH, Redaktions- und Herstellungsservice für Buch- und Presseverlag, München
Redaktion: Dr. Vera Baur, Gudrun Jensen, Angela Obermaier
Übersetzung und Vorwort: Prof. Dr. Josef H. Reichholf
Wissenschaftliche Beratung: Prof. Dr. Josef H. Reichholf
Dr. Hans-Wilhelm Ley

Verlag Das Beste
Redaktion: Dr. Angela Meder
Grafik: Gunthara Michaelis
Produktion: Norbert Baier
Redaktionsdirektorin: Suzanne Koranyi-Esser
Redaktionsleiter: Christof Schmid-Flemmig
Art Director: Rudi K. F. Schmidt
Direktor Materialwirtschaft: Joachim Forster
Leitung Produktion Buch: Joachim Spillner

Die Texte dieses Bandes wurden gemäß den Regeln der reformierten Rechtschreibung verfasst.

Printed in Singapore

ISBN 3-576-11365-7

Eine Produktion von Weldon Owen

Denkt Ihr nicht daran, was sie für Wunderwesen,
nicht daran, wer sie erschuf, wer sie gelehrt?
Die schöne Sprache, deren Sinn zu lesen,
er tausend Melodien hat beschert?
Ihre Gesänge sind so auserlesen,
wie sie kein Instrument gewährt.

Die Vögel von Killingworth,
frei nach H. W. Longfellow (1807–1882), amerikanischer Dichter

Inhalt

Vorwort

Vögel sind faszinierende Lebewesen. Für viele Menschen gehören sie zum Wundervollsten, das die Natur hervorgebracht hat. Sie begeistern uns mit ihrer Schönheit und ihrer Eleganz, mit ihren Fähigkeiten und ihren Leistungen. Die Eiswüsten der Pole haben sie sich als Lebensraum erschlossen, sie nutzen den Reichtum der Meere und eroberten den Luftraum.

Über Tausende von Kilometern fliegen die Vögel zielsicher von ihren Brutgebieten in die Winterquartiere und wieder zurück. Manche legen nicht einmal eine Rast ein. Scheinbar mühelos stellten sich viele von ihnen auf die moderne Welt des Menschen ein. Sie folgten ihm in die Innenstädte und brüten sogar auf Industrieanlagen. Von Fernsehantennen lassen sie genauso wie von Baumwipfeln ihr Lied erschallen. Sie sind überall um uns und gewähren uns immer wieder Einblick in ihr Leben.

Es gibt auf der Welt mehr als 9000 verschiedene Arten von Vögeln – eine großartige Vielfalt! Niemand hat alle diese Arten gesehen. Denn viele leben ganz versteckt auf einsamen Inseln oder im dichten Blattwerk tropischer Wälder. Andere dagegen bewohnen Millionenstädte.

Das Leben der Vögel steckt voller Überraschungen, immer wieder wird Neues, manchmal ganz Unerwartetes entdeckt und so nimmt das Interesse an der Vogelwelt weiter zu. Weltweit gibt es längst Millionen von Vogelliebhabern. Sie alle wollen ihre gefiederten Freunde beobachten und schützen. Die Vögel sind für sie und für viele andere Menschen ein Quell der Freude und manchmal sogar des Trostes. Eine Welt ohne Vögel wäre eine leere Welt!

VÖGEL BEOBACHTEN UND ERKENNEN führt Sie ein in die Welt der Vögel, in ihre großen und kleinen Geheimnisse. Sie zu entdecken wird Ihnen unendlich viel Freude bereiten! Über 200 Vogelarten, das sind rund die Hälfte aller in Europa vorkommenden, stellt dieses Buch vor. Es zeigt, wie sie aussehen und welche Kennzeichen sie haben, gibt Einblick in ihr Leben und vermittelt so das Grundwissen für ein erfolgreiches Beobachten und Kennenlernen. Eine solche Fülle von interessanten Details steckt in diesem Werk, dass man es immer wieder gern zur Hand nehmen wird. Vogelbücher gibt es viele, aber dieses ist ein ganz besonderes!

PROF. DR. JOSEF H. REICHHOLF,
Ornithologe an der Zoologischen Staatssammlung in München und Präsidiumsmitglied bei der Umweltstiftung WWF-Deutschland

Ist es verwunderlich, dass wir uns in einer so verwirrenden Welt für die Vögel begeistern? Vielleicht sind sie ja die überzeugendste Form der Wirklichkeit.

Frei nach Roger Tory Peterson (geb. 1908),
Ornithologe und Begründer der modernen Vogelbestimmungsführer

Erstes Kapitel

Basiswissen Vögel

Die WELT der VÖGEL

Junko

Es gibt kaum einen Platz auf der Erde, an dem man nicht auf die unterschiedlichsten Vogelarten trifft.

Vögel sind äußerst mobile Tiere. Zwar gibt es auch andere Tiergruppen, die sehr weit umherschweifen, aber nur die Vögel können im Prinzip jeden Punkt der Erde erreichen. Man findet sie in den heißen, unwirtlichen Wüsten genauso wie in den eisig kalten Polargebieten. Die meisten Arten leben jedoch in Feuchtgebieten und Wäldern, vor allem im tropischen Regenwald. Einige bleiben ihr Leben lang am gleichen Ort. Andere legen weite Strecken zurück und ziehen über Ozeane und Kontinente.

Man unterscheidet rund 9300 Vogelarten. Ihr Größenspektrum reicht von der winzigen Bienenelfe *(Calypte helenae)* mit nur 2 g Gewicht bis zum afrikanischen Strauß, der bis zu 136 kg wiegt und größer ist als ein Mensch.

In Bezug auf das Gefieder ist jede Farbnuance vertreten. Es kann prächtig und auffällig bunt sein, wie beim Pfau oder bei vielen Papageienarten, aber auch zur perfekten Tarnung werden. Der Eulenschwalm z. B. sieht aus wie ein abgestorbener Baumstumpf.

Einige Vogelarten stehen am Rand des Aussterbens, andere sind sehr häufig. So gibt es sicher mehr Haushühner auf der Erde als Menschen.

Pazifische Goldregenpfeifer fliegen jedes Jahr von Alaska bis zu den Hawaii-Inseln mit über 100 km/h nonstop und von dort wieder zurück. Als Proviant dient ihnen ein Fettvorrat, der fast ihrem eigenen Körpergewicht entspricht.

Eine noch höhere Geschwindigkeit als diese Vogelart erreicht der Wanderfalke mit bis zu 320 km/h beim Sturzflug. Sogar flugunfähige Vögel gibt es. Dazu gehören die Pinguine und ebenso die Strauße, die dafür aber Meister im Laufen sind.

Wanderfalke

Strauß

Eulenschwalm

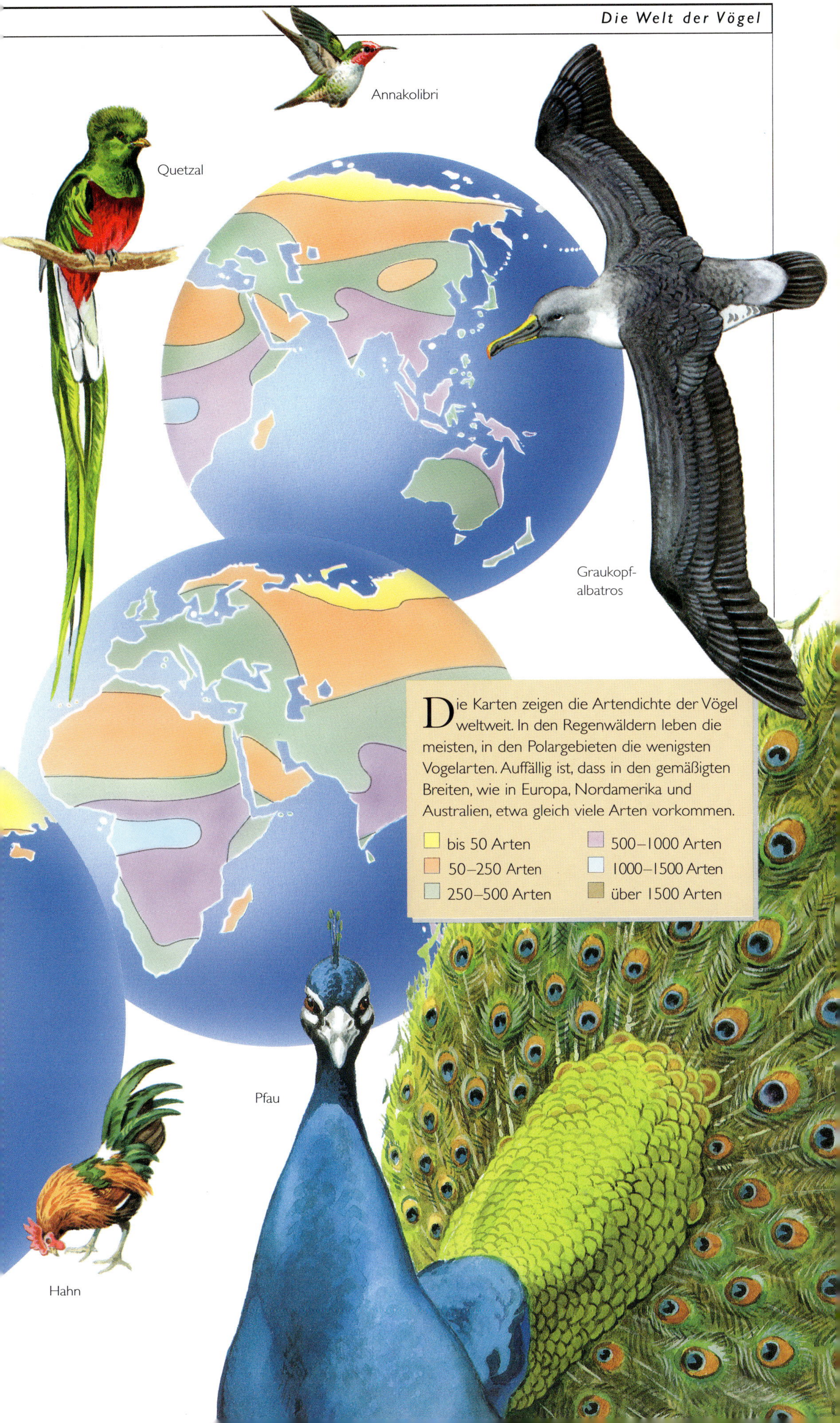

Die Karten zeigen die Artendichte der Vögel weltweit. In den Regenwäldern leben die meisten, in den Polargebieten die wenigsten Vogelarten. Auffällig ist, dass in den gemäßigten Breiten, wie in Europa, Nordamerika und Australien, etwa gleich viele Arten vorkommen.

- bis 50 Arten
- 50–250 Arten
- 250–500 Arten
- 500–1000 Arten
- 1000–1500 Arten
- über 1500 Arten

Vögel und Fabelwesen

Das Spektrum der gefiederten Fabelwesen reicht weit: vom Phönix, der aus der Asche emporsteigt, bis zum heiligen Garuda – dem König der Lüfte –, von der Friedenstaube bis zum Rotkehlchen der Glückseligkeit.

VOGEL ROCK *Ein altes Märchen erzählt von einem riesenhaften Vogel, der sich von Elefanten ernährte. Die Abbildung zeigt eine Szene aus Tausendundeiner Nacht: Ein Vogel-Rock-Küken wird aus dem Ei gezogen.*

In den alten Mythologien der Völker spielen neben anderen Tieren immer wieder auch die Vögel eine bedeutende Rolle. Überraschend ist das nicht, denn ihre Fähigkeit zu fliegen fesselt die Menschen bis heute in ganz besonderer Weise und ihr herrlicher Gesang war für Generationen von Dichtern eine Quelle der Inspiration.

Während viele Gott-Tier-Gestalten Schrecken verbreiten, symbolisieren Vögel meist positive Eigenschaften. So steht die Eule noch immer für Weisheit, die Taube gilt als Friedensbringer. Viele Mythen reichen tief in die Vergangenheit. Ihren Ursprung kennen wir nicht mehr.

VOGELMENSCH *Das frühe Vogelbild wurde in der Höhle von Lascaux gefunden. Sein Alter wird auf über 15 000 Jahre geschätzt. Neben einem Vogel und einem Wisent erscheint auch ein vogelköpfiger Mensch.*

Klassische Mythen

Mehr als 3000 Jahre zurückverfolgen lässt sich der Mythos vom Vogel Phönix. Die alten Ägypter brachten ihn mit der Schöpfung der Erde in Verbindung und sahen in ihm eine Verkörperung des Sonnengottes. Später übernahmen die Griechen ihn als Symbol und die Römer schließlich schufen den Phönix-Mythos, so wie wir ihn noch heute kennen. Danach stieg der legendäre Vogel, der in der Wüste lebt, alle 500 oder 1400 Jahre auf eine Erhebung und verbrannte sich selbst um dann aus der Asche zu neuem Leben und wiedergewonnener Jugend aufzusteigen. Heute glauben wir den Hintergrund zu kennen: In den austrocknenden Salzpfannen der Wüste brüteten Flamingos, die von Luftspiegelungen scheinbar „verschluckt" wurden um bald darauf „aufzuerstehen".

Von Halcyone handelt ein griechischer Mythos. Sie trauerte so sehr um ihren ertrunkenen Gatten, dass sie wie er in einen Eisvogel verwandelt wurde. Das Eisvogelpaar baute sein Nest draußen auf dem Meer. Während der Brutzeit gebot Zeus Aeolus, dem Gott der Winde, Ruhe. Halcyone flog dann mit ihren Jungen aus. So erklärte man sich die regelmäßig eintretende Wind-

Nun denn, ich glaube …

dass in Arabien

auf einem Baume

der Phönix thront

auf seiner Laube

und von dort

Zeit regiert und Raum.

The Tempest, frei nach William Shakespeare (1564–1616)

SYMBOL DER MACHT

Wenige Vögel dürften die Menschen mehr beeindruckt haben als die Adler. Ihr kraftvoller Flug wird schon in König Salomons Hohem Lied gerühmt. Ein Adler befand sich im Emblem des babylonischen Gottes Aschur. Derselbe Vogel schmückte auch das Zepter des Zeus, des obersten Gottes der alten Griechen. In der Hindu-Mythologie war es ein Adler, der den Menschen den göttlichen Trank Soma überbrachte. Die altnordischen Sagen erzählen, dass sich der Gott Odin oft in Gestalt eines Adlers zeigte. Ein bedeutendes byzantinisches Motiv war der doppelköpfige Adler. Später wurde er als Symbol im Staatswappen u. a. von Österreich und dem preußisch geprägten Deutschland übernommen. Auch heute noch erscheint das Adlermotiv auf dem Waffenrock der Mexikaner und ist das Staatswappen der USA.

stille im östlichen Mittelmeer an den so genannten halkyonischen Tagen in der Mitte des Winters.

Östliche Mythen

Aus dem hinduistischen Kulturkreis stammt der Mythos vom Vogel Garuda. Er wird mit der Sonne in Verbindung gebracht, ist der Fürst der Vögel und ein Feind der Schlangen. Als Reittier des Gottes Wischnu tritt er halb in Menschen-, halb in Vogelgestalt auf. Heute hat die nationale Fluglinie Indonesiens Garuda zu ihrem Symbol auserkoren.

Der Vogel Rock fand im 15. Jahrhundert mit den arabischen Erzählungen *Märchen aus Tausendundeiner Nacht* Eingang in den westlichen Kulturkreis. So heißt es, Sindbad der Seefahrer erleidet Schiffbruch auf einer Insel im Indischen Ozean. Dort trifft der Seemann auf einen Vogel von enormer Größe, dessen Junge Elefanten fressen.

Fast die gleiche Erzählung gibt es in der altchinesischen Literatur. Auch Marco Polo war diese Geschichte auf seinen Reisen zu Ohren gekommen. Eine Feder vom Vogel Rock sei, so berichtete er, dem Mongolenherrscher Dschingis Khan überreicht worden.

Vermutlich waren arabische Seefahrer auf Madagaskar den letzten lebenden Vertretern des ausgestorbenen Riesenvogels begegnet. Das Tier legte Eier von über 10 kg Gewicht und erhielt deshalb den Namen Elefantenvogel *(Aepyornis maximus)*.

SELBSTAUFOPFERUNG *Vom Pelikan sagt die Legende, er habe seine Jungen mit eigenem Blut ernährt (Ulisses Aldrovandis Vogelkunde, 16. Jh.)*

Mythen aus Amerika

Nord- und Südamerikas Ureinwohner berichten ebenfalls Legenden von Riesenvögeln. So kannten die Indianer den Donnervogel, dessen Blick den Blitz entstehen ließ. Sein Flügelschlag brachte das Donnergrollen.

Vögel als Symbole

Mythen ranken sich auch um Vögel, die es wirklich gibt. Im alten China galten Fasane als Zeichen für Harmonie und die Gunst des Himmels. Der „Liebesfasan“ gehörte zu den wichtigsten übernatürlichen Kreaturen der chinesischen Mythologie. Im mittelalterlichen Europa, ja bis in die Neuzeit, glaubte man, der Pelikan würde seine Jungen mit seinem eigenen Blut füttern. Der aufopferungsvolle Vogel wurde zu einem wichtigen christlichen Symbol.

Und der Gartenfächerschwanz *(Riphidura leucophrys)* gilt noch in unserer Zeit bei den Aborigines, den australischen Ureinwohnern, als Schwätzer: Angeblich flüstert er den Frauen oft die Geheimnisse der Männer ins Ohr!

MYTHISCHE VÖGEL *Die Abbildungen zeigen Wischnu auf Garuda (oben) und den Donnervogel nordamerikanischer Indianer (rechts).*

Der URSPRUNG der VÖGEL

Über das Leben der Vögel wissen wir viel – über ihren Ursprung und ihre Evolution dagegen nur Bruchstückhaftes.

Aus welchen Tieren sich die Vögel entwickelt haben, wie die Übergangsformen aussahen und wie man sich deren Lebensweise vorzustellen hat, muss anhand von Fossilien erforscht werden. Allerdings haben sich nur relativ wenige Vogelfossilien erhalten.

Dafür gibt es verschiedene Gründe: Zum einen sind die innen oft hohlen Vogelknochen sehr zerbrechlich, und so zerfallen die meisten Vogelskelette im Laufe der Zeit. Zum anderen fanden offenbar nur sehr wenige Landvögel an Stellen den Tod, wo sie unter wasserbedeckten Sedimenten erhalten blieben; dort entstanden die meisten Versteinerungen. An Land werden Tierkadaver in Kürze von anderen Tieren gefressen.

IN STEIN GEMEISSELT *Vögel sind ein beliebtes bildnerisches Thema. Dieses koptische Relief aus Ägypten entstand im 8. Jh. n. Chr. (oben links).*

GEFIEDERTE DINOSAURIER

Der genaue Ursprung der Vögel verliert sich immer noch im Dunkeln. Es gilt jedoch inzwischen als sicher, dass sie aus einem Zweig der Reptilien hervorgingen, der als Untergruppe der Dinosaurier vor etwa 200 Millionen Jahren lebte und den man als Theropoden bezeichnet.

ARCHÄOPTERYX, DER URVOGEL

Im 19. Jahrhundert fand man im Solnhofener Schiefer in Bayern das fossile Skelett einer sehr frühen Vogelart. Der deutsche Paläontologe Hermann von Meyer erkannte dessen Bedeutung für die Wissenschaft und beschrieb es nach dem Fund eines zweiten Exemplars im Jahre 1861 im selben Steinbruch als *Archäopteryx lithographica*. Der „Urvogel" lebte in der Jurazeit vor knapp 150 Millionen Jahren, wahrscheinlich am Ufer eines Sees.

Mit seinen freien Krallen an den Flügeln konnte sich der Urvogel festhalten und vielleicht auch klettern. Seine Beine waren Laufbeine. Der asymmetrische Bau der Flügelfedern mit ihrer schmaleren Vorder- und breiteren Hinterkante zeigt, dass *Archäopteryx* fliegen konnte.

Die acht bislang gefundenen Urvogelfossilien weisen Merkmale auf, die einerseits den Vögeln, andererseits den Reptilien zuzuordnen sind. Wie bei Kriechtieren ausgebildet sind der lange, „freie" Wirbel aufweisende, aber befiederte Schwanz, die kleine Schädelkapsel und die Zähne im Schnabel. Auf ein Übergangsstadium in der Entwicklung zum Vogel verweist der Bau des Beckens und des Brustkorbs. Es gibt jedoch noch keinen Brustbeinkamm, an dem die Flugmuskulatur ansetzt. Typische Vogelmerkmale sind dagegen der Besitz von Federn, die zur Furcula verwachsenen Schlüsselbeine und die nach hinten weisende erste Zehe (Hinterzehe).

Immer noch wird an den Skeletten Neues entdeckt. Bis heute ist unklar, ob der Vogel sich aus baumkletternden Reptilien entwickelte oder aus kleinen Echsen, die am Boden liefen. Allerdings spricht heute immer mehr für die letztere Annahme.

FOSSILIEN des Archäopteryx *geben recht gute Hinweise auf Aussehen (oben rechts) und Lebensweise des Urvogels.*

HESPERORNIS *war ein flugunfähiger Vogel, der sich von Fischen ernährte. Er lebte in der Kreidezeit vor gut 100 Millionen Jahren. Viele der heutigen Wasservögel – wie etwa die Pelikane (unten rechts) – entstanden schon in dieser Zeit.*

Kreidezeitliche Vögel

Schon in der Kreidezeit, also vor 20–70 Millionen Jahren, gab es Vogelarten, die, obwohl erdgeschichtlich nur wenig jünger als *Archäopteryx*, ihren heutigen Verwandten bereits sehr ähnlich waren. Aus jener Zeit hat sich eine Reihe von Fossilien erhalten. *Hesperornis* und *Ichthyornis* sind darunter die bekanntesten.

Beide kamen in Nordamerika vor und hatten wie auch der Urvogel *Archäopteryx* Zähne – im Gegensatz zu den in unserer Zeit lebenden Vögeln. *Hesperornis* war ein Tauchvogel, der sich von Fischen ernährte, dafür aber nicht fliegen konnte. Dagegen muss *Ichthyornis* ein sehr guter Flieger gewesen sein.

Eiszeit

Das Eiszeitalter begann vor gut 2 Millionen Jahren und endete vor etwa 12 000 Jahren. Vogelfossilien aus dieser Epoche, dem so genannten Pleistozän, zeugen von zahlreichen Gattungen und Arten, die es auch heute noch gibt.

Eine besonders reiche Quelle für Funde aus dem eiszeitlichen Vogelleben ist ein Teersee in Kalifornien (Rancho la Brea), in dem „verunglückte" Vögel sehr gut erhalten blieben. Unter ihnen ist ein Riesenkondor *(Teratornis incredibilis)* mit 5 m Flügelspannweite.

Moderne Vögel

Einige heute lebende Arten können bis in die Zeit des Pliozäns vor 2–13 Millionen Jahren zurückverfolgt werden. Der größte Teil der modernen Vögel lebte bereits vor 250 000–500 000 Jahren, im letzten Viertel des Pleistozäns, des Eiszeitalters. Schon zu Beginn dieser Epoche war die Vielfalt der Vogelarten zurückgegangen. Bis zu ihrem Ende starben dann mindestens 1500 Arten aus. Heute leben noch etwas mehr als 8500 Vogelarten auf der Erde. Die Zahl der Säugetierarten ist nur etwa halb so groß.

In uralten Zeiten, das lässt sich leicht beweisen … waren Vögel und nicht die Götter die Herrscher über die Menschen.

Die Vögel, frei nach Aristophanes (etwa 448–380 v. Chr.)

TERATORNIS *In den Teergruben von Rancho la Brea in Kalifornien sind zahlreiche Skelette dieses riesigen, geierähnlichen Eiszeitvogels gefunden worden. Er lebte im westlichen Nordamerika.*

Klassifizierung

Die spektakuläre Vielfalt in der Vogelwelt ist eine Herausforderung für die Wissenschaft: Sie untersucht die Verwandtschaftsverhältnisse und klassifiziert die Vögel.

Taxonomie heißt die Wissenschaft, die sich mit der Benennung und Klassifizierung von Lebewesen befasst. Anfänglich klassifizierten die Taxonomen hauptsächlich anhand äußerer Kennzeichen, wie Farbe, Form und Größe. Dies hatte oft zur Folge, dass Vögel, die sich nicht nahe stehen, in gleichen Gruppen zusammengefasst wurden, während man andere, die stammesgeschichtlich verwandt sind, trennte.

Gegenwärtig nutzt die Taxonomie die Befunde zahlreicher Wissenschaftszweige, wie der Paläontologie (Fossilkunde), der Ökologie (Lebensraumnutzung), der Morphologie und Anatomie (äußerer und innerer Bau) oder der Physiologie (innere Funktionsabläufe). Sie untersucht ferner die Verhaltensweise der Vögel sowie die Übereinstimmungen und Unterschiede in körpereigenen Eiweißstoffen (Proteinen) und im Erbgut (DNA).

HIEROGLYPHEN *Die Ägypter benutzten in ihrer Hieroglyphenschrift mehrere Vogelsymbole. Zum Beispiel stand der Falke (links) für die Gottheit Horus, den persönlichen Gott des herrschenden Pharaos.*

Die Art

Zu einer Art zählen alle Angehörigen einer Gruppe (Population), die sich untereinander paaren.

Oft ist die Zuordnung nicht leicht, denn innerhalb einer Art gibt es manchmal Gruppen, die sich äußerlich unterscheiden, meist aufgrund einer geografischen Separierung wie Bergketten, Meere oder große Flüsse. Würden diese Untergruppen, die man auch als Unterarten (Subspezies) oder geografische Rassen bezeichnet, mit ihren Artgenossen zusammenkommen, könnten sie mit ihnen fruchtbare Nachkommen zeugen.

Höhere Kategorien

Nicht alle Arten stehen im gleichen Verhältnis zueinander: Manche sind enger, manche weniger eng verwandt.

Die nahen Verwandten, die sich zwar in der Regel nicht mehr kreuzen, aber in vielen Merkmalen noch übereinstimmen, gehören der nächsthöheren Kategorie an, der Gattung.

Verwandte Gattungen bilden eine Familie. Mehrere Familien werden zu einer Ordnung zusammengefasst. Alle Ordnungen gehören zur Klasse der Vögel, die ihrerseits einen Teil der Wirbeltiere (Unterstamm Vertebrata) im Stamm der Chordatiere (Chordata) bildet. Mit anderen Stämmen zusammen entsteht daraus das Reich der Tiere.

Die Namen

Wie viele andere Tiere haben auch die Vögel umgangssprachliche Namen, die von Region zu Region verschieden sein können. In manchen Gebieten ist der Name eines Vogels gar nicht bekannt, weil es die Art dort nicht gibt. Und einige Sprachen – wie das Deutsche – haben erst in jüngster Zeit verbindliche Bezeichnungen eingeführt.

GATTUNGSBANDE *Die enge Verwandtschaft zwischen den drei amerikanischen Hüttensänger-Arten – dem Berghüttensänger (*Sialia currucoides*, links), dem Rotkehl- (*S. sialis*, oben rechts) und Blaukehl-Hüttensänger (*S. mexicana*, ganz links) – wird durch die gemeinsame Gattung* Sialia *ausgedrückt. Die Amsel (ganz rechts) ist mit diesen Vögeln zwar auch, aber nicht so nahe verwandt. Sie gehört zur Gattung der Drosseln (*Turdus*).*

CAROLUS LINNAEUS

Das System der Namengebung in der Biologie wurde von dem schwedischen Botaniker Carl von Linné (1707–1778) entwickelt. Linné, der seinen Namen zu Carolus Linnaeus latinisierte, wurde in Süd-Rashult in Schweden geboren. Von seinem Vater hatte er die Freude an der Beobachtung von Pflanzen und Tieren mitbekommen. Der studierte Mediziner und Botaniker wurde Professor in Uppsala, königlicher Leibarzt und ein großer Förderer privater Naturkundemuseen. Auf Linné geht die botanische Fachsprache zurück, sein wichtigstes Anliegen aber war lebenslang die systematische namentliche Erfassung aller Lebewesen. Sein Werk *Systema naturae* – bis heute als das Linnésche System bekannt – stellte er 1735 der Wissenschaft vor. In späteren Auflagen des Buchs erhielten auch viele Vogelarten ihren ersten wissenschaftlichen Namen.

1741 bekam Linné den Lehrstuhl für Medizin an der Universität Uppsala, den er jedoch im folgenden Jahr gegen den Lehrstuhl für Botanik eintauschte. 1761 wurde er für seine Leistungen geadelt und konnte sich nun Carl von Linné nennen. Er veröffentlichte insgesamt 180 wissenschaftliche Werke.

Um die Probleme in den Griff zu bekommen teilt die Taxonomie den Vögeln einheitliche Namen zu. Diese sind lateinisch bzw. griechisch und setzen sich aus der Bezeichnung für die Gattung (erster Teil mit großem Anfangsbuchstaben) und dem eigentlichen Namen für die Art (zweiter Teil mit kleinem Anfangsbuchstaben) zusammen. Die Unterart kann als dritter, kleingeschriebener Name hinzugefügt werden.

Wie leicht es bei umgangssprachlichen Namen zu Verwechslungen kommen kann, zeigt schon das Beispiel der angelsächsischen Bezeichnung Robin. In Großbritannien ist damit das Rotkehlchen gemeint, in Nordamerika aber die Wanderdrossel. Ein anderes Beispiel sind die beiden deutschen Namen Gimpel und Dompfaff, die beide auf denselben Vogel verweisen.

DNA-Klassifizierung

Die DNA-Klassifizierung basiert auf den mengenmäßigen Übereinstimmungen und Unterschieden im Erbgut.

Vorbereitend dafür waren die Forschungen der Amerikaner Sibley und Ahlquist. Sie verglichen die Unterschiede in der Eiweißstruktur von Blut und Eiklar bei den verschiedenen Vogelgruppen. Heute ist dies auch für das Erbgut selbst, für die DNA, möglich.

Einige Abfolgen von Familien und Ordnungen innerhalb der Vogelwelt mussten daraufhin verändert werden. Andere erfuhren durch die neue Methode ihre Bestätigung.

CODE DES LEBENS

Die Computersimulation zeigt den Bau des Erbguts (DNA) als Doppelspirale.

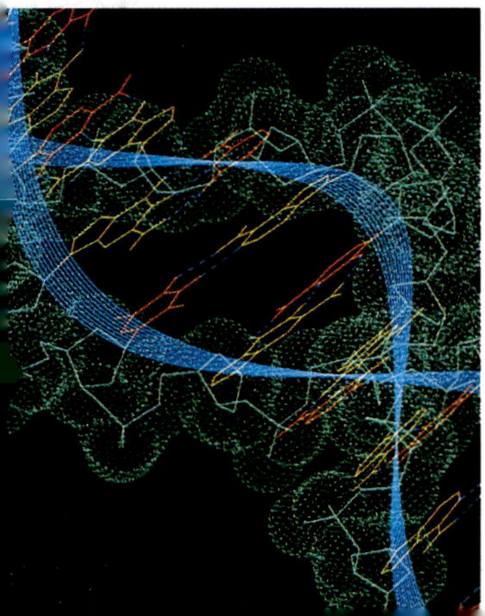

KLASSIFIZIERUNG DER AMSEL

Die Klassifizierung verfolgt zwei Ziele: eindeutige Namengebung und verwandtschaftliche Zuordnung. Die Amsel gehört zur:

- Klasse der Vögel (Aves)
- Ordnung der Sperlingsvögel (Passeriformes)
- Familie der Drosselvögel (Turdidae)
- Gattung der echten Drosseln (*Turdus*)
- Art *Turdus merula*

Unterarten (Subspezies) können mit einem dritten Namen gekennzeichnet werden, z. B. die auf Madeira lebende *Turdus merula cabrerae*.

Körperbau

Obwohl die Vögel vom Aussehen her sehr unterschiedlich sind, zeigen sie sich in ihrem inneren Aufbau doch erstaunlich einheitlich.

Federn haben nur die Vögel! Das gibt ihnen eine Sonderstellung unter den Wirbeltieren, zu denen die zoologische Systematik sie stellt. Wie die Fische, Lurche, Kriechtiere und Säugetiere trägt jeder Vogel ein inneres Skelett mit Gelenken. Vorderbeine, zu Flügeln umgewandelt, und Hinterbeine sind vorhanden, ebenso eine knöcherne Kopfkapsel und eine Wirbelsäule, in der das Rückenmark verläuft.

Vergleicht man das Skelett der Vögel, ihre Muskeln und Organsysteme mit denen des Menschen, so ergeben sich zahlreiche Übereinstimmungen. Ganz allgemein befinden sich dieselben Organe, wie Augen und Ohren, Herz und Lunge, in denselben Positionen am und im Körper und erfüllen dieselben Funktionen.

Skelettsystem

Fast alle wesentlichen Unterschiede zu unserem eigenen Skelett ergeben sich beim Vogel aus seiner Flugfähigkeit. So liegt etwa das Brustbein *(Sternum)* an derselben Stelle wie beim Menschen, hat aber bei vielen Vögel einen sehr stark entwickelten Kiel *(Carina)*, an dem die Flugmuskeln ansetzen.

Eine andere Besonderheit ist das Gabelbein *(Furcula)* im

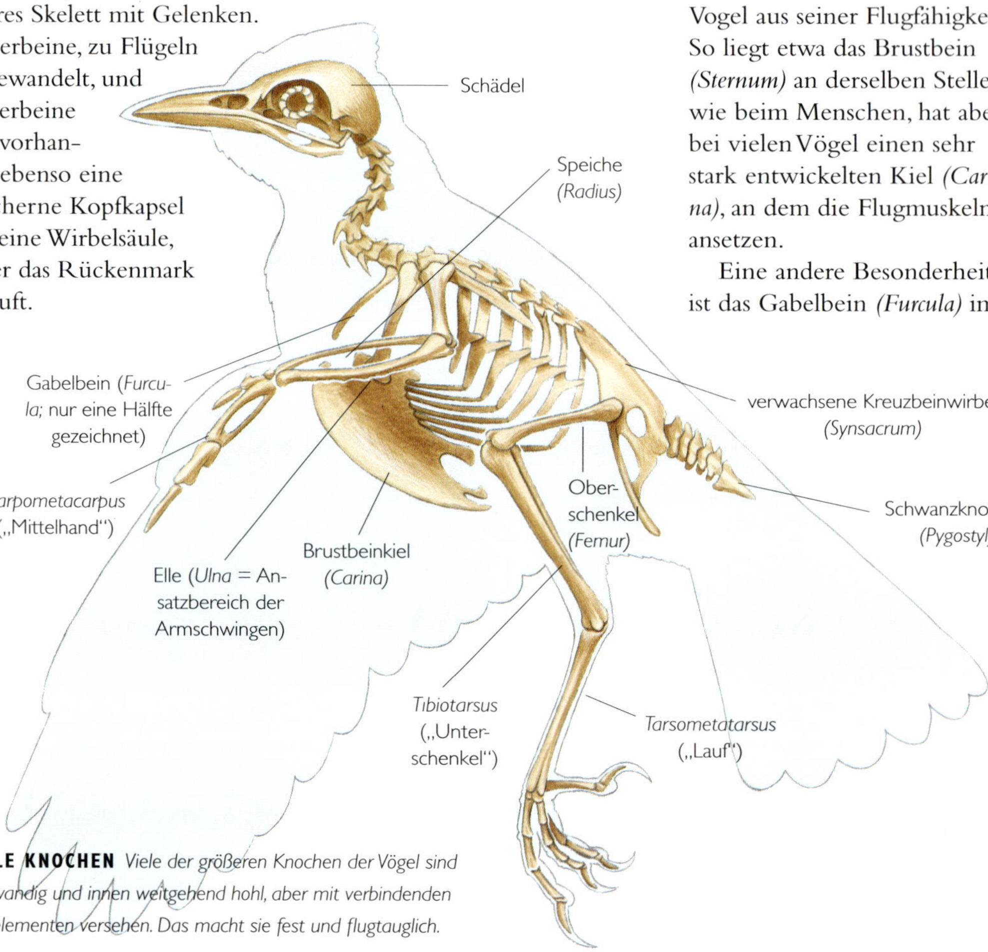

HOHLE KNOCHEN *Viele der größeren Knochen der Vögel sind dünnwandig und innen weitgehend hohl, aber mit verbindenden Stützelementen versehen. Das macht sie fest und flugtauglich.*

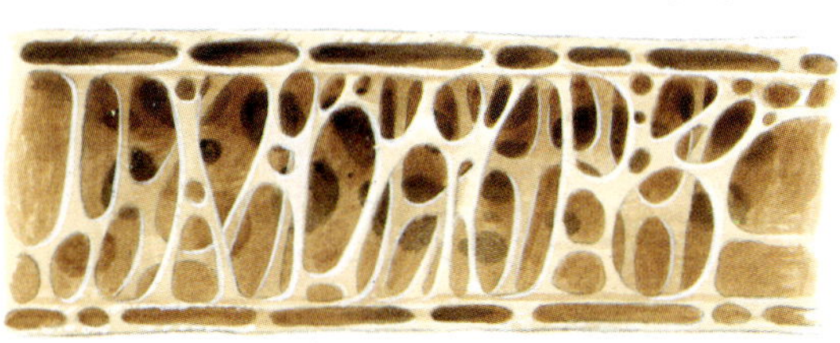

FÜR DEN FLUG GEFORMT *Ein segelndes Kornweihen-Männchen (*Circus cyaneus*, oben) zeigt die Perfektion des Vogelkörpers im Flug. Darunter ein typisches Vogelskelett. Die Augen werden durch einen knöchernen Ring gehalten.*

Schultergürtel, das die Bewegung der Flügel stabilisiert.

Organsysteme

Die inneren Organe der Vögel entsprechen zwar denen anderer Wirbeltiere, sind aber im Hinblick auf die hohen Flugleistungen deutlich abweichend ausgebildet. Das liegt daran, dass sie einen höheren Umsatz im Stoffwechsel zu leisten haben als die Organe der Säugetiere. Augenfälligstes Zeichen dafür ist das verhältnismäßig große Herz. Vögel verfügen über eine besonders gebaute und hoch spezialisierte Lunge. Das feste, poröse Organ arbeitet höchst wirkungsvoll, da es mit speziellen Luftsäcken in Verbindung steht. Diese ziehen sich bis in den hinteren Teil des Körpers, teilweise sogar auch bis in die hohlen Röhrenknochen hinein. Zusammen mit der Lunge ergeben sie ein System, in dem sich, anders als bei Säugetieren, kein Restluftstau bildet. Die eingeatmete Luft fließt zunächst in die paarig angelegten hinteren Luftsäcke.

NIE AUSSER ATEM *kommt ein Vogel, weil die Luft ständig durch Luftsäcke und Lunge strömt und sich nicht in der Lunge staut wie bei uns Menschen und anderen Landwirbeltieren.*

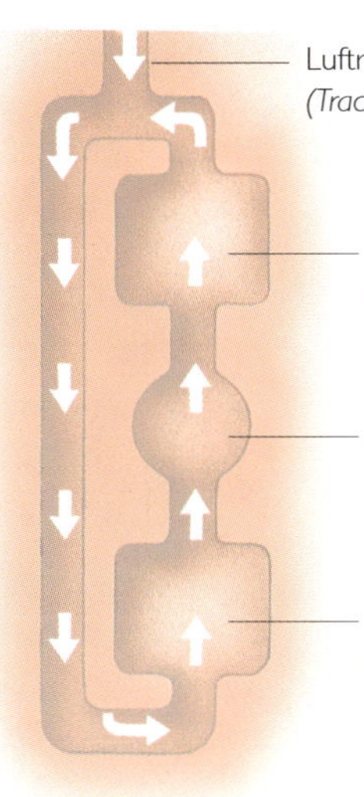

SCHARFÄUGIG *sind alle Vögel. Greifvögel, wie Adler, Milane und Falken, sehen besonders gut. Ein Kaninchen erkennen die Adleraugen gestochen scharf, weil sie eine viel größere Dichte von Sehelementen in ihrer Netzhaut haben. Die großen, nach vorn gerichteten Augen der Eulen, unten auf einer antiken griechischen Münze dargestellt, gewähren auch bei sehr schwachem Licht ein zielgenaues Tiefenschärfesehen.*

Von dort strömt sie durch die Röhren und „Pfeifen" der schwammartig ausgebildeten Lunge. Hier wird der Sauerstoff vom Blut aufgenommen. Anschließend gelangt die Luft durch die vorderen Luftsäcke und weiter durch Luftröhre und Schnabel nach außen.

Der Gasaustausch erfolgt so wirkungsvoll, dass die – gemessen an den Säugetieren – im Verhältnis zur Körpergröße viel kleinere Lunge der Vögel eine deutlich höhere Leistung erbringt. Der aufwendige Flug wäre ohne diesen besonderen Lungenbau der Vögel kaum vorstellbar.

Sinnesorgane

Die meisten Vögel können nicht besonders gut riechen, wohl aber hören und sehen. So hat das in etwa unseren Augen entsprechende Auge eines großen Adlers weit mehr Zäpfchen und Stäbchen in der Netzhaut *(Retina)*. Eine besondere, kammförmige Ausstülpung erhöht zusätzlich die Sehschärfe, so dass die sprichwörtlichen Adleraugen fast wie Ferngläser wirken.

Das Gehirn muss besonders im schnellen Flug viele Informationen blitzschnell verarbeiten. Dabei kommt dem bei den Vögeln besonders gut entwickelten Kleinhirn die Rolle eines bedeutenden Steuerzentrums zu.

Mein Herz im Verborgenen

sehnte sich nach einem

Vogel – der Voll-

endung der

Schöpfung.

Frei nach
Gerard Manley Hopkins
(1844–1889)

FEDERN und GEFIEDER

Nur die Vögel haben Federn. Dieses komplexe und kompliziert aufgebaute Produkt der Haut zählt zu den großen Wundern, die die Natur hervorgebracht hat.

Die Feder ist ein Meisterstück des Erfindungsreichtums der Natur. Sie ist leicht, flexibel und sehr fest. Mit dem Gefieder kontrolliert der Vogel seine Körpertemperatur, vielen Vögeln ermöglicht es auch den Flug.

MATERIAL UND AUFBAU

Federn bestehen aus Keratin, dem gleichen Grundstoff, der das Horn unserer Haare und Fingernägel sowie die Schuppen und Hornpanzer der Kriechtiere bildet. Die Feder ist jedoch ganz anders gebaut. Vom zentralen Schaft *(Rachis)* zweigen bei den Konturfedern in einer Ebene die seitlichen Äste *(Rami)* ab, die über Bogen- und Hakenstrahlen aufs Feinste miteinander verzahnt sind. Auf diese Weise entsteht eine praktisch luftundurchlässige Fläche. Dank der Elastizität der Feder kann der Vogel kleinere Störungen im Zusammenhalt bei der Gefiederpflege „reparieren". Wie bei einem Reißverschluss verhaken sich selbst die feinsten Verzweigungen wieder, wenn sie durch den Schnabel gezogen werden.

GEFIEDER

Die Gesamtheit der Federn macht das Gefieder aus. Aller-

FARBEN *Federn gibt es in allen nur erdenklichen Farben: von schlichtem Braun zu leuchtendem Rosarot (wie oben beim Flamingo) oder Gelb wie beim Pirol (unten).*

BÖGEN UND HÄKCHEN *Erst ein Blick durchs Elektronenmikroskop (unten) zeigt die Feinstruktur einer Konturfeder. Sehr gut zu erkennen ist das Ineinandergreifen der Bogen- und Hakenstrahlen.*

JEDE FEDER WÄCHST *aus einem Gebilde, das unserem Haarfollikel entspricht. Zunächst fällt dabei die alte Feder aus. Die neue schiebt sich aus einer länglich papillenförmigen Hautbildung hervor, deren Spitze aufplatzt. Anfänglich sind die Seitenflächen der Feder noch dichtspiralig aufgerollt. Erst wenn sich die Feder aus der Hülle befreit hat, kann sie sich entfalten.*

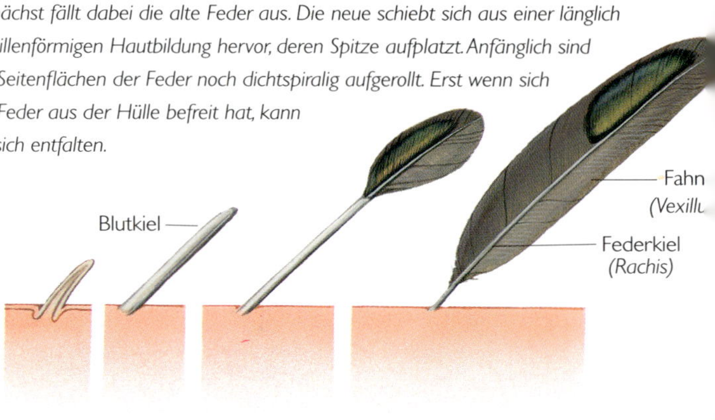

dings sind die Federn nicht gleichmäßig über den Körper verteilt, sondern stehen meist in den so genannten Fluren *(Pterylae)*, zwischen denen sich kaum oder unbefiederte Raine *(Apteria)* befinden. So können die Vögel auch sehr scharf abgegrenzte Färbungen und Zeichnungen im Gefieder ausbilden. Die verschiedenen Abschnitte ergeben eine Art Geografie des Gefieders und tragen besondere Bezeichnungen. Sie werden zur wissenschaftlichen Beschreibung und Bestimmung der Vögel herangezogen.

Man unterscheidet das Groß- oder Fluggefieder vom Kleingefieder. Das Großgefieder besteht aus den Schwungfedern der Flügel und den Steuerfedern des Schwanzes.

Das Kleingefieder des Rumpfes dient als Körperdecke. Sowohl das Groß- als auch das Kleingefieder werden von Konturfedern gebildet. Neben den Konturfedern besitzen Vögel Flaum- oder Dunenfedern. Diese leisten einen Beitrag zur Wärmeisolation. Bei vielen Jungvögeln sind sie der Wärmeschutz.

Schwungfedern und Kleingefieder des Flügels (Deckfedern) stellen eine den Erfordernissen der Aerodynamik genügende Einheit dar, die den notwendigen Auftrieb erzeugt. Die Schwungfedern

FEDERTYPEN *Der größte Teil der Federn, die den Körper bedecken, ist klein, stumpf und an der Basis flaumig (oben links), während die Flugfedern länger, steifer und glattrandig ausfallen.*

treten in zahlreichen Abwandlungen auf, im Sinne der artgemäßen Fluganforderungen.

Die Gesamtzahl der Federn liegt zwischen knapp 1000 bei sehr kleinen Vögeln, wie manchen Kolibris oder Schwanzmeisen, und mehr als 20 000 bei großen Schwänen. Mitunter wiegt das Gefieder, das immer einen erheblichen Gewichtsanteil am Vogelkörper ausmacht, mehr als der eigentliche Vogelkörper, so etwa bei den Fregattvögeln.

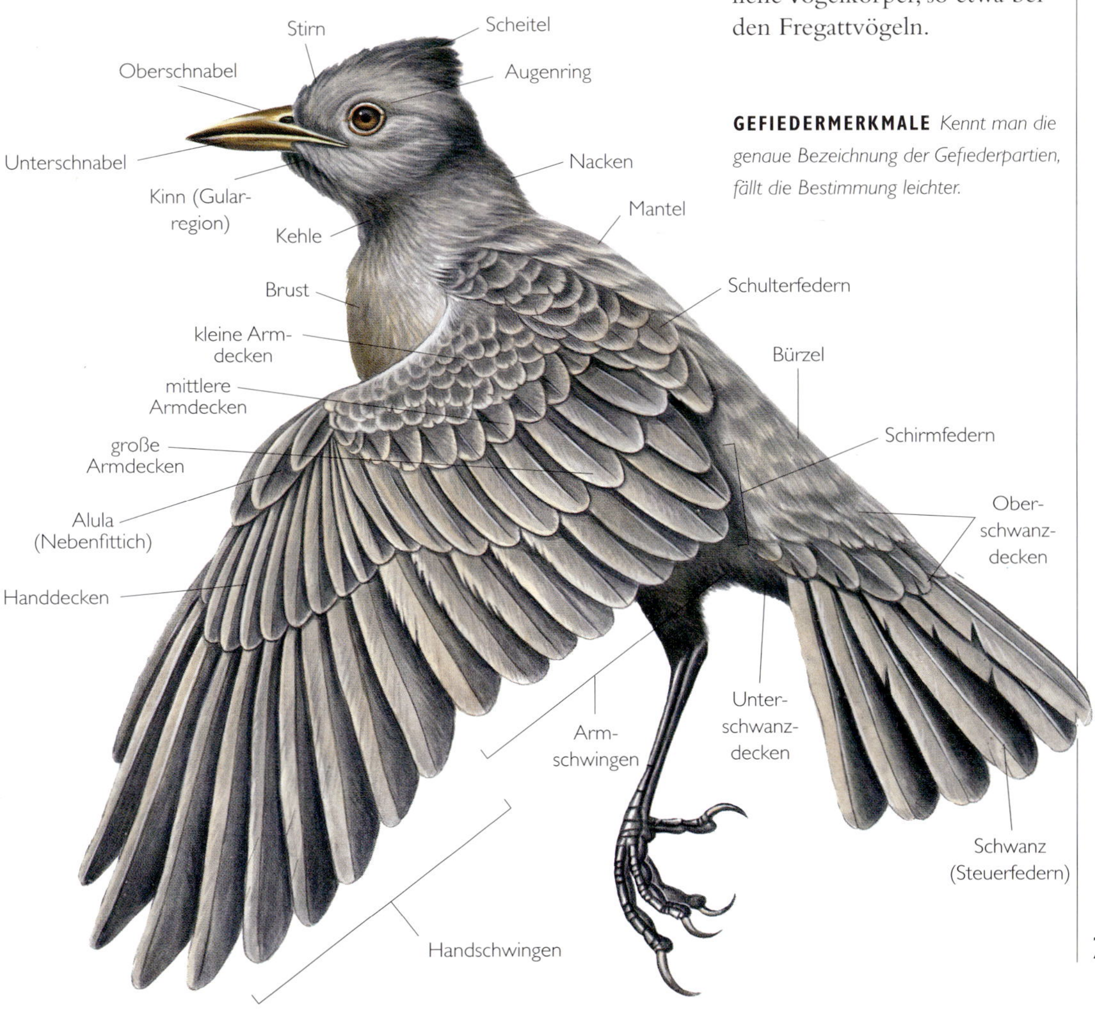

GEFIEDERMERKMALE *Kennt man die genaue Bezeichnung der Gefiederpartien, fällt die Bestimmung leichter.*

GEFIEDERZYKLEN

Wird ein Vogel erwachsen, ändert sich meist das Gefieder. Bei vielen Arten variiert es auch im Verlauf der Jahreszeiten. Der Federwechsel wird als Mauser bezeichnet.

Auch wenn die Federn noch so sorgsam gepflegt werden, nutzen sie sich ab. Alle erwachsenen (adulten) Vögel mausern ihr Gefieder normalerweise mindestens einmal im Jahr.

Wenn man die Vögel in unserer Umgebung genauer beobachtet, kann man leicht erkennen, in welchem Zustand sie sich gerade befinden. Ist das Gefieder zerrupft und bereits unansehnlich geworden, ist das meist ein Hinweis, dass bald wieder eine Mauser fällig ist.

Der Gefiederwechsel gehört zu den besonderen Abschnitten im Jahreslauf des Vogeldaseins. Eng miteinander verbunden spielen sich dabei zwei Vorgänge ab: Zunächst werden die alten, abgenutzten Federn abgeworfen und bald darauf wachsen die neuen in einer ganz genau festgelegten Weise nach.

DUNENJACKE *Ein Hakengimpel (Pinicola enucleator) plustert sein Gefieder gegen die Kälte auf.*

Erneuern sich in kurzer Zeit alle Federn, spricht man von einer Vollmauser. Dazu kommt es aber in nur wenigen Fällen; meist findet eine Teilmauser statt.

ZEITLICHE EINORDNUNG

Die Mauser setzt voraus, dass der Vogel genügend Eiweißnahrung findet, um ein Drittel seines Körpergewichts oder mehr ersetzen zu können.

Das strengt den Körper an – was nur zu verständlich ist. Kein Wunder, dass mausernde Vögel oft lustlos und kränklich wirken.

Die Mauser vollzieht sich auch nicht zu einem beliebigen Zeitpunkt. Vielmehr ist sie in ein festes Schema im jahreszeitlichen Ablauf eingebunden. Zeitpunkt und Dauer sind bei jeder Vogelart optimal festgelegt.

Meistens mausern die Vögel in einer Zeit, in der sie ein Minimum an Anstrengung zu verkraften haben, viele Singvögel im Sommer, wenn das Brutgeschäft vorüber ist, Nahrung aber noch reichlich zur Verfügung steht.

In den hochsommerlichen Wäldern herrscht daher im Vergleich zu den Frühlingsmonaten oft eine erstaunliche Stille, obwohl die Bäume von einer reichen Vogelfauna bevölkert sind.

VOLL AUSGEFIEDERT *Einjährige Basstölpel (Sula bassana) sind noch fleckig graubraun, erst nach drei Jahren erreichen sie das weiße Gefieder der adulten Vögel (oben links). Bei der Ringschnabelmöwe (Larus delawarensis, unten), heben sich die abgenutzten Flügelfedern vom bereits vermauserten Rücken ab.*

FEINHEITEN DER MAUSER

Der Wechsel der Schwungfedern erfordert einen bis ins Detail festgelegten Ablauf.

Die meisten Vogelarten beginnen die Mauser mit dem innersten Handschwingenpaar. An beiden Flügeln werden diese Federn gleichzeitig abgeworfen. So bleibt im Flug die Balance erhalten. Erst wenn die neuen Federn etwa ein Drittel ihrer endgültigen Größe erreicht haben, folgt das nächstäußere Paar bis zur Flügelspitze.

Nur wenige Arten mausern von außen nach innen. Die

TARNUNG IN SOMMER UND WINTER *Moorschneehühner* (Lagopus lagopus) *wechseln vom bräunlich-fleckigen Sommergefieder (links) zu einem fast rein weißen Winterkleid (unten). Beginnende Mauser (links).*

Armschwingenmauser verläuft weniger einheitlich, aber meist gleichzeitig mit der Handschwingenmauser.

Die meisten Entenvögel dagegen werfen alle Hand- und Armschwingen gleichzeitig ab und sind dann für rund drei Wochen flugunfähig.

Dauer der Mauser

Der Mauserverlauf lässt sich nicht in ein allgemeines Schema pressen, so viele Varianten gibt es. Auch hängt die Dauer der Mauser davon ab, wie alt der Vogel ist und in welcher Kondition er sich befindet. Kleine Singvögel brauchen ungefähr drei Wochen für die Mauser. Großvögel, wie die Bartgeier, mausern ausgesprochen langsam und beinahe ohne Unterbrechung.

Mauser und Vogelbestimmung

Mauserverlauf und Abnutzungsgrad des Gefieders wirken sich auf das Aussehen der Vögel häufig stark aus. Manchmal entspricht das Äußere der mausernden Vögel oder solcher, die in ein anderes Kleid gewechselt haben, nicht mehr den Abbildungen in Bestimmungsbüchern.

Besonders schwierig zu bestimmen sind in diesem Zustand Watvögel, wie Strand- und Wasserläufer. Oft tragen die adulten Vögel nicht mehr das kennzeichnende Brutkleid, wenn sie sich auf dem Zug nach Mitteleuropa befinden, oder das Jugendkleid sieht vollkommen anders aus als das des adulten Vogels.

Sie haben auch die Möglichkeit die Mauser zu unterbrechen und befinden sich dann in einem Zwischenzustand zwischen Brut- und Winterkleid.

Gefiederfolge

Schlüpft ein Vogel aus dem Ei, ist er entweder fast vollständig nackt wie ein typischer Singvogel oder mit einem Flaum von Dunen bedeckt wie Hühner- und Entenküken. Das Gefieder entwickelt sich erst nach und nach. Wenn der Vogel flugfähig geworden ist, muss das Federkleid keineswegs ausgewachsen sein.

Als Jugendkleid gilt der Gefiederzustand, bei dem die Konturfedern bereits ausgebildet, die Tiere aber noch nicht geschlechtsreif sind. Übergangskleider kennzeichnen den noch unreifen Zustand bis zum Erreichen der Fortpflanzungsfähigkeit.

Doch der Wechsel ist mitunter recht kompliziert, so dass nur Spezialisten den genauen Alters- und Gefiederzustand erkennen können.

PRACHTGEFIEDER *Höchst eindrucksvoll ist das Prachtkleid der Mandarinenten-Männchen* (Aix galericulata). *Nach der Brutzeit wird es zum schlichten Ruhekleid.*

FLUG

Größe und Form der Flügel verraten viel darüber, wie ein Vogel lebt und wie er sich ernährt.

Über lange Zeiträume hinweg hat die Evolution die Flügel der Vögel auf bestimmte Flugleistungen hin entwickelt: Auftrieb, Schub und Manövrierfähigkeit hängen von Form und Verstellbarkeit der Flügel und des Schwanzes ab. Unter diesen Voraussetzungen hat die Evolution optimal angepasste Lösungen entwickelt.

EFFIZIENZ UND FORM

Für die Flugeigenschaften ist die Form der Flügel, ihr „Schnitt", besonders wichtig.

KOLIBRIS *sind die wendigsten Flieger überhaupt. Sie können in jede Richtung fliegen, auch rückwärts ohne umzudrehen, und in der Luft stehen bleiben. Einem vergleichsweise schwachen Flieger wie dem Buntspecht (links oben) wäre das nie möglich.*

PERFEKT BEHERRSCHT *die Silbermöwe den Gegenwind. Der abgespreizte Nebenfittich (Alula) sorgt für ein Abreißen der Luftwirbel und bremst ähnlich wie die Landeklappen beim Flugzeug (darüber).*

Lange, schmale Flügel bringen aus flugtechnischen Gründen die größten Leistungen. Vögel mit kurzen und runden Flügeln übertreffen die guten Gleiter jedoch hinsichtlich der Manövrierfähigkeit. Vögel, die schnell und über weite Strecken fliegen müssen, brauchen lange, schmale Flügel, da diese den Krafteinsatz am besten in Vortrieb und Geschwindigkeit umwandeln. Es erfordert allerdings auch mehr Kraft, mit langen Flügeln zu schlagen als mit kurzen. Viele am Boden lebende oder im Geäst umherfliegende Vogelarten sind dagegen auf kurze, rundliche Flügel angewiesen, die eine hohe Beschleunigung ermöglichen. Nur auf diese Art und Weise können sie Feinden entkommen oder blitzschnell Beute packen. Rebhühner, Grasmücken oder Fliegenschnäpper haben diesen Flügelschnitt.

Mit der Schwanzlänge und -form verhält es sich ähnlich. Ein langer Schwanz verbessert die Wendigkeit im Flug, ein kurzer erhöht die Geschwindigkeit. Es hängt also von der Lebensweise der Vögel ab, welche Flügel- und welche Schwanzform für sie am vorteilhaftesten ist.

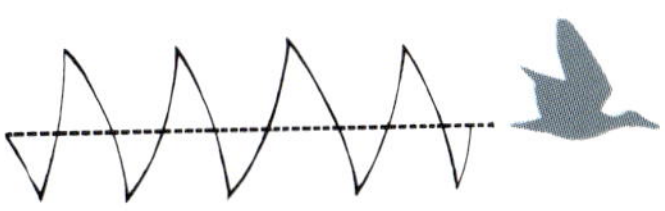

WASSERVÖGEL *fliegen schnell und in gerader Linie mit gleichmäßigem Flügelschlag.*

GEIER *nutzen aufsteigende Luftmassen um sich im Segelflug hochzuschrauben.*

SPECHTE *wechseln beim Fliegen zwischen schnellem Flügelschlag und bogenförmigem Weitergleiten.*

FLUGWEISEN

Was die Flügel ermöglichen, setzen die Vögel im Flug um und ein. Falken mit ihren spitzen, nach hinten gezogenen Flügeln verbinden große Fluggeschwindigkeiten mit fantastischen Flugmanövern. Dagegen zielen Habichte und Sperber, deren Flügel kurz und rund, aber sehr kräftig sind, auf den Überraschungsangriff mit kurzzeitig hoher Beschleunigung ab – ein Verhalten, das in unübersichtlichem, baumbestandenem Gelände vorteilhaft ist. Die großen Adler und insbesondere die Geier nutzen breitflächige, große Flügel zu lang dauernden Segelflügen auf der Suche nach Beute oder Großtierkadavern. Mit nur wenigen Flügelschlägen erzielen sie einen sehr guten Auftrieb, im aktiven Kraftflug sind ihre Fluggeschwindigkeiten jedoch gering. Genau das Gegenteil machen die Kolibris mit ihren sehr kurzen, fast nur aus dem Handteil bestehenden Flügeln, die sie rasend schnell und in Form einer liegenden Acht schlagen. Damit können sie an jedem beliebigen Punkt in der Luft „stehen bleiben“. Diese Flugweise kostet sehr viel Energie.

O hätte ich Flügel

wie Tauben,

dass ich flöge

und anderswo bliebe.

Psalm 55, 7

DER TRAUM VOM FLIEGEN *hat die Fantasie der Menschen jahrhundertelang beschäftigt. Davon zeugen der Mythos von Ikarus (rechts) wie auch die Skizzen zu einer Flugmaschine von Leonardo da Vinci (unten).*

LEONARDO UND DER TRAUM VOM FLIEGEN

Der Wunsch fliegen zu können gehört sicher zu den ältesten Träumen der Menschheit. Der Mythos von Dädalus und Ikarus stellt keineswegs das älteste geschichtliche Zeugnis dar. Später versuchten auch die mittelalterlichen Turmspringer oder die Drachenflieger unserer Zeit dem Unmöglichen näher zu kommen – nämlich durch die Lüfte zu fliegen wie ein Vogel. Erst die auf Kenntnissen der Physik und Mechanik aufbauenden Entwürfe Leonardo da Vincis (1452–1519) vermittelten konkretere Vorstellungen von den Voraussetzungen des Fliegens.

Leonardo ging davon aus, dass man Vögel nur genau studieren müsse um schließlich auch ein Fluggerät für den Menschen bauen zu können. Er entwickelte Maschinen mit beweglichen Flügeln, die er Vogelflügler (Ornithopter) nannte. „Beschreibe das Schwimmen im Wasser“, so schrieb er, „und du wirst den Flug der Vögel durch die Luft verstehen.“

Seinem unerhörten Einfallsreichtum entsprangen sogar erste Entwürfe von Hubschraubern und Gleitschirmen. Leonardo war vom Fliegen besessen, das zeigen die vielen Skizzen in seinen Notizbüchern und sein berühmtes Werk *Sul volo degli uccelli (Über den Flug der Vögel)*, das in Florenz im Jahr 1505 erschien.

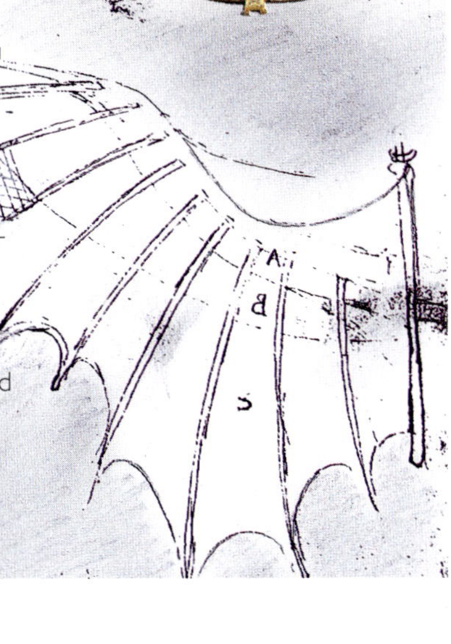

Lebensräume und Nischen

Die Evolution hat immer die Arten begünstigt, die eine Nische in ihrem Lebensraum optimal nutzten.

Wir verbinden die verschiedenen Vogelarten ganz selbstverständlich mit unterschiedlichen Lebensräumen. So erwarten wir Enten an Gewässern und Möwen in erster Linie an den Küsten.

Der eigentliche Lebensraum eines Vogels, sein Habitat, ist jedoch mehr als nur ein Platz zum Leben. Er ergibt sich aus einer komplexen Beziehung zwischen dem Vogel, der ihn besetzt, und der Vegetation mit ihrer Struktur, dem Klima, den Feinden und dem Nahrungsangebot. Die Vögel erweisen sich in Bezug auf Anpassungsfähigkeit als besondere Könner: Sie haben nahezu alle Lebensräume besiedelt.

Ökologische Nischen

Alle Vogelarten haben sich nicht nur in einem bestimmten Lebensraum eingerichtet, sondern sich zudem in diesem auf ganz besondere Weise spezialisiert. Diese spezielle Einpassung wird „ökologische Nische" genannt.

Ein Beispiel: Mehrere von Insekten lebende Kleinvogelarten kommen in unseren Wäldern zusammen vor. Arten wie die Singdrossel, die vornehmlich am Boden nach Nahrung sucht, ergänzen die Insektennahrung mit Würmern und Schnecken. So sind sie nicht allein von Insekten abhängig, wie der winzige Zaunkönig oder die an den Rinden der Bäume nach Nahrung suchenden Baumläufer.

Fliegenschnäpper wiederum fangen Insekten geschickt fliegend im Kronendach, während Laubsänger sie von den Blättern aufklauben und Schwalben oder Segler den Insekten im freien Luftraum nachstellen.

Wieder andere, wie der Buntspecht, schlagen Insektenlarven aus der Rinde und dem Holz von Bäumen heraus oder inspizieren Ameisenhaufen. Finken, die sich im Allgemeinen von Körnern und Knospen ernähren, sammeln Kleininsekten und füt-

DAS RICHTIGE HABITAT *Bei hoch spezialisierten Vögeln, wie dem Löffler (*Platalea leucorodia*, oben rechts), dem Pelikan mit seinem Fangtaschenschnabel (ganz oben) oder dem kletternden Kleiber (*Sitta europaea*, unten rechts), ist die Bindung an den Lebensraum deutlich erkennbar.*

DARWINFINKEN

Der britische Naturforscher Charles Darwin (1809–1882) untersuchte auf seiner Reise mit dem Forschungs- und Vermessungsschiff „Beagle" im Jahr 1835 die auf den Galapagosinseln lebenden Finken. Diese Vögel werden nach ihrem Entdecker Darwinfinken genannt. Berühmt wurde Darwin vor allem durch die Begründung der Evolutionstheorie, die heute wie damals das zentrale Gerüst der Biologie bildet. Die Darwinfinken sind das bekannteste Beispiel für die Anpassung des Schnabels an unterschiedliche Ernährungsweisen. Alle Finken der Inseln stammen von einer Ausgangsart ab, einem von Pflanzensamen lebenden Grundfinken. Einige seiner Abkömmlinge entwickelten sehr dicke, kernbeißerartige oder auch mitteldicke Schnäbel, je nach Art und Beschaffenheit der bevorzugten Samen. Andere dagegen besitzen feine Schnäbel, die sich zum Fang von Insekten eignen. Wieder andere haben längere Schnäbel, mit denen sie in die Blüten von Opuntien (Feigenkakteen) hineinkommen. Der Spechtfink „erfand" für seine Nahrungssuche sogar ein Werkzeug. Er stochert mithilfe eines Kaktusstachels oder eines Hölzchens nach Insekten. Die größte Besonderheit hat aber der Vampirfink ausgebildet. Er pickt mausernden Seevögeln in die Blutkiele und trinkt anschließend das austretende Blut.

tern damit ihre Jungen. So haben sie alle durch ihre unterschiedlichen Techniken beim Nahrungserwerb ihren Platz in der Gemeinschaft der von Insekten lebenden Vögel.

Anpassungen im Körperbau

Form und Größe der Schnäbel sowie der Bau der Beine verraten von allen äußeren Merkmalen am meisten über die Art der Nahrungssuche.

Betrachten wir daraufhin wieder die von Insekten lebenden Vogelarten, so stellen wir fest, dass die Drosseln kräftige Beine haben, mit denen sie das Laub wegscharren, der Zaunkönig aber einen ganz feinen Schnabel besitzt, mit dem er in Spalten und Ritzen hineinkommt.

Baumläufer und Spechte verfügen über Kletterfüße mit kräftigen Krallen und über einen Stützschwanz.

Während die Baumläufer mit ihrem feinen Schnabel die Rindenfugen nach Nahrung absuchen, schlagen die Spechte mit einem Meißelschnabel zu.

Dem Zilpzalp verleihen kurze, gerundete Flügel eine große Wendigkeit beim Abklauben von Insekten im dichten Laubwerk; Segler und Schwalben können aufgrund ihrer langen, spitz auslaufenden Flügel schnell und ausdauernd fliegen. Insekten fangen sie mit weit aufgerissenen Schnäbeln und tiefem Rachen.

Die Einführung zu den wichtigsten Lebensräumen (S. 84) enthält eine Reihe weiterer Beispiele dafür, wie einzelne Vogelgruppen ihre speziellen Lebensräume optimal nutzen.

PASSENDE NAHRUNG

Die Form des Schnabels zeigt oftmals deutlicher als andere Merkmale die Art der Nahrung an. So verrät die typische Schnabelform des Säbelschnäblers (Recurvirostra avosetta), *dass er kleine, bewegliche Beutetiere im Wasser jagt, während der kegelförmige Schnabel des Grünlings* (Carduelis chloris) *auf Samennahrung hinweist. Der Adlerschnabel (darunter) trägt einen Reißhaken zum Verwerten des Fleisches getöteter oder toter Tiere. Der Graureiher* (Ardea cinerea, *ganz unten) fängt in blitzschnellem Stoß Fische und Mäuse.*

Lebenszyklen

Sobald ein Vogel erwachsen ist, bleibt sein Leben eingebunden in einen festen Jahreslauf.

Nach dem Ausfliegen verlassen die meisten Jungvögel das elterliche Revier und beginnen ein Nomadenleben, das bei größeren Arten mehrere Jahre andauern kann. Vor allem Männchen tun sich schwer ein eigenes Revier zu bekommen, weil alle verfügbaren schon besetzt sind. Gegen die vorhandene Konkurrenz haben sie kaum Chancen. Heimlich schlüpfen sie zwischen den Revieren der anderen umher und versuchen Feindseligkeiten zu vermeiden.

In dieser Zeit liegt die Sterblichkeit hoch. Überlebt jedoch ein Männchen lange genug, wird es irgendwann auf ein unbesetztes Revier stoßen, das kurz vorher aufgegeben wurde, und sich darin niederlassen. Gelingt es ihm auch ein Weibchen anzulocken, kann sein eigener Fortpflanzungszyklus beginnen.

Dorngrasmücke

Die Abbildungen auf dieser Doppelseite zeigen die Etappen im Jahreszyklus der Dorngrasmücke (*Sylvia communis*). Sie brütet während der warmen Jahreszeit in großen Teilen Europas und überwintert im tropischen Afrika. Ähnlich verläuft der Jahreszyklus auch bei den anderen europäischen Kleinvögeln, die hier brüten und in wärmeren Gebieten überwintern.

ABFLUG AUS AFRIKA *Dorngrasmücken ziehen nachts und legen dabei Etappen von 200 km zurück.*

JAN. FEB. MÄRZ APR.

ANKUNFT AN DEN BRUTPLÄTZEN *Im Frühjahr ist es wichtig zur rechten Zeit anzukommen. Dorngrasmücken brauchen Kleininsekten als Nahrung und Deckung beim Nisten.*

ABZUG VOM BRUTPLATZ *Im Herbst nehmen Abzug und Wanderung einen größeren Zeitraum in Anspruch als im Frühjahr, da der Zeitplan nicht so eng ist.*

JUNI JULI AUG. SEP. O

DIE MAUSER *dauert bis zu zwei Wochen und findet bei den meisten kleineren Landvögeln vor dem Herbstzug statt.*

JUNGENBETREUUNG *Nach dem Verlassen des Nestes bleiben die Jungen nur ein paar Tage mit den Eltern zusammen.*

SINGEN UM EIN WEIBCHEN ANZULOCKEN *Die kleinen Singvögel brüten normalerweise bereits im nächsten Jahr. Bei Großvögeln kann es dagegen mehrere Jahre dauern, bis sie fortpflanzungsfähig sind, bei Adlern und Schwänen z. B. vier bis sieben Jahre. Das Singen dient nicht nur dem Anlocken eines Weibchens, es signalisiert der Konkurrenz auch, dass das Revier besetzt ist.*

NESTBAU *Dorngrasmücken bauen ein einfaches, napfförmiges Nest im Gestrüpp. Manche Kleinvögel fertigen sehr kunstvolle, kugelförmige Nester an oder brüten, wie z. B. die Meisen, in Höhlen. Höhlenbrüter haben einen um 80 % größeren Bruterfolg als Freibrüter.*

VERSORGUNG DER JUNGEN *Fast ausnahmslos werden Singvogeljunge mit Insekten gefüttert. Oft beteiligt sich auch das Männchen an der Fütterung.*

MAI

JUNI

EIABLAGE UND BEBRÜTUNG *Kleinvögel legen meist täglich ein Ei und brüten zehn Tage oder aber bis zu zwei oder drei Wochen. Bei Großvögeln nimmt beides mehr Zeit in Anspruch. Der Erfolg der Aufzucht hängt von der Jahreszeit und von der Erfahrung der Vögel ab.*

NOV. DEZ.

ZURÜCK ZUM WINTERQUARTIER *Der anstrengende Fernflug ins tropische Afrika fordert hohe Verluste, sichert aber, dass die Vögel den kalten, nahrungsarmen Winter überstehen. Flugerfahrungen verbessern die Überlebenschancen.*

DER ZEITPLAN *des Brutgeschäfts fällt leicht unterschiedlich aus. Er hängt zum einen davon ab, an welchem Ort die Dorngrasmücken brüten, andererseits spielt auch die Zeitspanne, die sie im Brutgebiet verbringen können, eine Rolle. Typisch sind jedoch die folgenden Werte:*

Nestbau	4–5 Tage
Eiablage *(Vollgelege: 3–6 Eier)*	5–7 Tage
Bebrütung	9–14 Tage
Nestlingszeit *(Schlüpfen bis Ausfliegen)*	10–12 Tage

Fotos: Dorngrasmücken-Weibchen bei der Fütterung (oben links), am Boden (unten links), singendes Männchen (oben rechts) mit erbeuteter Raupe (darunter)

LEBENSERWARTUNG *Großvögel leben allgemein länger als Kleinvögel. In den ersten Monaten nach dem Verlassen des Nestes ist die Sterblichkeit sehr hoch.*

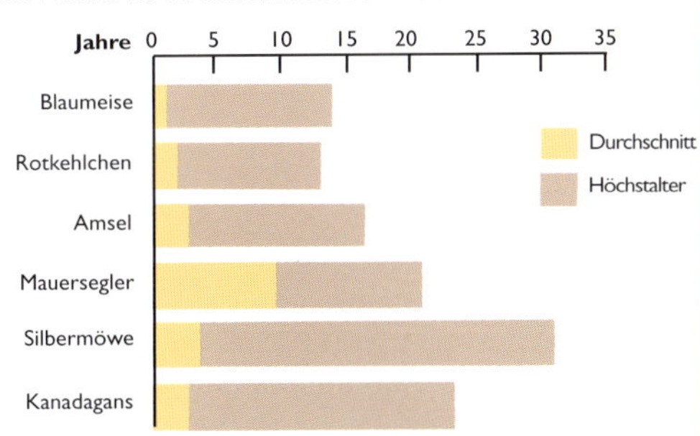

AUSDRUCKSVERHALTEN

Wie Menschen und wie viele Tiere reagieren Vögel stark auf das, was sie sehen. Ihr Verständigungsrepertoire umfasst daher eine Vielzahl von visuellen Ausdrucksformen.

BALZVERHALTEN *In der Paarungszeit werden häufig auffällige Gefiedermerkmale zur Schau gestellt, wie die Schwanzschleppe beim Pfau. Er schlägt ein Rad. Dies ist auf diesem altrömischen Mosaik aus Ravenna abgebildet.*

Im Verlauf der Evolution erlangten Verhaltensweisen der Vögel Signalfunktion. Sie wurden verstärkt und oftmals „übertrieben". Gefiederfärbung und -zeichnung wurden dabei effektiv eingesetzt.

ZURSCHAUSTELLUNG

Färbung und Zeichnung des Gefieders fallen häufig so auf, dass wir sie zur Bestimmung der Arten heranziehen. Für die Vögel selbst spielen sie eine wichtige Rolle bei der Verständigung. Fliegt beispielsweise ein Buchfink auf, werden plötzlich die weißen Schwanzkanten sichtbar. Sie signalisieren den Artgenossen, im Schwarm zu folgen. Viele Vogelarten wechseln jahreszeitlich das Gefieder und senden damit unterschiedliche Signale zur Brutzeit oder in der Ruhezeit aus. Zu Beginn der Fortpflanzungszeit ist das Gefieder bei den Männchen meist besonders prächtig, bei den Weibchen oft tarnfarben. Manche Männchen präsentieren noch zusätzlich Schmuckfedern, um Weibchen zu beeindrucken. Sie können sich an nahezu allen Körperteilen der Vogelmännchen befinden, bevorzugt jedoch am Kopf, im Hals- und Brustbereich oder am Schwanz. Silber- und Seidenreiher hüllen sich in ein Schmuckgefieder, das wie ein Schleier wirkt. Beim Pfau wachsen die Oberschwanzdeckfedern zu einem außergewöhnlichen Prachtgefieder aus, das beim Rad schlagen aufgestellt wird. Viele Vogelarten besitzen außerdem irisierende Federn an Kopf und Hals, die in allen Farben schillern oder eine bestimmte Strukturfarbe erzeugen, wie sie beispielsweise an den Kehlen von Nektarvögeln zu sehen sind.

Spezielle Verhaltensweisen bringen die Schmuckfedern erst richtig zur Geltung. So richtet das Männchen der an sich schon auffällig bunten Brautente auch noch die Scheitelfedern auf, wenn es balzt. Was aber manche Vogelmännchen bei der Balz aufführen, geht weit über das Übliche hinaus. Betrachten wir dazu die Balz des Großtrappenhahns *(Otis tarda)*. Er bläht seinen Kehlsack ballonartig auf und zeigt dabei zwei bläuliche Streifen nackter Haut. Die schnurrbartartigen Federn vor den Augen werden aufgerichtet, der Kopf wird nach hinten zurückgebogen und der Schwanz nach vorn hochgeklappt, bis er den fast auf den Schultern liegenden Kopf berührt. Mit gedrehten Flügeln verwandelt sich das balzende Großtrappenmännchen schließlich in einen bizarren Federball, der fast ganz weiß aussieht.

TERRITORIALVERHALTEN *Bei Singvögeln wie dem Feldschwirl* (Locustella naevia) *dient der Gesang auch der Reviermarkierung. Viele Vögel machen mehr durch ihre Federpracht auf sich aufmerksam.*

BALZVERHALTEN

In der Selbstdarstellung bei der Balz sind die Vögel Meister. Mehrere balzende Paradiesvogelarten sammeln sich in Gruppen, manche lassen sich von einem Ast herabbaumeln. Die Laubenvögel bauen sogar Liebeslauben und schmücken diese aus. Stets versuchen die Männchen sich ins beste Licht zu rücken. Greifvogelmännchen zeigen in spektakulären Schauflügen Kraft und Geschicklichkeit, Lerchen ihre Ausdauer in lange anhaltenden Singflügen, und die Waldschnepfe beispielsweise zieht in akrobatischen Flügen während der Dämmerung durchs Gehölz oder über Waldwiesen.

SEXUALVERHALTEN *Haubentaucher (*Podiceps cristatus*, ganz oben) stimmen sich durch auffälliges Schwimmen, Kraniche (*Grus grus*, daneben) durch Tänze, Basstölpel (*Sula bassana*, unten) durch „Begrüßungen" auf die Paarung ein. Birkhähne (*Tetrao tetrix*) veranstalten im zeitigen Frühjahr eine Gesellschaftsbalz, bei der die Weibchen zusehen, bevor sie sich für ein Männchen entscheiden.*

Funktionen der Ausdrucksbewegungen

Meist soll das Imponiergehabe den Weibchen vermitteln, wie gesund und leistungsfähig ein Männchen ist, und sie zur Paarung anlocken. Männchen haben zu diesem Zweck im Allgemeinen das prächtigere Gefieder. Die Zurschaustellung kann aber auch Rangordnungen zwischen den Männchen festlegen. Andere auffällige Verhaltensweisen sollen Aggressionen abbauen („Grüßen") oder Feinde ablenken. Der Flussregenpfeifer beispielsweise stellt sich zu diesem Zweck flügellahm.

GESÄNGE und RUFE

Immer schon haben Vogelgesänge die Menschen entzückt, aber erst seit kurzem sind wir in der Lage zu bestimmen, was die Gesänge und Rufe bedeuten.

Vogelstimmen sind nicht nur ein Quell von Freude und Inspiration, sondern auch sehr nützlich für die Vogelbestimmung, vor allem bei den versteckter lebenden Arten.

WIE DIE VÖGEL SINGEN

Anders als die Säugetiere haben Vögel im Kehlkopf (Larynx) keine Stimmbänder. Die vielfältigen Gesänge der Singvögel werden in einem besonderen Organ, der Syrinx, am unteren Ende der Luftröhre (Trachea) erzeugt. In den beiden Kammern der Syrinx, die gleichzeitig zum Singen benutzt werden können, entstehen die komplexen Töne und Tonfolgen der „stimmbegabten“ Arten.

RUFE

Vogelstimmen lassen sich in Rufe und Gesänge einteilen, auch wenn die Differenzierung manchmal nicht einfach ist. Gesänge dienen der Fortpflanzung und der Markierung von Territorien. Rufe haben meist andere Funktionen, wie etwa Stimmfühlung zu halten, zu warnen oder um Futter zu betteln. Spezielle Flugrufe und unterschiedliche Warnrufe gelten Feinden in der Luft und am Boden. Höhlen bewohnende Segler und Fettschwalme haben eine Form der Echo-Orientierung entwickelt, mit der sie sich in der Dunkelheit zurechtfinden. Es handelt sich um kurze, hochfrequente Klick-Laute. Fledermäuse nutzen ein noch wesentlich feineres Echo-Orientierungssystem.

GESÄNGE

Gewöhnlich sind es die Männchen, die singen um eine Partnerin anzulocken oder um den Revierbesitz kundzutun. Bei manchen Arten singen jedoch auch die Weibchen, manchmal im Duett mit den Männchen. Die Gesänge sind bei allen Vögeln arttypisch. Manche Vögel bauen aber auch Gesangsteile anderer Arten in ihr Repertoire ein. Teilgesänge von Männchen und Weibchen, die im Duett singen, sind sehr fein aufeinander abgestimmt. Die Partner kräftigen damit ihre Paarbindung und signalisieren gemeinsam den Revierbesitz.

Die Gesänge sind manchen Arten angeboren, während sie bei den Singvögeln von den Eltern oder anderen Artgenossen erlernt werden. Das führt zur regionalen Dialektbildung. Einjährige Männchen

RACHEL CARSON

„Es herrschte merkwürdige Stille. Die Vögel, wo waren sie geblieben? ... Es war ein Frühling ohne Vogelstimmen. In der Morgenfrühe, einst erfüllt von den Chören der Wanderdrosseln, Katzenvögel, Tauben, Häher, Zaunkönige und anderer, hörte man keinen Ton mehr...“

So schrieb Rachel Carson (1907–1964) in ihrem Buch *Der stumme Frühling*, erschienen 1962. Sie machte darin die Öffentlichkeit auf die katastrophalen Bestandsrückgänge bei vielen Vogelarten aufmerksam, verursacht durch den unkontrollierten Pestizideinsatz.

Ihr Leben lang eine begeisterte Vogelbeobachterin, zeichnete Rachel Carson das Bild einer Welt, in der die Vögel verstummen, das erschreckende Szenario einer totenstill gewordenen Landschaft. Weltweit machte das Buch Schlagzeilen. Der Gesang der Vögel war in den Warnungen Rachel Carsons zum Symbol für die Natur schlechthin geworden, deren Bedrohung nicht mehr übersehen werden konnte. In den Jahren danach wurde der Pestizideinsatz tatsächlich eingeschränkt.

VOGELGESÄNGE *können mit Stimmbändern erzeugt werden, wie beim Baumpieper (*Anthus trivialis*, oben) und der Goldammer (*Emberiza citrinella*, ganz links oben), oder aus Instrumentallauten bestehen, wie das Trommeln des Buntspechts (*Picoides major*, oben rechts). Die Ausrüstung, mit der Dr. Arthur Allen (Bildmitte links) Vogelstimmen einfing, war im Vergleich zu modernen Geräten noch unhandlich. Das Sonagramm (oben links) zeigt die Rufe eines Eistauchers (*Gavia immer*).

sind häufig noch nicht so geübt und daher noch keine guten Sänger. Der Gesang kann je nach Jahreszeit unterschiedlich ausfallen.

Instrumentallaute

In der Vogelwelt trifft man auf eine große Vielfalt an Gesängen und Rufen. Einige Vogelarten sind praktisch „stumm", wenn man von Fauch- oder Zischlauten absieht, die allerdings im Kehlspalt (Larynx) erzeugt werden. Dafür vermag beispielsweise der Storch ausgiebig mit dem Schnabel zu „klappern". Doch auch andere Arten verfügen neben Vokallauten über bestimmte Möglichkeiten zur instrumentellen Lauterzeugung. Allbekannt ist das Trommeln der Spechte im Vorfrühlingswald.

Erforschung der Vogelstimmen

Erst seit verhältnismäßig kurzer Zeit gibt es die Möglichkeit einer exakten wissenschaftlichen Erforschung der Vogelstimmen. Die ersten Stimmaufnahmen machte schon 1889 Ludwig Koch in Deutschland. Später folgte Sylvester Judd 1898 in Amerika. Jedoch erst im Jahr 1932 stellten Arthur Allen und seine Mitarbeiter von der Cornell Universität (New York) eine Technik vor, mit deren Hilfe Vogelstimmen erfolgreich im Gelände aufgenommen werden konnten.

Diese Pionierleistung ermöglichte den Forschern die Stimmen der verschiedenen Arten miteinander zu vergleichen und zu analysieren. Mit immer besseren Geräten und neuen Techniken gelang es schließlich Aufnahmen vor Vögeln abzuspielen, um deren Reaktionen zu überprüfen. Sogar in eine grafische Form, das Sonagramm, ließen sich die Vogelstimmen umsetzen und nach Tonhöhe, Lautstärke und Dauer analysieren.

In der Künstlerhierarchie unseres Planeten stehen die Vögel wohl als größte Musiker an der Spitze.

Frei nach Olivier Messiaen (1908–1992), französischer Komponist, dessen Musik stark von Vogelgesängen beeinflusst ist

Revierwahl und Paarbildung

Ob ein riesiges Gebirgsmassiv oder nur ein kleiner Busch, entscheidend für den Bruterfolg eines Vogelpaares ist die Qualität des besetzten Reviers.

SEELENPAAR *Die Seelen des Pharao Ani und seiner Gemahlin, in Vogelgestalt (links), im Thebanischen Totenbuch (etwa 1250 v. Chr.)*

Zu einem guten Revier gehört für einen Vogel alles, was sein Überleben und seinen Bruterfolg sichert: ein passender Brutplatz, Deckung und möglichst auch ausreichend Nahrung. Stets wird ein solches Revier gegen Artgenossen verteidigt und gelegentlich, vor allem wenn es um Nahrung geht, auch gegen die Konkurrenten anderer Arten.

Reviertypen

Die Paare vieler Vogelarten besetzen Reviere, die ihnen alle Lebensgrundlagen bieten, oftmals über Jahre hinweg, manchmal sogar ein Leben lang. Andere Territorien werden gelegentlich für besondere Zwecke wie Nahrungserwerb oder als Schlafplatz in Anspruch genommen.

Bei vielen Vogelrevieren handelt es sich um genau festgelegte Gebiete mit nur kleinen, gelegentlichen Grenzschwankungen. Neben dem Brutrevier können auch Nahrungsplätze verteidigt werden, wie fruchtende Büsche oder blühende Bäume außerhalb des eigentlichen Reviers.

Koloniebrüter, wie viele Seevögel, Reiher oder manche Schwalbenarten, nisten nahe beieinander. Jedes Paar verteidigt nur den unmittelbaren Nestbereich. Nachbarn werden auf Pickdistanz gehalten. Die Nahrungssuche erfolgt an gemeinsamen Nahrungsgründen, beispielsweise draußen auf dem Meer, über einem Sumpf oder in eigens von einem Paar verteidigten Nahrungsrevieren. Die Größe solcher Territorien hängt vom Nahrungsangebot ab. So brauchen Spechte alte Bäume mit Insektenlarven unter der Rinde oder im Holz – diese Bäume können dicht beisammen oder verstreut stehen. Die Reviergröße zeigt so auch die Qualität eines Lebensraums an.

Balzrevier

Es sind die Vorteile eines Territoriums, allen voran ein gutes Nahrungsangebot, die die Weibchen in die Reviere der Männchen locken. Das gilt ebenso für Reviere, die nur zum Zweck von Werbung und Paarung gehalten werden. Ist das Nahrungsangebot gering oder die Qualität des Gebietes nicht ausreichend, wird das Männchen wenig Erfolg haben. So ist ein gebüschreicher Garten für Drosseln besser als offenes Gelände geeignet. Meisenweibchen ziehen schattige, gut geschützte Bruthöhlen sonnigen und offenen Lagen vor, in denen die Jungen eher Opfer

VOGELREVIERE *werden gelegentlich nur anhand eines einzigen Kriteriums besetzt. Der Basstölpel-Kolonie (rechts) reicht das Vorhandensein von Brutplätzen. Die Zeichnung (links) zeigt das Territorium eines Singvogels mit den für die Fortpflanzung wichtigen Komponenten.*

BEI DER BALZ *werden manchmal Geschenke gemacht. Haubentaucher (*Podiceps cristatus, *links) verwenden Nestbaumaterial. Fluss-Seeschwalbenmännchen (*Sterna hirundo, *unten) übergeben ihren Weibchen Fische.*

der Hitze oder von Feinden werden. Ganz anders fällt die Beurteilung der Balzplätze innerhalb einer Arena mit Gesellschaftsbalz der Männchen aus, wie z. B. beim Birkhuhn. Zentrale Plätze stehen für Kraft und Gesundheit der Tiere, die sie besetzen. Diese Hähne werden von den Hennen zur Paarung bevorzugt ausgewählt.

PAARBILDUNG

Oft wird das erste Weibchen, das sich im Revier eines Männchens zeigt, als Eindringling behandelt. Durch unterwürfiges Verhalten drückt es aber seine anderen Absichten aus und das Männchen fängt an es zu umwerben. Anfängliche Aggression weicht beschwichtigenden Verhaltensweisen. Dazu gehört auch das Balzfüttern. Es drängt nicht nur die Aggressionen zurück, sondern stellt für das Weibchen auch eine wichtige Zusatzernährung im Hinblick auf die Eibildung dar. Außerdem ist es ein Test dafür, ob das Männchen ein guter Futterbeschaffer ist.

PAARBINDUNG

Einige wenige Vogelarten verpaaren sich lebenslang, die große Mehrzahl aber von Brutsaison zu Brutsaison neu. Andere bilden überhaupt keine Paare. Bei ihnen paart sich das Männchen mit mehreren Weibchen ohne am Brutgeschäft teilzunehmen. Bei Wassertretern ist es das Weibchen, das dem Männchen das Brüten und die Jungenaufzucht überläßt. Die meisten Singvögel verpaaren sich eine Brutsaison lang; manche nehmen die Partnerschaft in der nächsten wieder auf. Das hat aber wohl mehr mit Brutorttreue als mit der Anhänglichkeit zum Partner zu tun. Tatsächlich leisten sich fast alle Vögel „Seitensprünge“, und ein ausgefallener Partner wird meist umgehend ersetzt.

MARGARET MORSE NICE

Die Ornithologin Margaret Morse Nice (1883–1974) beobachtete in den 30er Jahren die Singammern (*Melospiza melodia*) in der Nähe ihres Heimatorts in Columbus, Ohio. Ihre achtjährigen Freilandstudien gelten als bahnbrechend in der Forschung über die Struktur und die Funktion von Vogelrevieren. Mit äußerster Genauigkeit kartierte sie in einem 16 Hektar großen Gelände Vorkommen und Standortwechsel der Vögel. Jedes Frühjahr, wenn die Vögel zurückkehrten, fertigte sie Tag für Tag neue Karten an. Die ortsansässigen Brutvögel fing, wog und beringte sie. Wie andere erfahrene Ornithologen konnte sie die einzelnen Männchen auch an ihren Gesängen unterscheiden. Sie beobachtete sieben Jahre lang ein Männchen, das immer wieder in sein Revier zurückkam, wie es Weibchen anlockte, erfolgreich Junge großzog und sein Revier verteidigte.

Die Untersuchungen von Margaret Morse Nice an der Singammer gehören bis heute zu den genauesten Arbeiten zu diesem Thema und haben unsere Kenntnis über Revierwahl und Paarbildung entscheidend bereichert.

NESTER und JUNGE

Für den aufwendigen Vorgang der Eiablage, des Brütens und der Jungenaufzucht bauen die meisten Vögel ein schützendes Nest.

Kaum hat sich eine Paarbindung gefestigt, beginnt die Arbeit des Nestbaus. Es gilt, eine sichere Vorrichtung für die Eier und eine zeitlich begrenzte Heimstatt für die Jungen zu schaffen. Nestbau und Brutgeschäft werden vom Weibchen allein oder mit Hilfe des Männchens vorgenommen.

Die meisten Nester sind nur für eine Brut bestimmt. Es gibt aber Vogelarten, die das einmal gebaute Nest mehrmals zum Brüten oder in der übrigen Zeit des Jahres als Schlafnest nutzen.

NESTERVIELFALT

Die Nester bestehen gewöhnlich aus Zweigen, Blättern und Grashalmen und werden in Büschen, Bäumen oder am Boden erbaut. Daneben haben die Vögel aber noch eine erstaunliche Vielfalt an Nestbautechniken und Nestformen entwickelt. Beutelmeisen beispielsweise stellen kunstvolle Nester aus Pflanzenwolle und fasern her. Berühmt sind die Fähigkeiten der Webervögel. Der Haubentaucher baut gar auf dem Wasser schwimmende Nester. Fisch- und Seeadler nisten auf hohen Bäumen oder Felsklippen in Horsten, die über viele Jahre hinweg immer wieder überbaut werden und eine beachtliche Höhe erreichen können. Manche Eulen, wie die Waldohreule, brüten in alten Krähennestern. Auch Höhlen von Spechten sind begehrte Nistplätze.

WIEGEN FÜR DIE JUNGEN *Manche Seeschwalben begnügen sich mit einer Nistmulde, Schwanzmeisen (Aegithalos caudatus, oben links) schaffen Kugelnester aus Spinnweben und Flechten. Uferschwalben (Riparia riparia, unten) graben Neströhren in Uferwände.*

EIABLAGE UND EIER

Je nach Zahl der Eier und der Größe der Vogelart dauert es zwischen wenigen Tagen und mehr als einer Woche, bis ein komplettes Gelege zustande kommt. Es kann nur aus einem einzigen Ei bestehen, wie das bei manchen Seevögeln und Geiern der Fall ist. Hühner- und Entenvögel haben große Gelege mit bis zu 20 Eiern, gelegentlich auch mehr.

Kleinvogelarten haben oft zwei Jahresbruten. Zu zeitlich ineinander verschachtelten Bruten kommt es, wenn das Männchen noch die Jungen der ersten Brut im ersten Nest versorgt, während das Weibchen bereits mit der Eiablage der zweiten Brut beginnt.

Die Eier von Vogelarten, die in offenen Nestern brüten, besitzen in der Regel eine Färbung und Musterung, die in ihrer Umgebung eine

EIN NEUES LEBEN BEGINNT *Mit dem Eizahn an der Spitze des Oberschnabels sticht der Jungvogel das erste Loch in die Eischale und arbeitet sich dann allmählich heraus. Das Schlüpfen kann einen ganzen Tag dauern.*

effektive Tarnung bewirkt. Höhlenbrüter hingegen haben meist weiße Eier.

Bebrütung

Zur Brutzeit tragen die meisten Vogelweibchen und die Männchen, die sich am Brüten beteiligen, Brutflecken. Das sind nackte Hautstellen am Bauch, die beim Brüten eine wirkungsvolle Übertragung der Körperwärme auf das Gelege ermöglichen. Brüten ist „harte Arbeit" und bedeutet oft eine Verdoppelung der Wärmeerzeugung. Die Bebrütungszeit schwankt. Bei vielen Kleinvögeln dauert sie etwa zwei Wochen, bei Tölpeln, Geiern und Adlern bis über acht Wochen.

Jungenaufzucht

Junge, die nackt, blind und hilflos aus dem Ei schlüpfen, bezeichnet man als Nesthocker. Sie sind vollkommen auf die Versorgung durch die Altvögel angewiesen. Nestflüchter dagegen entwickeln sich schon im Ei so weit, dass sie nach dem Schlüpfen das Nest verlassen können. Daneben treten auch Zwischenformen auf, z. B. bei den Möwen.

Die Nestlingsperiode dauert zwischen acht und zwölf Tagen und vier Monaten (große Geier), nimmt bei manchen Arten, beispielsweise bei den Albatrossen, aber auch über ein Jahr in Anspruch.

Manche Nestflüchter werden noch einige Zeit von den Eltern gefüttert, anderen wird von den Eltern die Nahrung nur vorgehalten. Daneben gibt es Nestflüchter, die sich gleich selbst die Nahrung suchen, die sie brauchen. Enten folgen dabei aber noch den Eltern. Die kleinen Küken können schwimmen und tauchen, kaum dass sie sich aus der Eischale herausgearbeitet haben und trocken sind. Bei einigen Arten springen sie gleich aus ihren hoch gelegenen Nesthöhlen zum Boden hinab.

Brutparasiten

Einigen Vogelarten ist es gelungen, sich um die Arbeit der Jungenaufzucht zu drücken. So legt unser heimischer Kuckuck, wie etwa die Hälfte aller Kuckucksarten, seine Eier in die Nester anderer Vögel. Dort werden sie ausgebrütet und bis zum Ausfliegen versorgt. Bei den kleineren Singvögeln verdrängt ein großes Kuckucksjunges auf diese Weise meist die eigentliche Brut. Auch viele andere Vogelarten entledigen sich auf diese Art und Weise als Brutparasiten ihrer „elterlichen Verpflichtungen"

KONRAD LORENZ UND DIE PRÄGUNG

Immer wieder haben Menschen Enten, Gänse und Hühner als zahmes Stubentier aus dem Ei großgezogen ohne aber zu wissen, warum sie als Ersatzeltern angenommen werden. 1935 gelang es dem Wiener Verhaltensforscher Konrad Lorenz (1903–1989) diesen Vorgang zu enträtseln.

Lorenz, der schon in seiner Kindheit Gänse großzog, stellte fest, dass sie ihm wie einer Mutter folgten. In späteren Experimenten entdeckte er, dass die Jungen das erste bewegliche Objekt, das sie unmittelbar nach dem Schlüpfen zu sehen (und zu hören) bekamen, als Eltern betrachteten. Er bezeichnete diesen Vorgang als Prägung. Konrad Lorenz' Untersuchungen auf den Gebieten der vergleichenden Anatomie, der Tiersoziologie und der vergleichenden Verhaltensforschung führten zu einer ganzen Reihe von neuen Erkenntnissen und zur Klärung zahlreicher Grundbegriffe in der Biologie. 1973 erhielt er für seine Leistungen den Nobelpreis für Physiologie und Medizin.

TYPEN VON JUNGVÖGELN *Es gibt zwei große Gruppen: Nestflüchter (links) sind weit entwickelt, mit Dunen bedeckt und ziemlich selbstständig, Nesthocker (unten) hilflos, blind und anfänglich nackt.*

WANDERUNGEN

In Westeuropa findet ein besonders reger Vogelzug statt. Ankunft und Abzug der Vögel gelten als Zeichen für den Wechsel der Jahreszeiten.

Einige Standvögel bleiben das ganze Jahr in ihrem Lebensraum, rund die Hälfte der Vogelarten und der größte Teil der Individuen wandern jedoch regelmäßig.

Die meisten Wanderungen ergeben sich aus den jahreszeitlichen Änderungen in Nahrungsangebot und Witterungsgeschehen. So finden die Zugvögel während der Sommer- und Herbstmonate in den gemäßigten Breiten bedeutend mehr Nahrung als im Winter und Frühling. Im Winter beeinträchtigen zusätzlich Schnee und Kälte die Nutzbarkeit der Nahrung. Außerdem sind die Tage kürzer und damit bleibt weniger Zeit zur Nahrungssuche.

Zu den Polen hin verschärfen sich die jahreszeitlichen Unterschiede. Nur wenige Vogelarten, wie die Spechte, die sich ihre Nahrung unter Rinde und Holz suchen, kommen in höheren Breiten winters wie sommers gleichermaßen gut zurecht. Sie sind allerdings auch nirgends häufig.

Überwiegend ziehen die Vögel alleine, manche jedoch schließen sich zu Schwärmen zusammen, da sie dann besser vor Angriffen von Feinden geschützt sind. Vor allem am Tag ziehende Vögel machen sich diesen Vorteil zunutze. Während viele Vögel alleine das Winterquartier finden müssen, werden z. B. junge Gänse und Kraniche auf dem ersten Flug von den Altvögeln geführt.

Es gibt tagziehende und nachtziehende Vogelarten. Tagzieher, wie z. B. Störche, Stare und Finken, legen vergleichsweise nur kurze Strecken an einem Stück zurück, während Nachtzieher, wie viele Grasmücken, Drosseln und Watvögel, oft ohne Unterbrechung lange Distanzen in großer Höhe fliegen.

IM FLUG *Wie viele andere Vögel auch ziehen die Kraniche (ganz oben) vornehmlich über Land. Erstaunliche Leistungen vollbringen manche Arten, die nicht auf dem Wasser landen können und deshalb ohne Unterbrechung weite Meeresgebiete überqueren, wie z. B. viele Watvögel (oben). Der Einsatz von Radar (ganz oben links), hat wichtige Informationen zum Vogelzuggeschehen geliefert.*

DAS GEHEIMNIS DES VOGELZUGES

Das plötzliche Ausbleiben und die ebenso plötzliche Wiederkehr mancher Vogelarten war den Menschen früher unerklärlich. Vielerorts hielt man diesen Vorgang für das Ergebnis eines göttlichen Eingriffs, und so sind viele Mythen entstanden, die sich um Zugvögel ranken.

Aristoteles und seine Zeitgenossen versuchten allerdings bereits „wissenschaftliche" Erklärungen zu finden. Nach ihren Theorien verbrachten z. B. die Schwalben den Winter in einem dem Winterschlaf ähnlichen Zustand in unterirdischen Bauen und Höhlen oder im Schlamm der Gewässer, eingehüllt in Schlammkugeln – eine Vorstellung, die sich bis ins 16. Jahrhundert hielt.

WANDERROUTEN *Zugvögel überqueren praktisch ganz Europa, Küsten- u. Watvögel folgen dabei den Küsten. Landvögel bevorzugen über Land führende Routen, fliegen aber auch über Meerengen, wie den Bosporus und Gibraltar. Seltener liegen Inseln auf ihrer Route, so z. B. Sardinien, Sizilien und Kreta.*

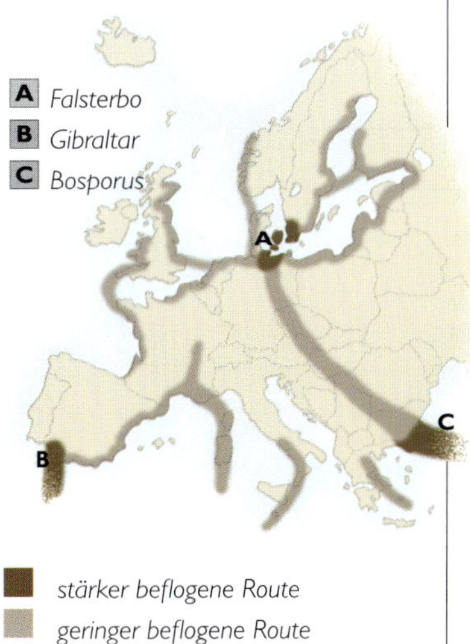

ORIENTIERUNG

Viele Zugvögel finden ihre Ziele mit erstaunlicher Genauigkeit. Ein Schwarzschnabel-Sturmtaucher *(Puffinus puffinus)*, der im Juni 1952 in England beringt und über den Atlantik nach Boston gebracht worden war, traf schon nach 12,5 Tagen wieder in seiner Heimat ein. Er hatte mindestens 5000 km zurückgelegt!

Vögel orientieren sich auf unterschiedliche Weise. Tagzieher richten sich nach der Sonne oder nach Landmarken und Leitlinien. Nachtzieher orientieren sich an den Sternen, am Erdmagnetfeld oder am Rauschen des Meeres. Eine innere Uhr verrechnet den mit der Erddrehung verbundenen Kreislauf der Gestirne. Sie zeigt den Vögeln auch mit großer Genauigkeit an, wie lange sie fliegen müssen, um das Zielgebiet zu erreichen, und wann sie den Zug zu beginnen haben.

Liegt es an Deiner Weisheit, dass der Habicht seine Flügel ausbreitet und nach Süden zieht?

Buch Hiob 39, 26

Die Fähigkeit den rechten Zeitpunkt für den Abflug und die genaue Richtung zu bestimmen hat bei vielen Vogelarten eine genetische Grundlage. Manche Zugstraßen werden aber auch – vor allem wohl von im Schwarm ziehenden Vögeln – traditionell benutzt. Die Jungvögel erlernen die Routen dann von den erfahrenen Altvögeln.

STRATEGIEN

Viele Kleinvögel vollziehen die Wanderung in Etappen von einigen Hundert Kilometern pro Tag oder Nacht. Bei Schlechtwetterlagen unterbrechen sie. Passt die Witterung, starten die Vögel Welle auf Welle. An manchen Plätzen vollzieht sich dabei ein großartiges Schauspiel. Andere Vogelarten legen große Entfernungen am Stück zurück – 1000 km und mehr nonstop. Die europäischen Rauchschwalben fliegen über 10 000 km von Nordeuropa bis ins südafrikanische Winterquartier, Kampfläufer *(Philomachus pugnax)* aus Sibirien noch weiter zu afrikanischen Feuchtgebieten und Küsten, der Steinschmätzer *(Oenanthe oenanthe)* wandert von Alaska bis Afrika. Die größten Globetrotter sind die Küstenseeschwalben *(Sterna paradisaea)*, die in den arktischen Küstenregionen des Nordatlantiks brüten und in der Antarktis überwintern.

INVASIONEN

Nicht alle Vogelwanderungen sind jahreszeitlich bedingt. Die starke Bestandszunahme einer Art und der im Verhältnis dazu enger werdende Lebensraum, Nahrungsengpässe oder besondere Witterungsbedingungen können massenhaftes Auswandern und Einflug in weit entfernte Gebiete zur Folge haben, z. B. beim Seidenschwanz *(Bombycilla garrulus)* oder bei der Schnee-Eule *(Nyctea scandiaca)*, die dann wandert, wenn ihre Hauptnahrung, die Lemminge, sehr knapp geworden ist.

In einem sonnigen Torweg saß ich von Sonnenaufgang bis zum Mittag, gefangen von meinen Träumen in ungestörtem Alleinsein, während die Vögel um mich herum sangen und lautlos durchs Haus flatterten.

Walden, frei nach Henry David Thoreau (1817–1862), amerikanischer Schriftsteller und Naturfreund

ZWEITES KAPITEL

VOGELBEOBACHTUNG zu HAUSE

BEOBACHTUNGEN im GARTEN

Wer im Besitz eines Gartens ist, kann seinen Einstieg in die Welt der Vögel gleich dort vornehmen.

Unsere gefiederten Freunde nutzen auch im kleinsten Gärtchen jeden Winkel um Nahrung oder Schutz zu suchen, lassen ihr Lied erschallen oder bauen ihr Nest. Dieses muntere Treiben vor der eigenen Haustür ist für viele Menschen ein steter Quell der Freude. Bietet man den Vögeln im Garten Futter, Wasser und passende Niststätten, werden sie noch zahlreicher kommen. Zunehmend zeigen sich viele Arten sogar abhängig von künstlichen Nistkästen, da Naturhöhlen selten geworden sind. Haben die Vögel den Garten „entdeckt" und für gut befunden, kehren sie immer wieder zurück oder bleiben ganz, wie die Standvögel. Türkentauben und Haussperlinge, aber auch Zaunkönige, Amseln und Rotkehlchen errichten ihre ganzjährigen Reviere und Zugvögel, wie der Gartenrotschwanz, beziehen jedes Jahr erneut ihr altes Brutrevier.

FÜTTERUNG *Sorgfältig ausgewähltes Futter lockt zahlreiche Vögel in den Garten, zumal im Winter, wenn Nahrung schwer zu finden ist. Die langen Winternächte erfordern Extraportionen.*

HENRY DAVID THOREAU

Zu den anschaulichsten und interessantesten Schilderungen des Vogellebens in Gärten gehört das Buch *Walden oder Leben in den Wäldern* von Henry David Thoreau, einem Schriftsteller und Philosophen des 19. Jahrhunderts. In 18 Erzählungen beleuchtet er darin die Beziehungen zwischen Mensch und Natur und legt zahlreiche detaillierte Vogelbeobachtungen vor, die er in seinem reich bewachsenen Garten und den angrenzenden Wäldern machte.

Thoreau hatte sich 1845 aus Protest gegen die stark kommerzielle Prägung der amerikanischen Gesellschaft in die Natur zurückgezogen. Zwei Jahre verbrachte er in einer Blockhütte am Ufer eines Teiches in Massachusetts viele Stunden bei beschaulicher Betrachtung der Wunder der Natur. In dieser Abgeschiedenheit wurden die Vögel zu seinen wichtigsten Begleitern. In eindringlichen Naturschilderungen entwarf Thoreau die Idee eines selbstgenügsamen Lebens im Einklang mit der Natur und ihren göttlichen Gesetzen. Er sah in den Vögeln seelenverwandte Weggefährten, deren Einfachheit und Freiheit er bewunderte.

DER VOGELGARTEN

Nahrung, Wasser und Schutz vor Feinden gehören zu den grundlegenden Notwendigkeiten im Vogelleben. Und natürlich brauchen die Vögel auch einen geeigneten Nistplatz. Wir können einer Reihe von Arten diese Lebensbedingungen sogar im Garten in der Stadt bieten. Doch gilt es auf einige Punkte zu achten. So muss an der ausreichend geschützten Futterstelle auch die richtige Nahrung angeboten werden. Brot und Küchenabfälle sind nicht geeignet! Und die Futterstelle muss regelmäßig, bei starkem Besuch

VOGELGÄRTEN *Diese Wandmalerei aus Pompeji mit einem idealisierten Garten bringt die Bedeutung der Vogelwelt für den Menschen zum Ausdruck.*

sogar täglich, gesäubert werden, damit sich keine Krankheiten ausbreiten.

Wer Nistkästen aufhängt, sollte auf den richtigen Platz achten und sie den im Garten auftretenden Arten anpassen. Jede Vogelart hat ihre eigenen Bedürfnisse. Die perfekte Lösung lässt sich nicht planen. Wer die Vögel beobachtet, wird aber rasch herausfinden, was sie bevorzugen und wie man ihre Lebensbedingungen verbessern kann. Die folgenden Seiten geben dazu eine Hilfestellung.

Vögel im Blickfeld

Die Vögel im Garten zu beobachten ist einfach und ergiebig zugleich. Meist unterliegt der Tagesablauf eines Vogellebens einer festen Aktivitätsrhythmik. Die Vögel kommen zur selben Zeit zur Nahrungssuche oder suchen bestimmte Plätze zur Gefiederpflege oder einfach zum Ruhen auf. Bei trockenwarmem Wetter baden sie an Wasserstellen; einige Arten, wie Sperlinge, nehmen auch gerne Sandbäder.

Langweilig wird die Beobachtung in keinem Fall, auch wenn nur ein paar Vogelarten den Garten aufsuchen sollten. Mit der Zeit lernt man die Verhaltensweisen zu interpretieren und die Kleider von Alt- und Jungvögeln, in der Brutzeit sowie im Herbst und Winter sicher zu unterscheiden. Dabei verbessern sich die eigenen Beobachtungs- und Bestimmungsfähigkeiten von Tag zu Tag.

Im Garten sind die meisten Vögel weniger scheu als draußen im Wald. Besonders gut im Blick hat man sie an den Futterstellen. Schon nach verhältnismäßig kurzer Zeit werden die Vögel zutraulicher und geben nach und nach immer mehr von ihren Lebensgeheimnissen preis.

LECKERBISSEN *Viele Vögel sind recht neugierig und durchaus keine Kostverächter, wie hier der Buntspecht, der sich sehr gern einige Haselnüsse holt.*

VOGELNAHRUNG

Mit einem geeigneten Futterangebot lassen sich viele Vogelarten an Häuser und in Gärten locken. Es ist daher nützlich über die Nahrungsvorlieben der einzelnen Arten Bescheid zu wissen.

In der natürlichen Umwelt hat jede Vogelart ihre „Nahrungsnische", einige ganz spezielle Nahrungsquellen, die an bestimmten Orten mit artgemäßen Suchstrategien, Techniken und „Werkzeugen" aufgefunden und genutzt werden. So suchen Arten wie Türkentauben oder Buch- und Bergfinken ihre Samennahrung am Boden, während Grünlinge, Stieglitze, Zeisige, Gimpel oder Kernbeißer schon an den Pflanzen selbst nach Samen schauen und sie mit ihrem Schnabel aus den Hüllen oder Kätzchen herauslösen.

ENTKERNTE SONNENBLUMENSAMEN *sind sehr teuer. Die meisten Körnerfresser können das Entkernen selbst besorgen.*

Kreuzschnäbel haben dafür einen Spezialschnabel mit überkreuzten Schnabelspitzen, der ihnen das Öffnen der harten Zapfen von Fichten und Kiefern erleichtert. Diese Vögel sind Körnerverwerter. Grasmücken, Baumläufer, Zaunkönig und zeitweise auch die Meisen ernähren sich dagegen fast ausschließlich von Insekten und Spinnen sowie von deren Larven und Eiern.

Amseln, Sing- und Misteldrosseln und andere Arten bevorzugen Würmer, Beeren und Früchte. Von manchen Vögeln werden für uns Menschen hochgiftige Beeren, wie die des Seidelbastes, ohne Schaden verzehrt.

Will man Vögel zu Futterstellen locken, muss man eine für die betreffenden Arten attraktive, ergiebige Nahrungsquelle anbieten, die ohne größeren Ener-

SCHWARZE ÖLSONNENBLUMENSAMEN *eignen sich mit ihrem hohen Ölgehalt für viele Körnerfresser, sind aber teuer.*

Ich habe es lieber, wenn mein Garten voller Amseln ist als voller Kirschen, und gerne gebe ich ihnen die Früchte für ihren Gesang.

Frei nach
Joseph Addison (1672–1719),
englischer Schriftsteller

SONNENBLUMENKERNE *sind bei vielen Finkenvögeln beliebt, aber auch bei Kohl- und Blaumeisen, die die Technik des Öffnens beherrschen.*

VERSTECKTE GEFAHREN

Die Vogelfütterung birgt auch Gefahren. So können Pestizidrückstände, die für den Menschen als harmlos gelten, manchen Vögeln gefährlich werden. Äußerst schädlich sind verschimmelte Körner. Klebrige Erdnussbutter oder schmieriges Fett können bei Kleinvögeln die Nasenöffnungen verkleben. Fett gehört daher in mit Körnern versetzte „Kuchen". Das Futter muss frei von Vogelexkrementen sein. Entweder reinigt man regelmäßig den Futterplatz oder man setzt Futterspender ein, die verhindern, dass die Vögel ihr Futter bekoten.

gieaufwand nutzbar ist. Hände weg von Küchenabfällen: Sie können großen Schaden anrichten!

Die beiden Grundtypen von Futter sind Körner diverser Pflanzen und Früchte sowie Fettfutter, wie Meisenknödel. Die hier abgebildeten Körnersorten eignen sich sehr gut für die Vogelfütterung; eine Kombination besonderer Art ist der „Talgkuchen".

ERDNÜSSE *ohne Schale sind ein Leckerbissen für Eichelhäher, Kohlmeisen und Buntspechte.*

DISTELSAMEN *gelten als das beste Mittel um Stieglitze und Zeisige anzulocken.*

WEISSE GLANZHIRSE *wird von Finken und Sperlingen bevorzugt.*

FRÜCHTE *wie Rosinen, Johannisbeeren und frische Trauben oder Bananen locken zahlreiche Vögel an.*

HIRSE *(Sorghum) Käufliche Körnermischungen mit ausgeprägt orangefarbener Tönung enthalten oft zu viel Sorghum. Sie sind für die meisten Vogelarten ungenießbar und zur Fütterung ungeeignet.*

KÖRNER-FETT-MISCHUNGEN

Die Eigenherstellung solcher Mischungen aus Körnern und Fett hat mehrere Vorteile. So macht es oft auch Kindern unter Aufsicht Erwachsener Spaß diese Art von fest werdendem „Müsli-Futter" für die Vögel zuzubereiten. Da man die Zutaten selbst auswählt, kann die Mischung genau auf die örtlichen Verhältnisse abgestimmt werden. Der „Fettkuchen" wird auf diese Weise zu einer Spezialität, die manche Vögel durchaus schätzen.

Hauptbestandteil ist Rindertalg, der am Herd oder in der Mikrowelle so lange aufgeweicht wird, bis er schmilzt. Unter ständigem Umrühren gibt man zu 2,5 kg Talg 500 g Erdnussbutter. Sobald Talg und Erdnussbutter gut miteinander vermengt sind, werden ein paar Tassen Maismehl oder gewöhnliches Mehl hinzugefügt. Diese trockenen Zutaten verhindern ein Schmelzen von Talg und Erdnussbutter bei starker Sonnenbestrahlung und wärmerer Witterung. In die weiche Masse kommen, je nach Bedarf, Rosinen, aufgebrochene Nüsse oder Sonnenblumenkerne; auch getrocknete Früchte in kleinen Stücken sind geeignet. Die noch warme Mischung kann auf Zapfen oder Äste aufgetragen werden. Am besten ist es aber 1–2 cm dicke Schichten in ein Gefäß zu gießen und im Kühlschrank lagenweise fest werden zu lassen.

Den Block schneidet man in Stücke passender Größe. Diese lassen sich auf entsprechenden Halterungen befestigen, auslegen oder aufhängen. Die Stücke, die nicht sofort zur Verwendung kommen, werden in der Tiefkühltruhe als Vorrat aufbewahrt.

BRUCH *ls Hühnerfutter angeboten; auch ge und Tauben nehmen ihn an.*

FETT *mit Körnern eignet sich zur Versorgung von Staren, Kleibern, Spechten und Meisen. Im Handel gibt es fertig zubereitete Mischungen als „Meisenknödel" oder „-ringe". Bei sehr warmer Witterung kann das Fett jedoch schmelzen und das Gefieder der Vögel verkleben.*

FUTTERPLÄTZE

Viele Vögel würden zwar auch zu einer Hand voll Futter kommen, das man einfach auf den Boden streut, aber spezielle Futterplätze sind viel geeigneter. Sie bieten Schutz und bessere Beobachtungsmöglichkeiten.

Mit einem eigens hergerichteten Futterplatz bringt man die Vögel genau an die Stelle, an der man sie am besten beobachten kann. Er lässt sich gut sauber halten und genau auf die Bedürfnisse bestimmter Arten ausrichten. Unterschiedlich gestaltete Plätze mit speziellem Futter bieten die Möglichkeit verschiedene Vogelarten getrennt oder gemeinsam anzulocken. Auch die Futtermenge kann besser bestimmt werden.

Einige Vogelarten, wie Sperlinge und Buchfinken, nehmen Körner zwar lieber vom Boden, aber dafür gibt es umso mehr andere, die in Futterröhren nichts anderes als Samenstände von Pflanzen erblicken und gern daran herumturnen. Gut eingerichtete Futterplätze bieten auch mehr Sicherheit vor Feinden, wie Katzen und Sperbern (S. 52). Die nachfolgenden Ausführungen von Futterstellen haben sich in der Praxis bewährt, aber der eigenen Phantasie sind natürlich keine Grenzen gesetzt.

Futterbrettchen Diese hölzernen Brettchen mit erhöhtem Rand eignen sich für fast alle Arten von Futter. Sie lassen sich leicht herstellen und fast überall anbringen. Ihr Vorteil ist, dass sie gut zu reinigen sind und größere Futtermengen aufnehmen. Ein Dach darüber hält Regen und Schnee ab. Futterbrettchen müssen alle paar Tage gesäubert und desinfiziert werden.

Futterspender Man hängt solche „Futterautomaten" an geeigneten Stellen auf und füllt sie mit Vorrat. Wichtig ist, dass die Körner kontinuierlich nachfließen.

Futterröhren Gute Modelle haben mehrere Öffnungen mit Anflugstellen, sodass mehrere Vögel gleichzeitig anfliegen können.

Futterkugeln Sie bestehen aus einer durchsichtigen Plastikschale, die von einer höhenverstellbaren Abdeckung verschlossen wird. Auf diese Weise kann man „unerwünschten" Gästen, wie Eichhörnchen, den Zugang verwehren. Futterkugeln lassen sich leicht reinigen und nehmen einen großen Vorrat auf. Manche Ausführungen bieten Sitzstangen für die Vögel.

Futterspender für die Fensterscheibe Da sie aus durchsichtigem Plastikmaterial hergestellt sind und mit Saug-

Futterr

FUTTERBRETTCHEN *(rechts) eignen sich besonders zur Versorgung größerer Vögel oder ganzer Schwärme. Auch größere Futterröhren werden zum Treffpunkt, oben z. B. für Grünlinge* (Carduelis chloris).

Futterspender

näpfen an den Fenstern haften, eignen sie sich ideal zum Beobachten von Meisen und anderen Kleinvögeln. Doch viele Vögel reagieren empfindlich auf Bewegungen. Daher sollte ein dünner Vorhang hinter dem Fenster angebracht sein, es sei denn, die Fensterscheibe ist von außen verspiegelt.

RINDERTALG *kann man auf unterschiedliche Weise als Futter anbieten.*

Meisenködel Die allbekannten Rindertalgkugeln, mit Sämereien oder Beeren angereichert und von einem Plastiknetz umgeben, können an verschiedensten Plätzen, auch am Futterhäuschen, angebracht werden. Im einfachsten Fall hängt man sie an Zweige. Solche Körner-Fett-Mischungen lassen sich leicht selbst herstellen (siehe S. 49). Fichten- und Kiefernzapfen, in den noch flüssigen Talg getaucht, sind eine besonders attraktive Möglichkeit das Fett anzubieten.

ERDNUSSLIEBHABER

In Gegenden, in denen keine Eichhörnchen vorkommen, kann man ungeschälte Erdnüsse für Kohl-, Blau- und Tannenmeisen auf Draht aufziehen. Selbst Eichelhäher und Dohlen schätzen diese Nahrung und lernen die Nüsse aus der Schale zu klauben. Genauso gut lässt sich der Draht mit unterschiedlichen Körnersorten ausstätten. Ein Auffangbrett für herabgefallene Samen dient als Futtertischchen für andere Arten. Erdnüsse können natürlich auch geschält in Plastiknetzen angeboten werden. Rote Netze locken vor allem Zeisige und Meisen an. Leider zerstören Häher und Spechte manchmal die Netze, bevor die Erdnüsse herausgeholt werden konnten.

ERDNUSSSÄCKCHEN *locken zahlreiche Vögel an, wie hier den Buntspecht* (Picoides major). *Aber Spechte zerstören oft die Netze, bevor andere Vögel ans Futter kommen können.*

UNGESCHÄLTE ERDNÜSSE *schätzen Vögel, wie die Kohlmeise, aber besonders der Eichelhäher* (Garrulus glandarius, *oben), der auf seine Weise versucht an die Kerne zu kommen.*

NYLONNETZE *enthalten Nüsse und andere Samen. Manche Meisen, wie hier die Sumpfmeise* (Parus palustris, *rechts), holen sie geschickt heraus.*

SORGEN für die GEFIEDERTEN GÄSTE

Futterstellen bieten Nahrung für die Vögel, bergen aber auch Gefahren. Bestimmte Vorsichtsmaßnahmen müssen daher berücksichtigt werden.

Wer eine Futterstelle für Vögel einrichtet, übernimmt eine Verpflichtung. Geht man allzu sorglos vor, wird die Futterstelle schnell zur Todesfalle. Das Futter muss stets frisch sein und regelmäßig in Abständen von wenigen Tagen überprüft werden. Die Vögel gewöhnen sich auch rasch ans Futter und richten sich darauf ein. Manche werden regelrecht von der Fütterung abhängig. Wer unregelmäßig füttert, bringt die Tiere in eine prekäre Lage, vor allem im Winter, wenn eine Vielzahl nordischer Wintergäste zu uns kommt, die wegen mangelnder Ortskenntnis oft besonders von künstlichen Futterquellen abhängig sind. Wer regelmäßig füttert, sollte auch dafür sorgen, dass die Vögel in seiner Abwesenheit weiter betreut werden!

Das Futter darf nicht verunreinigt sein. Futterspender müssen wasserdicht und, bevor sie mit Körnern beschickt werden, gänzlich trocken sein. Futterbrettchen benötigen daher mehr Pflege als Futterspender!

ANBRINGUNGSORTE

Natürlich will man die Futterstelle so anbringen, dass sich die Vögel gut beobachten lassen. Aber das ist aus der Vogelperspektive nicht immer die beste Lage. Der Futterplatz sollte zumindest zwei Grundansprüchen genügen: Er muss ausreichend vor den Unbilden der Witterung geschützt sein und im Umkreis sollte es genügend Deckung geben. Da die Vögel täglich die gleichen Futterplätze aufsuchen, können sich Katzen, Sperber und andere Feinde darauf einstellen und unter Umständen leichte Beute machen. Deshalb sollten am Boden oder in Bodennähe Futterstellen unweit von schützendem Gebüsch eingerichtet werden, allerdings können dort Katzen lauern. Für die Mehrzahl der Vögel sind daher erhöhte Futterplätze in Deckungsnähe die sichersten Stellen. Untersetzte Finkenvögel, wie Gimpel und Kernbeißer, haben am Boden oft gewisse „Startschwierigkeiten", wenn Feinde nahen. Auch Zeisige schätzen erhöhte Futterplätze, insbesondere Meisenringe. Schwarmvögel, wie die Sperlinge, kommen am Boden besser zurecht, weil immer einige von ihnen wachsam sind. Futterspender mit Sitzstangen sollten wenigstens 1 m über dem Boden angebracht werden. Das gilt auch für das Aufhängen von Rindertalgstücken.

WINTERFÜTTERUNG *Vögel werden von der Fütterung regelrecht abhängig. Das bringt Verpflichtungen, aber auch lohnende Beobachtungsmöglichkeiten.*

Fernhalten von Feinden

Wo sich immer wieder Vögel ansammeln, werden auch deren Feinde angelockt. Die häufigste Gefahr für die gefiederten Wintergäste sind Katzen. Diese müssen unbedingt ferngehalten werden. Katzenbesitzer in der Nachbarschaft sollten gebeten werden ihre Tiere im Haus zu halten, insbesondere in den Vormittagsstunden,

SCHNURRENDE VOGELJÄGER *Katzen von Futterplätzen für Vögel fern zu halten ist ganz wichtig, allerdings keine leichte Aufgabe.*

wenn die Vögel in großer Zahl die Futterstellen bevölkern. Sinnvoll ist auch das Anbringen von Schutzmanschetten an Baumstämmen oder Futterhausständen, die Katzen am Hochklettern hindern.

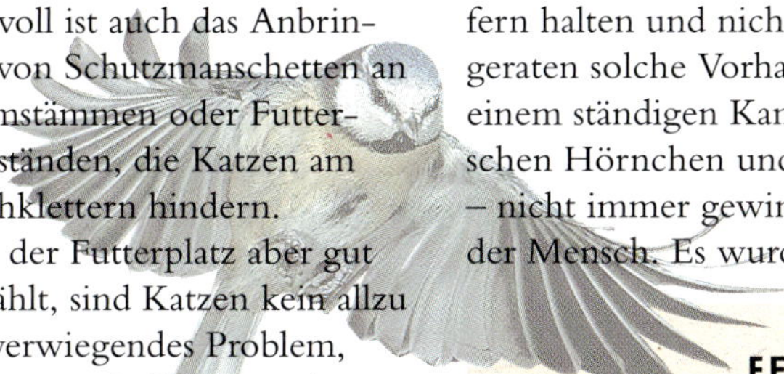

Ist der Futterplatz aber gut gewählt, sind Katzen kein allzu schwerwiegendes Problem, ebenso wenig Sperber oder Falken, die Kleinvögel jagen. Im Gegensatz zu den Hauskatzen brauchen diese Greifvögel die Beute zum Überleben. Wir sollten ihnen daher nicht allzu gram sein, wenn sie einen Sperling, einen Grünling oder eine Meise erwischen. Sie kämpfen, zumal im Winter, genauso ums Überleben wie die Kleinvögel, die wir füttern! Können die Futterstellen im Garten verteilt werden, haben beide, Greifvögel wie Kleinvögel, eine faire Chance und niemand braucht ein schlechtes Gewissen zu haben, wenn Sperber oder Turmfalke einmal Beute machen.

Eichhörnchen

Eichhörnchen sind possierliche kleine Nager. Es macht Spaß sie zu beobachten und in den Städten kommen sie gerne auch an Futterstellen oder lassen sich von den Menschen direkt füttern. Doch sie können ziemliche Unruhe unter den Kleinvögeln verursachen. Das gilt weniger für das europäische Eichhörnchen *(Sciurus vulgaris)* als für das in England heimisch gewordene amerikanische Grauhörnchen *(S. carolinensis)*. Auch in Norditalien gibt es eingeführte, frei lebende Grauhörnchen. Sie lassen sich nicht leicht von Futterstellen und Nistkästen fern halten und nicht selten geraten solche Vorhaben zu einem ständigen Kampf zwischen Hörnchen und Mensch – nicht immer gewinnt dabei der Mensch. Es wurden „hörnchensichere" Futterspender und Schutzmanschetten entwickelt. Doch oft nützt das wenig; es ist günstiger die Hörnchen gesondert zu füttern um „Konfliktsituationen" mit Vögeln zu vermeiden. Eichhörnchen schätzen ganze Nüsse, vor allem Haselnüsse. Sie nehmen aber auch Maisbruch, Erdnüsse und mit Vorliebe natürlich Fichtenzapfen, die rechtzeitig gesammelt worden sind und im Winter eine hervorragende Nahrung für die Hörnchen darstellen. Das hält sie von den Vogelfutterstellen fern.

FENSTERTOD

Schätzungen zufolge kommen Jahr für Jahr etwa 100 Millionen Vögel an Glasfenstern ums Leben. Die meisten Kollisionen an Glas mit Todesfolge ergeben sich bei Panikflügen von Jungvögeln oder Wintergästen, die einem auftauchenden Feind entkommen wollen. In solchen Augenblicken der Irritation werden sie von der Spiegelung getäuscht, in der sie Bäume und Gebäude, also einschätzbare Flugmöglichkeiten, erkennen. Dadurch prallen sie auf das Glas. Daran angebrachte Silhouetten von Greifvögeln und anderen Vögeln vermindern das Risiko, schaffen es aber nicht aus der Welt. Bei der Platzierung der Futterstelle ist auch auf diese Gefahr zu achten! Bewährt haben sich ebenfalls Gazevorhänge oder Nylongewebe, die vor Fensterscheiben und reflektierende Glasfassaden in der Nähe von Futterstellen gehängt werden.

Nistkästen

Höhlen- und nischenbrütende Vogelarten lassen sich mit Nistkästen in den Garten locken. Das Brutgeschäft gibt uns außerordentlich interessante Einblicke ins Leben der Vögel.

Zahlreiche Vogelarten haben Schwierigkeiten einen Nistplatz zu finden. Es fehlt an alten Bäumen mit Höhlen, an dichtem Gebüsch oder an sicheren Nischen. Mit Nistkästen bietet man den Vögeln Ersatz an. Heute gibt es im Handel mehrere Modelle.

Wahl des Nistkastens

Den Ansprüchen der Vögel entsprechend werden verschiedene Typen angeboten:

Nistbretter mit Überdachung und seitlichem Schutz verbessern im dichten Gebüsch oder in Gabelungen starker Äste die Nistmöglichkeiten für Freibrüter, wie Rotkehlchen (am Boden oder bodennah) oder Grauschnäpper (auf Bäumen). Für Letztere wie auch für die Bachstelze und den Gartenrotschwanz (Nischen- oder Halbhöhlenbrüter) eignen sich besonders Halbhöhlenkästen, bei denen die obere Hälfte der Vorderseite offen ist. Man bringt sie an Gebäuden an.

Nistkästen sind heute so funktionsgerecht, dass sie von den meisten Höhlenbrütern Naturhöhlen vorgezogen werden. Die Tabelle unten gibt Auskunft über die wichtigsten Größen, Typen und Anbringungsorte. Eine Anflugstange vor dem Einschlupfloch ist nur bei manchen Vogelarten, z. B. bei Meisen und Kleibern, sinnvoll; Spechte fliegen direkt ein.

Spezielle Dachziegelvarianten gibt es in besonderen Ausfertigungen um Arten wie dem Mauersegler Nistmöglichkeiten zu bieten. Des Weiteren sind Kunstnester vor allem für Mehlschwalben und Spezialkästen für Schwalben, Baumläufer und Fledermäuse im Handel erhältlich. Auskunft dazu geben die örtlichen Vogel- und Naturschutzverbände.

Standortwahl

Nicht jeder Platz eignet sich gleichermaßen als Standort für Nistkästen. Allgemein gilt, dass Nistkästen mindestens 2 m über dem Boden aufgehängt werden sollten mit der Öffnung im Regen- und Windschutz.

NISTHILFEN *Offene Brettchen (Mitte links), geschlossene Nistkästen (oben und oben links), Dachziegel (unten)*

WAS BEVORZUGEN DIE VERSCHIEDENEN ARTEN? (Maße in cm)

Art	Grundmaß	Höhe	Durchmesser Einschlupfloch	Bemerkungen
Haussperling	15x15	20	3,2	störungsempfindlich
Dohle	20x20	40	15	hoch anbringen (Turm!)
Steinkauz	120x20	30	7	Höhle dunkel gestalten
Stockente	30x30	45	15	auf Floß oder kl. Insel anbringen
Kleiber	15x15	18	3,2	
Star	15x15	30	5	
Haustaube	20x20	10	10	auf ein Brett stellen, Tauben sollen ein- und ausgehen können
Kohlmeise	15x12	20	3,2	Holzbeton-Standkästen verfügbar
Gartenrotschwanz	15x12	20	4,5	
Buntspecht	15x15	40	6,5	hoch an Baumstamm anbringen

BAU EINES NISTKASTENS

Ein einfacher Nistkasten ist leicht gebaut. Man braucht Bretter, Säge, Bohrer, Schraubenzieher, Hammer, Nägel, Schrauben oder Leim – und ein bisschen Geschick.

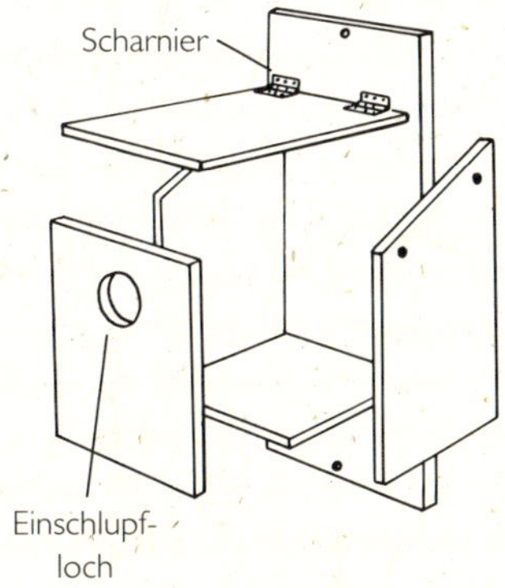

Die Tabelle auf der vorigen Seite informiert über die Grundgrößen und die Vogelarten, für die man mit wenig Aufwand Nistkästen herstellen kann. Es sollte nur gut abgelagertes, trockenes Holz verwendet werden, das bei Wind und Wetter nicht etwa reißt. Die Holzart ist weniger entscheidend. Es empfiehlt sich Lüftungslöcher an der überdachten Seite zu bohren. Die Innenwände müssen mit Sandpapier glatt gerieben sein, ebenso das Einschlupfloch. Schrauben, Nägel und Scharniere aus rostfreiem Material machen den Kasten über Jahre benutzbar. Das Dach oder die Vorderwand sollten aufklappbar bleiben, damit der Kasten im Herbst zu säubern ist. Auf keinen Fall gebeiztes oder chemisch behandeltes Holz verwenden!

Zu starke Sonneneinstrahlung kann zur Überhitzung des Kastens führen. Katzen, Marder und Eichhörnchen dürfen ihn nicht erreichen. Hierzu gibt es eigens Schutzvorrichtungen. Rechtzeitig vor Beginn der Brutzeit müssen die Nistkästen bezugsfertig sein. Werden sie nicht angenommen, ist nicht unbedingt der Platz falsch gewählt, man probiert jedoch besser eine andere Stelle aus. Einmal angenommen, darf der Kasten nicht versetzt und auch nicht mehr untersucht werden. Die Reinigung erfolgt im Herbst.

Manche Nistkastenbewohner brüten zweimal pro Saison, einige dreimal. Es kann auch eine andere Art für die zweite Brut einziehen.

Beobachtungen in der Brutzeit

Zeigt ein einzelner Vogel oder ein Paar Interesse am Nistkasten, so wird er auch meist angenommen. Schon bald darauf fängt die Arbeit an. Das Innere wird am Boden mit Halmen oder Stöckchen ausgekleidet, dann wird aus Moos oder Fasern der Nestnapf hochgezogen und fein und warm ausgepolstert. Nach der Eiablage ist nicht allzu viel zu beobachten, denn das Weibchen oder beide Partner brüten. Brütet das Weibchen alleine, wird es vom Männchen oftmals mit Futter versorgt. Regen Betrieb mit ständigem An- und Abfliegen gibt es, wenn die Jungen geschlüpft sind. Das Füttern lässt die Eltern kaum noch zur Ruhe kommen. Anfänglich transportieren sie auch die weißlich verpackten Ausscheidungen der Jungen nach draußen. Nach dem Ausfliegen bleiben sie zusammen mit den Jungen noch einige Zeit im Garten und lassen sich bei der Versorgung ihres Nachwuchses gut beobachten.

MEHLSCHWALBEN *nehmen gerne künstliche Holzbetonnester an, die ihren eigenen Schlammnestern ähneln, aber haltbarer sind. Oft bauen sie daneben auch ein eigenes. Nistkästen (oben rechts) helfen Kohlmeisen und Trauerschnäppern, wo Naturhöhlen knapp sind – und das ist fast überall der Fall.*

Ein GARTEN für die VÖGEL

Soll der Garten viele Vogelarten anziehen, reichen Futterstellen und Nisthilfen nicht aus. Mit etwas zusätzlichem Aufwand wird er zu einem kleinen Vogelparadies.

Um einen Garten vogelgerecht zu gestalten müssen drei Bedingungen erfüllt sein: ausreichende Deckung durch Bäume, Büsche und Sträucher, die natürlich auch Niststandorte liefern; geeignetes Nahrungsspektrum, was die Haltung heimischer Pflanzenarten voraussetzt; schließlich eine offene Wasserstelle als Trink- und Badegelegenheit.

DECKUNG

Dichtes Buschwerk wird Unterwuchs liebende Vögel anziehen, weil es Nahrung, Brutstandorte und Schutz vor Feinden bietet. Vegetationslücken, die Licht durchlassen, sind dabei wichtig für die Entwicklung einer nahrungsreichen Krautschicht am Boden. Wertvolle und übrigens durchaus attraktive Biotopelemente eines naturnahen Gartens sind dürres, abgestorbenes Geäst und tote Bäume – insektenreiche Nahrungsressource besonders für Rindenspezialisten (Baumläufer, Kleiber, Spechte), aber auch für eine ganze Anzahl anderer Arten.

NAHRUNGSPFLANZEN

Unsere Gartenvögel sollten möglichst „aktiv" natürliche Nahrungsquellen ausbeuten: Fütterung durch den Menschen darf nur als Ergänzung dienen. Allgemein gilt, dass einheimische Pflanzen geeigneter sind als exotische, da sie einen reicheren Insekten- und Spinnenbesatz aufweisen. Die Produktion von

Meisen und Kleiber sind eine attraktivere Gesellschaft als Staatsmänner und Philosophen.

Ein Winterspaziergang, frei nach H. D. Thoreau (1817–1862), Schriftsteller und Naturfreund

Samen und Beeren liegt meist außerhalb der Brutzeiten und die meisten Körnerfresser ziehen ohnehin ihre Jungen mit tierischer Kost groß. Im Winter sind Beeren dafür oft umso wichtiger. Sie locken Gäste wie die Seidenschwänze aus dem hohen Norden an und versorgen heimische Vögel mit vitaminreicher Nahrung.

VOGELGERECHTE PFLANZEN

Pflanzenart	*liefert*	*wird genutzt von*
Büsche und Kletterpflanzen		
Holunder *(Sambucus sp.)*	Beeren, Insekten	Grasmücken, Drosseln, Star
Heckenkirsche *(Lonicera sp.)*	Blüten, Beeren, Insekten	Grasmücken, Zaunkönig, Drosseln
Brombeeren *(Rubus sp.)*	Früchte, Deckung, Insekten	Grasmücken, Zaunkönig, Drosseln
Efeu *(Hedera helix)*	Beeren, Deckung, Insekten	Drosseln, Mönchsgrasmücke, Ringeltaube
Weiß-, Rotdorn *(Crataegus sp.)*	Beeren, Deckung, Insekten	Grasmücken, Drosseln
Bäume (* möglichst einheimische Arten)		
Eiche *(Quercus sp.)**	Eicheln, Deckung, Insekten	Ringeltaube, Buntspecht, Eichelhäher, Kleiber, Baumläufer, Meisen
Kiefern *(Pinus sp.)**	Samen, Insekten, Deckung	Kreuzschnäbel, Goldhähnchen, Spechte
Kirsch-Arten *(Prunus sp.)**	Früchte, Insekten	Drosseln, Grasmücken, Zilpzalp, Gimpel, Kernbeißer
Stechpalme *(Ilex quercifolia)*	Früchte, Deckung	Drosseln
Eibe *(Taxus baccata)*	Früchte, Deckung	Drosseln, Goldhähnchen

Wie jüngste Untersuchungen gezeigt haben, ist sowohl die Anzahl an Brutvogelgebieten als auch die Siedlungsdichte einzelner Arten in naturnahen Wäldern mit heimischen Baumarten wesentlich höher als auf Vergleichsflächen mit exotischem Baumbestand. Natürlich sollen in naturnahen Gärten keine Pestizide verwendet werden, selbst solche nicht, die für den Menschen als ungefährlich gelten. Für Vögel können auch diese Pestizide tödlich sein.

WASSERSTELLEN

An heißen Tagen oder nach anstrengenden Flügen brauchen die Vögel Wasser zum Trinken und zum Baden. Schon eine kleine Schale mit stets frischem (!) Wasser wird zahlreiche Vögel anlocken. Bei ausreichendem Platzangebot kann man einen Gartenteich anlegen, den mitunter auch größere Vögel, wie Stockenten, Graureiher und Gänse, aufsuchen. Bei genügender Randdeckung werden sich Gebüschvögel wie Drosseln, Rotkehlchen, Heckenbraunellen einstellen, während Finken und Sperlinge an übersichtlicher Stelle baden oder trinken.

Einige Vogelarten schätzen auch kleine, eingebaute Wasserfälle als Trink- oder als Badestelle. Inzwischen gibt es für Vogeltränken und auch als Gartendekoration zahlreiche Gartenteichsysteme im Handel, einschließlich Umwälzpumpen zur Wasserzirkulation und Wasserheizungen.

HEIMAT IM GARTEN *finden Vögel, wenn er genügend Nahrung, Deckung, Wasser und gute Brutplätze bietet. Eine vogelgerechte Gartenanlage kann sehr dekorativ sein.*

BAU EINES VOGELBADES

Ein einfaches Vogelbad lässt sich mit jeder Unterlage machen, die Wasser hält und keine Giftstoffe ins Wasser abgibt. Das Vogelbad sollte nur wenige Zentimeter tief sein und so groß , dass mehrere Vögel baden können ohne sich gegenseitig zu stören. Eine Wasseroberfläche von einem halben Meter im Durchmesser erfüllt diese Voraussetzung für Kleinvögel bereits. Wer daneben noch eine Schale mit feinem Sand für ein Staubbad aufstellt, sollte dazu dunkelfarbige, flache Plastikschalen verwenden. Um der Badestelle einen festen Stand zu geben genügt es einen größeren Stein darauf zu legen.

Viele Vögel finden fließendes Wasser besonders anziehend. Man kann daher durchaus noch eine kleine Wasserrutsche oder einen Miniaturwasserfall einbauen und über eine Leitung mit Wasser versorgen. Der Überschuss lässt sich gut zum Bewässern der Pflanzen im Garten nutzen. Erforderlich ist dazu allerdings ein Wasserreservoir, das mit Regenwasser gespeist wird.

HAUPTATTRAKTIONEN *sind für viele Vögel Badestellen (oben) und Futterhäuschen (links), vor allem wenn sie sich an der passenden Stelle befinden.*

Je mehr Menschen sich für die Natur interessieren und sich ihr zuwenden, desto größer sind die Chancen, dass ursprüngliche Natur erhalten bleibt.

Reisetagebuch eines Naturforschers,
frei nach Sir Peter Scott (1909–1989), britischer Künstler und Naturfreund

DRITTES KAPITEL

VOGELBEOBACHTUNG im GELÄNDE

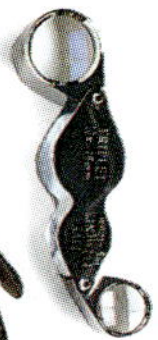

VORBEREITUNG

Gute Planung ist schon der halbe Erfolg – auch bei einer Beobachtungsexkursion.

Fast jeder Mensch kennt zumindest einige Vogelarten. So findet man sicher kaum jemanden, der einen Pelikan nicht von einem Habicht unterscheiden kann, und auch Kleinvögel, wie Schwalben oder Spatzen, haben einen hohen Bekanntheitsgrad. Oft fehlt nur ein kleiner Schritt bis zum systematischen und mit Freude betriebenen Vogelbeobachten.

Zur Fülle des europäischen Vogellebens ein paar Zahlen: Es gibt in Europa z. B. zwei Pelikanarten, fünf Gänsearten, 13 Eulenarten, zehn Spechtarten und zehn Meisenarten. Insgesamt wurden bislang in Europa und Nordafrika über 900 Arten festgestellt – 10 % aller Vogelarten der Erde! Viele davon sind allerdings seltene oder nur gelegentliche Besucher dieser Region. Der Anfänger kommt mit wesentlich weniger Arten in Berührung, zumal die verschiedenen Gebiete noch unterschiedlich artenreich sind. Eine Seltenheit ausfindig zu machen und richtig zu bestimmen gehört dann zu den „höheren Weihen" der Feldornithologie.

Die Artenzahl nimmt zu den wärmeren Regionen hin zu. Im Winter ist es schwer, in den skandinavischen Wäldern zehn Vogelarten an einem Tag zu entdecken, während derselbe Ort im Sommer vielleicht 100 Arten aufweist.

DIE ERSTEN SCHRITTE

Grundvoraussetzung für eine möglichst erfolgreiche Exkursion ist eine gründliche Vorbereitung. Außerdem sollte man am Anfang nichts überstürzen. Für den unerfahrenen Vogelfreund eignen sich der unmittelbare Wohnbereich oder andere vertraute Landstriche am ehesten. In der Übersicht auf S. 86 werden die einzelnen Lebensräume mit ihren häufigsten und auffälligsten Arten vorgestellt. Dort entdeckt der Anfänger gewiss auch Parallelen zu den ihm bereits vertrauten Landschaften.

Eine Parkanlage ist vielleicht der beste Einstieg. Günstig sind Parkteiche, weil hier in der Regel Enten und andere Wasservögel vorkommen. Diese sind groß, leicht zu beobachten sowie charakteristisch gefärbt und gezeichnet. Bei einiger Übung kann man sich auch an die scheueren Arten in freier Natur heranwagen. Wenn der eine oder andere Vogel verschwindet, bevor er sicher bestimmt werden konnte, darf man nicht den Mut verlieren. Auch dies gehört zum Los des Feldornithologen.

JACKEN FÜR VOGELBEOBACHTER *so ten große Taschen haben um darin griffbe reit Bestimmungsbücher, Notizbuch, Schrei zeug und andere nützliche Utensilien unterbringen zu können. Die Hände müss frei bleiben!*

BESTIMMUNGSBÜCHER *gibt es mehrere sehr gute, die alle Arten in ihren verschiedenen Kleidern enthalten.*

Dort möcht' ich wieder hin,

wo einst umher ich streifte;

wo um die alten roten Hügel

zauberhafte Vögel kreisten.

frei nach Robert Louis Stevenson (1850–1894), schottischer Schriftsteller und Dichter

FELDFÜHRER

Unser Buch stellt rund 200 der häufigsten Vogelarten Europas vor. Das ist eine gute Ausgangsbasis für den Anfänger. Dennoch wird bald der Wunsch entstehen ein Buch, das alle Arten enthält, zu benutzen. Zusammen mit dem Fernglas ist ein guter Feldführer das wichtigste Werkzeug bei der Vogelbestimmung. Es gibt eine ganze Reihe geeigneter Bestimmungsbücher (S. 274).

AUSRÜSTUNG *Wie bei jeder Tätigkeit draußen sollte man stets mit passender Kleidung ausgerüstet sein. Es gibt viele wasserdichte Kleidungsstücke, Rucksäcke oder Stiefel und dazu spezielle Umhängetaschen für Bücher und Material.*

Zunächst mag die Anordnung der Arten und Artengruppen in der gängigen Bestimmungsliteratur den Benutzer verwirren, da sie nicht alphabetisch oder nach Größenklassen, sondern nach der stammesgeschichtlichen Verwandtschaft der Vögel vorgeht. Dieses Ordnungssystem hat aber auch für die Praxis Vorteile, da viele nahe verwandte Arten und Artengruppen ähnlich aussehen.

AUSGANGSPUNKT *für den Anfänger kann jedes Areal sein, Stadtparkgewässer sind jedoch besonders ergiebig, weil es dort interessante und gut zu bestimmende Wasservögel gibt. Es können aber auch aus Zoos entflogene, exotische Schwimmvögel dort auftreten und die Bestimmung erschweren.*

Sowohl die für eine ganze Familie gemeinsamen Merkmale als auch die Artunterschiede lassen sich auf diese Weise am besten vermitteln.

WIE RÜSTET MAN SICH AUS?

Der wichtigste Ausrüstungsgegenstand ist selbstverständlich das Fernglas, das Minimalanforderungen genügen muss (S. 62). Die Kleidung wählt man wie bei jedem anderen Ausflug in die Natur. Sie sollte warm, luftig, Wasser abweisend und in gedeckten Farben gehalten sein. Leuchtend bunte, auffällige Kleidung erschreckt manche Vögel und auch von raschelnden Materialien ist abzuraten. Hut oder Kappe empfehlen sich bei gutem Wetter und starker Sonnenstrahlung, vor allem auf dem Wasser oder im Gebirge. Im Winter braucht man unbedingt warme Fingerhandschuhe. Da man bei der Vogelbeobachtung häufig querfeldein durch das oftmals schlammige Gelände gehen muss, empfiehlt es sich als Schuhwerk Gummistiefel zu wählen. Für den Fall eines Regengusses sollte man auch einfach grundsätzlich ein saugfähiges Tuch zum Trocknen der Fernglaslinsen in der Tasche haben.

WAHL des FERNGLASES

Das wichtigste Hilfsmittel bei der Vogelbeobachtung ist das Fernglas. Wählen Sie es deshalb besonders sorgfältig aus.

Auch die besten Augen versagen, wenn es gilt, Vögel in dichter Vegetation oder auf große Entfernung eingehend zu beobachten. Wer sich mit einem alten, schlechten Fernglas zufrieden geben will, schädigt seine Augen. Denn das Schauen mit dem Glas strengt an und auf Dauer sind nur gute Gläser auch tauglich. Das ist ganz genauso wie mit einer Brille.

VERGRÖSSERUNG

Die Leistung eines Fernglases wird durch einen Satz von Zahlen angegeben, z. B. 7 × 40. Das bedeutet, das Fernglas hat eine 7fache Vergrößerung und Objektivlinsen von 40 mm Durchmesser. Die Angabe für die Vergrößerung ist auf das unbewaffnete Auge bezogen. 10 × 40 bedeutet 10fache Vergrößerung. Entsprechend größer erscheint der Vogel im Bild. Eine schwächere als die 7fache Vergrößerung eignet sich fürs Gelände zumeist nicht und eine mehr als 10fache Vergrößerung wird problematisch, da die Gläser entsprechend schwer und kaum ruhig zu halten sind. Für 12- bis 15fach vergrößernde Ferngläser braucht man daher ein Stativ. Die günstigsten Vergrößerungen bewegen sich im Bereich zwischen 7- und 10fach.

LICHTSTÄRKE UND GEWICHT

Vom Linsendurchmesser des Objektivs hängt die Lichtstärke ab. Je größer er ist, desto heller wird das Bild und umso besser lässt sich das Fernglas auch noch bei schlechten Lichtverhältnissen benutzen – aber umso schwerer wird es auch. Ferngläser mit einem Linsendurchmesser von 50–80 mm und 7- bis 10facher Vergrößerung sind feldtaugliche Standardmodelle.

GRÖSSE UND GEWICHT *sind bei der Wahl eines Fernglases wichtig. Entscheidend ist aber zunächst die optische Qualität. Die Gläser müssen saubere Bilder im Nah- wie im Fernbereich liefern.*

KONSTRUKTION UND GEWICHT

Es gibt zwei Typen von Ferngläsern, die sich im optischen Feinbau unterscheiden: die „eckigen“ mit den Umkehrprismen und die geraden mit den Dachkantprismen. Gläser mit Umkehrprismen haben einen gewinkelten Strahlengang, was sich in der versetzten Anordnung von Okular und Objektiv zeigt. Bei Ferngläsern mit Dachkantprismen ist der Strahlenverlauf geradlinig, d. h., Objektiv und Okular liegen auf einer Achse (siehe Abbildung S. 63).

VERGRÖSSERUNG *Bei 7facher Vergrößerung erscheint der Vogel im Bild wie im oberen Ausschnitt, während er darunter in 10facher Vergrößerung zu sehen ist. Eine stärkere Vergrößerung hat sicher Vorteile, es fällt jedoch schwerer ein stark vergrößerndes Glas über einen längeren Zeitraum ruhig zu halten.*

HALTBARKEIT

Umkehrprismengläser sind schlagempfindlicher als solche mit Dachkantprismen. Bei Ersteren kann es daher eher zu Schädigungen der Optik (z. B. Verschiebungen der optischen Achsen) kommen. Gute Ferngläser sollten mit wasserdichtem Gummiüberzug auch gegen Stöße gesichert sein und jedes Wetter aushalten.

NAHBEREICHS-EINSTELLUNG

Gute Ferngläser sollten auch im Nahbereich (bis etwa 4 m) noch scharf zu stellen sein. Einige Dachkantprismengläser sind auf Werte noch unter 4 m einstellbar, manche aber erst auf 10 m und mehr, vor allem bei stark vergrößernden Linsensystemen. Zur Beobachtung von Kleinvögeln sind Gläser dieser Art meist ungeeignet.

FERNGLASBENUTZUNG

Bevor man das Glas ansetzt, sollte man das Ziel mit bloßem Auge schon ausgemacht haben. Das ist anfangs nicht ganz leicht und wird am besten an unbeweglichen Objekten eingeübt. Dasselbe gilt auch für die Scharfeinstellung, die im „Ernstfall" dann automatisch und blitzartig vorgenommen werden muss. Übrigens kann man Ferngläser auch als stark vergrößernde Lupe oder Binokular benutzen. Dazu dreht man sie nur um. Man wird sehen: Sie sind besser als manche Lupe!

PREIS

Gute, zur Vogelbeobachtung geeignete Ferngläser bekommt man durchaus für Preise zwischen 300 und 500 DM, wirkliche Qualitätsgläser kosten jedoch das Doppelte und mehr. Es ist wie so oft eine Frage des eigenen Anspruches und des Geldbeutels, ob man langfristig in ein wirklich gutes und verlässliches Glas investiert oder sich stattdessen mit einem weniger teuren zufrieden gibt.

KOMFORT

Handlichkeit, Gewicht, Bedienungsfreundlichkeit und Leistungsfähigkeit sind Hauptkriterien für die Beurteilung eines Glases. Ein noch so schönes und gutes Glas nützt wenig, wenn es zu schwer oder zu unhandlich ist. Brillenträger müssen sich besonders um ein Fernglas bemühen, das sie entweder mit oder ohne Brille benutzen können.

PFLEGE

Ferngläser brauchen ein gewisses Maß an Pflege. Objektive und Okulare müssen mit einem weichen Brillenputztuch gereinigt werden. Auch in den Scharnieren und im Getriebe für die Scharfeinstellung darf sich kein Schmutz absetzen.

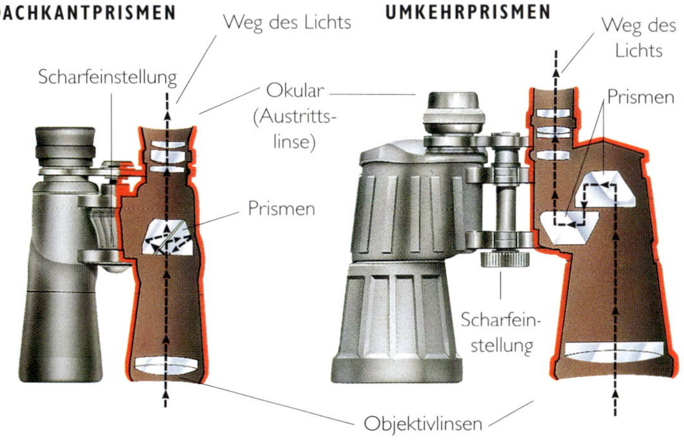

DACHKANT- UND UMKEHR-PRISMEN *führen das Licht auf unterschiedlichem Weg durch den Tubus, sind aber im Prinzip gleich leistungsfähig. Bei ...wendung der zunehmend bevorzug- ...hkantprismen wird das Fernglas ...ker, handlicher und leichter. Um- ...rismengläser sind einfacher herzu- ...en und daher billiger.*

WAHL des FERNROHRS

Fernrohre verbessern die Beobachtungsmöglichkeiten ganz erheblich. Für Exkursionen an die Küste oder an größere Binnengewässer sind sie fast unentbehrlich.

Hat man einige Zeit mit dem Fernglas gearbeitet, stellt sich unweigerlich der Wunsch nach einem leistungsstarken Fernrohr ein. Ernsthafte vogelkundliche Betätigung kommt ohne Fernrohr nicht aus. Fernglas und Fernrohr ergänzen einander.

Als besonders wichtig erweist sich das Fernrohr, wenn schwierige Arten auf größere Entfernungen bestimmt werden sollen. Fernrohre eignen sich auch sehr gut zu Beobachtungen am Nest, da man so Distanz halten kann und weder stört noch Feinde anlockt.

Wie bei den Ferngläsern gibt es auch hier ein breit gefächertes Angebot. Billige Geräte sind meist weniger leistungsfähig und strapazieren das Auge. Fernrohre sollten robust und witterungsunanfällig sein. Heute gibt es sehr gute Fabrikate zu erschwinglichen Preisen.

DER RICHTIGE TYP *Mit geraden Fernrohren lässt sich besser „zielen", Fernrohre mit Schrägeinblick ermöglichen besonders größeren Menschen oder bei einem kleineren Stativ eine bequeme Körperhaltung.*

BAUTYPEN

Es gibt zwei Grundtypen von Fernrohren. Bei der geraden Ausführung schaut man in Richtung des Ziels, während beim zweiten Typ das Okular schräg nach oben weist, meist in einem Winkel von 45°. Diese Ausführung ist u. a. für groß gewachsene Menschen von Vorteil, denen damit unbequeme Bückhaltungen erspart bleiben.

VERGRÖSSERUNG

Gängige Fernrohrstärken bringen eine 15-, 20- oder 25fache Vergrößerung mit „Weitwinkel",

STATIVE

Bei der Wahl eines Stativs gibt die richtige Kombination von Stabilität und Gewicht den Ausschlag. Je schwerer ein Stativ ist, desto höher ist seine Standfestigkeit und desto schwieriger wird seine Handhabung.

Der wichtigste Teil des Geräts ist der Stativkopf. Die meisten Stative wurden für Kameras entworfen, die eine feste Justierung erfordern. Für das Fernrohr braucht man jedoch einen Mechanismus, der es blitzschnell in alle Richtungen führen kann. Eine Handgrifführung auf der individuell bevorzugten Seite mit einem guten Kugelkopfgelenk ist die beste Lösung. Es gibt aber auch Fernrohre mit getrennter Seiten- und Höhenführung. Eine solche Konstruktion sollte ausprobiert werden, bevor man eine Entscheidung fällt. Auf jeden Fall ist darauf zu achten, dass das Stativ stabil und standfest genug ist um das schwere Fernrohr erschütterungsfrei zu tragen. Vorteilhaft sind mehrfach verstellbare Stativbeine, die auf Körpergröße ausgefahren werden können.

KINDERGRÖSSE *Niedrig einstellbare Stative eignen sich für Kinder, sind standfester bei Wind und verwackeln das Bild nicht.*

GUT GERÜSTET *mit Fernglas und Fernrohr, kann sich der Beobachter auch an schwierige Bestimmungen, wie beispielsweise die von Strandläufern an der Küste, heranwagen (links).*

also relativ großem Bildausschnitt, oder 30- bis 40fache, mitunter auch noch stärkere Vergrößerung mit kleinem Gesichtsfeld. Stärkere Vergrößerungen machen nur bei sehr guten Lichtverhältnissen Sinn, Geräte mit schwächerer Vergrößerung können auch unter ungünstigeren Bedingungen noch verwendet werden.

Ausführungen mit stufenloser Vergrößerung von z. B. 25- bis 40fach scheinen die beste Lösung zu sein, ihre Bildschärfe lässt jedoch oft zu wünschen übrig. Wechselokulare, wie beim Mikroskop, können für unterschiedliche Vergrößerungsstufen die bessere Alternative sein. Bei Objektivlinsendurchmessern von 60–80 mm kommt man mit Vergrößerungsstufen zwischen 25- und 30fach am besten zurecht. Leistungsstärkere Fernrohre werden schnell zu schwer und unhandlich.

FERNROHRBENUTZUNG

Fernrohre haben zwei Nachteile: Ihr Gesichtsfeld ist viel kleiner als das von Ferngläsern, so dass ein Ziel auch schwerer anzupeilen ist.

Der zweite Nachteil liegt in der hohen Vergrößerung. Dabei liefert auch die ruhigste Hand kein zitterfreies Bild mehr. Man braucht daher ein Autostativ zur Befestigung am geöffneten Fenster oder einen stabilen Dreifuß. Je standfester das Stativ, desto besser das Bild, das das Fernrohr vermittelt. Die Scharfeinstellung muss geübt werden, damit sich eine neue Dimension des (Vogel-)Beobachtens eröffnet.

IM AUTO *bietet sich ein Fensterstativ an, denn manche Vögel lassen Fahrzeuge näher herankommen als Menschen. Ist kein Klemmstativ verfügbar, tut es auch ein mit Sand gefülltes Säckchen als Unterlage am Autofenster. Rechts: das Männchen der Zwergdommel (Ixobrychus minutus).*

Es gibt für mich überhaupt nichts an einem Vogel, das keiner Beobachtung wert wäre.

Frei nach Annie Dillard (geb. 1945), amerikanische Dichterin

Auf ins GELÄNDE

Der erfahrene Vogelbeobachter weiß, wann er wohin gehen muss, und auf seinen Exkursionen vermeidet er es seine Studienobjekte zu stören.

Für den Anfänger gilt als Erstes, dass man sich auf die Vögel einstellen muss. Viele Vögel sind in den frühen Morgenstunden sehr aktiv und leichter als am Mittag oder Nachmittag zu beobachten. Im Frühjahr und Frühsommer singen sie frühmorgens besonders intensiv, oft von exponierten Plätzen aus. Singende Männchen sind meist im kennzeichnenden Prachtkleid und damit leichter als die unauffälligeren Weibchen oder später im Jahr die Jungvögel zu bestimmen.

Im Winter sammeln sich Wasservögel auf dem Meer in Küstennähe oder auf Binnengewässern und können vom Ufer aus gut beobachtet werden. Die verschiedenen Arten schwimmen nebeneinander und ermöglichen den direkten Vergleich.

Zu den Zugzeiten im Frühjahr und im Herbst hat man die besten Aussichten Strand- und Wasserläufer, Greifvögel und Seevögel zu beobachten. Auch manche Kleinvögel sammeln sich in Schwärmen und kommen an leichter einsehbare Stellen. In unübersichtlichem Gelände verraten die Rufe, wo sich die Vögel aufhalten. Gerade bei der Nahrungssuche bleiben sie oft durch besondere Rufe in Stimmkontakt.

PROMINENTE VOGELBEOBACHTER *Links oben: John Muir, der „Vater" der neuzeitlichen Naturbeobachter-Bewegung (im Bild rechts), und US-Präsident Roosevelt*

HABITATE

Sucht man eine bestimmte Vogelart, empfiehlt es sich zuerst nachzulesen, in welchem Lebensraum (Habitat) sie vorkommt. Hinweise darauf enthalten die Seiten 30–86.

In den Habitaten sind es oft Ränder oder sonstige markante Strukturen, die ein besonders vielfältiges Vogelleben zeigen. Zu solchen Grenz- und Saumhabitaten gehören Hecken, die Ränder von Seen oder die Ackerraine und Dorfränder. Viele Vögel halten sich bevorzugt in der Nähe von Deckung auf.

ANNÄHERUNG

Auf manche Vögel kann man bis zum Erreichen der Fluchtdistanz offen zugehen, während viele andere scheu sind

BEOBACHTUNGSETHIK

Jeder Vogel- und Naturbeobachter muss sich seiner Verpflichtung der Natur gegenüber stets bewusst sein. Naturfreunde sollten sich die nachfolgend aufgeführten Regeln einprägen und sich danach richten.

- Naturbeobachter müssen sich stets so verhalten, dass sie Tieren und Pflanzen keinen Schaden zufügen.
- Beobachten und Fotografieren haben so zu erfolgen, dass die Vögel nicht nennenswert gestört werden.
- Vögel dürfen nicht aufgescheucht und verfolgt werden.
- Das Anlocken mit Tonbändern sollte nur ausnahmsweise und nicht wiederholt am selben Platz erfolgen.
- Von Nestern und Brutkolonien ist angemessener Abstand zu wahren, sodass weder gestört noch Feinden der Zugang zu den Nistplätzen eröffnet wird.
- Nur mit Sondergenehmigung für wissenschaftliche Untersuchungen dürfen Vögel gefangen und ihre Eier gesammelt werden.

VOGELBEOBACHTUNG *kann vor allem im Wald (links) anstrengend sein. Von einer Anhöhe aus ist es bequemer. Vögel am Nest, wie die Wiesenweihe (Mitte links), oder bei der Jungenbetreuung dürfen nicht gestört werden.*

BEOBACHTUNGSSTRATEGIE *Erfahrene Beobachter kontrollieren zuerst die Habitatränder, wo die Sicht am wenigsten begrenzt ist und sich die meisten Vögel aufhalten. In der offenen Flur entdeckt man auf diese Weise Arten, wie den Raubwürger (oben), oder an Gewässerufern und auf Feuchtflächen den Graureiher (unten).*

Die ersten Erfahrungen beim Vogelbeobachten sammelt man am besten, wenn man sich einfach langsam durch den Wald treiben lässt: Ein eilender Naturbeobachter lernt selten etwas dazu.

Frei nach Gerald Durrell (1925–1995), englischer Naturschriftsteller

und auf das erste Auftauchen des Menschen hin schon die Flucht ergreifen. Generell sind bejagte Vogelarten scheuer als nicht verfolgte. Aber eine unerwartete, heftige Bewegung oder eine auffällige Farbe können auch sonst ziemlich zutrauliche Vögel irritieren und zum Abflug veranlassen. Wer besonders leise anschleicht, wird von vielen Vögeln oft sogar eher für einen natürlichen Feind gehalten. Am besten ist es keinen Lärm zu machen und sich auch nicht eigens zu verstecken.

Besonders gut lassen sich viele Vögel vom Auto aus beobachten – natürlich bei abgestelltem Motor. Wer aussteigt, sollte die Türen nicht zuknallen und nicht auf der Seite der Vögel das Auto verlassen. An Stellen, an denen oft Autos fahren und halten, sind die Vögel zutraulicher als an solchen, wo selten ein Fahrzeug hinkommt.

Kennt man das Gelände noch nicht, sollte man sich zuerst einen groben Überblick verschaffen, bevor man hineingeht. Langsame Bewegungen sind stets schnellen oder hastigen vorzuziehen. Besser beobachtet es sich aus dem Schatten heraus. Man vermeide es, auf knackende Zweige zu treten oder über raschelndes Laub zu wandern. Häufiges, ruhiges Stehenbleiben verbessert die Chancen scheue Vögel, vor allem in Wäldern, zu Gesicht zu bekommen. In offenem Gelände sollte man möglichst nicht so vorgehen, dass man mit seinem Körper die Horizontlinie unterbricht. Viele Arten der Steppe oder im Flachküstenbereich reagieren empfindlich auf Bewegungen „am Horizont".

JAGDZEIT

Während der Jagdzeit, die in den einzelnen Ländern in unterschiedlichenJahreszeiten liegt, sollte man sich von Jägern fern halten. Es kann vorkommen, dass man für Wild gehalten wird! Im deutschen Sprachraum ist die freie Natur meist jederzeit frei zugänglich – Naturschutzgebiete und Nationalparks ausgenommen!

VÖGEL BESTIMMEN: GRUNDLAGEN

Wer weiß, worauf bei der Bestimmung zu achten ist, wird bald die charakteristischen Unterscheidungsmerkmale kennen und die meisten Arten im Gelände identifizieren können.

Den Anfänger schreckt vielleicht auf den ersten Blick die Vielzahl der Arten, die in einem Bestimmungsbuch aufgeführt sind, aber meist kommt kaum die Hälfte der für eine Region aufgeführten Arten dort auch tatsächlich vor.

FAMILIENMERKMALE *kennzeichnen die Verwandtschaftsgruppe. Viele sind uns vertraut, wie z. B. Eulen oder Enten (oben). Wer den unbekannten Vogel einer Familie zuordnen kann, hat die Bestimmung schon halb geschafft.*

Bevor man zum Bestimmungsbuch greift, sollte man sich den unbekannten Vogel so genau wie möglich auf alle Merkmale hin ansehen. Hilfreich ist es, sich dazu sowie zum Verhalten unmittelbar bei der Beobachtung Notizen zu machen. Folgende Grundfragen sollte man zu klären versuchen:

FAMILIENMERKMALE

Zu welcher Familie oder Gruppe könnte der Vogel gehören?

Die Mitglieder der meisten Vogelfamilien haben bestimmte gemeinsame Merkmale. Kennt man diese, fällt es schon ein gutes Stück leichter den unbekannten Vogel zur genaueren Bestimmung in die richtige Gruppe einzuordnen. Eine Übersicht dazu enthalten die Seiten 88–93.

Welche Größe hat der Vogel?

Einen einzelnen Vogel der Größe nach richtig einzuschätzen fällt mitunter gar nicht so leicht. Hilfreich ist der Versuch ihn mit bekannten Arten zu vergleichen. Hat der Vogel die Größe eines Rotkehlchens, einer Amsel oder einer Taube? Größenvergleiche sind für die Bestimmung unerlässlich.

VERHALTEN *Nur Kleiber (oben) können mit dem Kopf nach unten an Baumstämmen klettern, nicht aber die zu einer anderen Familie gehörenden Baumläufer.*

VERHALTEN

Was macht der Vogel?

Das Verhalten verschiedener Vogelarten ist für ihre Bestimmung sehr aufschlussreich. Pickt der Vogel am Boden nach Nahrung? Streift er im Blattwerk umher oder macht er von einer Sitzwarte aus kurze Fangflüge nach Insekten? Schwimmt er, taucht er oder stochert er mit dem Schnabel im Schlamm? Fliegt er mit anderen in V-Formation?

Hält sich der Vogel alleine oder in einer Gruppe auf?

Im Herbst und Winter schließen sich zahlreiche, nicht selten auch einander recht ähnli-

Wie sehr gewinnt doch gleich der ganze Wald, wenn man in ihm einige wundervolle, vorher noch nie gesehene Vögel entdeckt!

Frei nach Henry David Thoreau (1817–1862), amerikanischer Naturfreund und Schriftsteller

che Vogelarten zu Schwärmen zusammen, wie beispielsweise Strandläufer oder Finken. Andere Arten wiederum bleiben lieber alleine, die Brutzeit ausgenommen.

Äussere Kennzeichen

Welche Merkmale hat der Vogel?

Zur Artbestimmung muss man über die Feldkennzeichen Bescheid wissen. Dies sind alle Charakteristika, die den Vogel von anderen unterscheiden. Meist handelt es sich um Gefiedermerkmale sowie Kennzeichen an Schnabel und Beinen. Folgende Körperpartien und Merkmale sind aufschlussreich:

- Augenstreif
- Bürzel
- äußere Schwanzfedern (Schwanzkanten)
- Flügelbinden

Die Bezeichnungen der Gefiederpartien der Vögel sind auf S. 24 zusammengestellt. Bei den Artenbeschreibungen in diesem Buch enthält der Steckbrief die wichtigsten Merkmale. Grundsätzlich gilt, dass Zeichnungsmuster bessere Kennzeichen sind als Farben oder Farbintensitäten!

Zeit und Ort

Wo befindet man sich, zu welcher Jahreszeit und in welchem Lebensraum?

Genaue Notizen zum Beobachtungsort, zum Datum und zur Uhrzeit sind unerlässlich. Die Bestimmungsbücher geben zu Vorkommen, Häufigkeit und Zeiten des Auftretens bei den einzelnen Arten die entsprechenden Hinweise.

ROGER TORY PETERSON *schrieb die ersten modernen Vogelbestimmungsbücher. Sie erreichten Millionenauflagen. So führte er der Vogelbestimmung viele begeisterte Anhänger zu.*

AUGENSTREIFEN *und andere Feinheiten von Färbung und Zeichnung am Auge, beispielsweise Augenringe, können kennzeichnend sein, wie beim Ortolan (links), beim Steinschmätzer (Mitte) oder beim Seggenrohrsänger (rechts).*

FLÜGELBINDEN *sind wichtige Bestimmungsmerkmale bei der Unterscheidung von Gelbbrauenlaubsänger (*Phylloscopus inornatus*, links) und Fitis (siehe S. 144), rechts.*

ÄUSSERE SCHWANZFEDERN *gehören ebenfalls zu den wichtigen Unterscheidungsmerkmalen. Es gibt weiße Binden, Spitzen oder Kanten.*

ROGER TORY PETERSON

Den ersten, kompakten und alle Arten beinhaltenden Feldführer verfasste und bebilderte Roger Tory Peterson schon 1934. Er führte damals die mit einfachen Hinweisstrichen charakterisierten „Feldkennzeichen" ein. Es handelt sich dabei um Merkmale, die am besten die betreffende Art von anderen unterscheiden. Im Text seines Buches werden sie ebenso wie in den begleitenden Illustrationen hervorgehoben. Das von Peterson entwickelte System erwies sich als so erfolgreich, dass man es in die Bestimmungsbücher für andere Tiergruppen, für Pflanzen und sogar für Flugzeugtypen übernahm. Praktisch jeder moderne Feldführer stützt sich auf dieses System.

Vogelbestimmung: einige Beispiele

Sie stehen stellvertretend für die sechs ab S. 84 beschriebenen Lebensraumtypen und sollen zeigen, wie das Vogelbestimmen in der Praxis funktioniert.

Amsel

Ein schwarzer Vogel hüpft auf dem Rasen und hält regelmäßig inne um zu spähen oder zu lauschen. Er fliegt auf und setzt sich auf einen Zweig. In der Stadt könnten mehrere schwarze Vögel in Frage kommen. Dohlen und Krähen sind jedoch zu groß. Vielleicht ist es ein Star, aber der läuft Schritt für Schritt, gewöhnlich hastig und tritt meist in Gruppen auf. Beobachten wir unseren Vogel genauer, fällt der gelbe Schnabel und schließlich auch der gelbe Ring ums Auge auf. Stare haben zwar auch einen (hell)gelben Schnabel, aber ihr Gefieder trägt einen metallischen Glanz und im Herbst und Winter weißliche Flecken. Also ist der Vogel ein Amselmännchen – das bräunliche Weibchen wird nicht weit sein.

Mönchsgrasmücke

Bei einem Gang durch unterwuchsreichen Wald mit Gebüsch hören wir einen melodischen, sich steigernden Gesang, der in einem prächtigen „Schlag" endet. Mit etwas Glück entdecken wir den Sänger, einen kleinen, grauen Vogel mit schwarzer Kopfkappe. Um was für eine Vogelart handelt es sich? Es gibt zwei einander sehr ähnliche, graue Meisenarten mit schwarzer Kopfkappe, die Sumpf- und die Weidenmeise, die in diesem Lebensraum vorkommen, aber beide sind kürzer und rundlicher und ihr Gesang ist viel einfacher. Also muss es sich um ein Männchen der Mönchsgrasmücke handeln. Im April/Mai kann auch das durch eine braune Kopfkappe vom Männchen unterschiedene Weibchen in der Nähe sein.

Goldregenpfeifer

Ein Schwarm gut getarnter, bräunlicher, hochbeiniger, knapp taubengroßer Vögel befindet sich auf einem offenen Feld. Einzelne laufen plötzlich ein Stück vorwärts, halten unvermittelt an und picken vielleicht kurz am Boden. Dieses Verhalten ist typisch für die Regenpfeifer. Die Oberseite ist dicht schuppig gefleckt, blass goldfarben und dunkelbraun bis schwärzlich, die Bauchseite weißlich oder, je nach Jahreszeit noch mehr oder weniger schwarz. Nur der Goldregenpfeifer trägt dieses Muster und im Flug zeigt er weißliche Achseln. Der etwas größere Kiebitzregenpfeifer hat schwarze Achseln; gelbliche und bräunliche Farbtöne fehlen.

LÖFFELENTE

Auf einem flachen Teich mit sumpfigen Ufern bemerken wir eine Gruppe von Enten, die immer wieder den Kopf ins Wasser stecken und gründeln. Etwa die Hälfte der Enten ist schuppig graubraun, die anderen wirken bunt mit grünem Kopf. Der große, flache Schnabel verschwindet beim Gründeln im Wasser und die Beine halten strampelnd das Gleichgewicht. Keine dieser Enten taucht. Sie liegen auch nicht tief im Wasser und die Schwanzspitze ragt deutlich hervor. Es muss sich also um Gründelenten handeln.

Die bräunlichen sind vermutlich Weibchen: Sie lassen sich bei den Gründelenten schwer bestimmen, wenn Männchen fehlen. Hier haben liegt der Fall jedoch einfacher, denn die auffallend großen Schnäbel verraten, dass es sich um die Löffelente handelt. Der grün schillernde Kopf, die braunen Flanken und die gelben Augen der Männchen sind die Bestätigung. Die ähnlichen Stockentenmännchen haben einen kleineren, gelben Schnabel und keine braunen Flanken.

SILBERMÖWE

Bei einem Spaziergang an der winterlichen Nordseeküste sehen wir mehrere, gut krähengroße, sehr helle Vögel, die sich um Fischabfälle streiten.

Auch einige fast braune und gleich große sind darunter. Die hellen haben einen weißen Kopf mit kräftigem, leuchtend gelbem Schnabel und einen grauen Rücken. Schwarze Schwungfedern mit weißen Flecken ragen aus dem Flügel oder zeigen sich während der akrobatischen Flugmanöver. Die dunklen tragen eine unscharfe, schwärzliche Binde am Schwanzende. Ihre Größe und der rote Fleck an der Spitze des Unterschnabels sowie blass fleischfarbene Beine weisen die Vögel als Silbermöwen aus. Die wichtigsten Unterscheidungsmerkmale der erwachsenen großen Möwen befinden sich am Kopf (Schnabel) und an den Flügelspitzen. Wichtig ist auch die Beinfarbe.

ALPENBRAUNELLE

Ein weicher Doppelpfiff, der aus dem Latschengebüsch an der Baumgrenze in den Alpen kommt, dort wo Felsgeröll und Matten ineinander übergehen, zieht unsere Aufmerksamkeit auf sich. Mit wellenförmigem Flug wechselt der Sänger seinen Aufenthaltsort und landet auf einem Felsblock. Der unauffällig schuppig graue Vogel ist etwas größer als ein Haussperling und, wenn wir ihn gut

genug sehen können, auch deutlich größer als die recht ähnlich aussehende Heckenbraunelle. An der Schnabelwurzel zeigt er etwas Gelb und die Flanken sind rostbräunlich. Die Kehle des Vogels ist weißlich mit dunklen Flecken. Somit kann es sich nur um die Alpenbraunelle, einen für diesen Lebensraum typischen Hochgebirgsvogel, handeln. Im Winter hält sie sich auch in der Nähe von Berghütten auf.

VOGELSTIMMEN ZUORDNEN

Wer sich auskennt mit den Rufen und Gesängen der Vögel, wird mehr Arten entdecken als jemand, der sich nur auf sein Auge verlässt.

Jede Vogelart hat ihre eigenen Rufe und oft auch Gesänge, die allesamt der Verständigung dienen. In unübersichtlichem Gelände, wie in dichtem Buschwerk, werden sie von den Vögeln mehr eingesetzt als in offenen Lebensräumen. Wo Vögel schwer zu sehen sind, helfen ihre Lautäußerungen sie ausfindig zu machen. Am einfachsten geht das im Frühjahr, wenn die meisten Vogelmännchen oft lange anhaltend von der Singwarte aus ihre Lieder vortragen. Dann kann der erfahrene Feldornithologe anhand der singenden Männchen die Zahl der Vögel und die Verteilung ihrer Reviere feststellen.

ERKENNEN LERNEN

Manche Menschen besitzen die Fähigkeit sich eine einmal gehörte Vogelstimme fest einzuprägen, andere müssen die Vogelstimmen immer wieder hören, bis sie sie sich merken können. Tonband- oder CD-Aufnahmen von Vogelstimmen sind sehr hilfreich, doch zunächst sollte man sich nicht überfrachten um die Arten nicht durcheinander zu bringen. Auch hören sich die Gesänge im Freien immer etwas anders an.

Am besten beobachtet man die Vögel beim Rufen und Singen. Diese Auge-Ohr-Verbindung sitzt sicherer als nur Gehörtes.

SICH ERINNERN

Das beste Gedächtnistraining ist der Vergleich des neuen Gesangs mit einem bereits bekannten. So klingt er vielleicht „wie der eines Rotkehlchens, ist aber abrupter und entwickelt sich in kürzeren Gesangselementen“ oder ein Teil hört sich „wie bei einer Singdrossel an, ist aber lauter und metallischer“. Ganz nützlich kann es sein, eine noch unbekannte Vogelstimme im Gelände aufzunehmen und sie später daheim mit Tonaufnahmen zu vergleichen und zuzuordnen. Einige Bestimmungsbücher enthalten auch Sonagramme, die die Lautäußerungen grafisch darstellen (S. 37).

Es ist ein Wunder, wie ausdrucksstark die Stimmen mancher Vögel sind und wie sie die Wälder durchdringen und in unsere Herzen gelangen.

Frei nach John Muir (1838–1914), Naturfreund und Schriftsteller

PARABOLSPIEGEL *liefern im Gelände hochqualitative Aufnahmen der Lautäußerungen (oben). Darüber: Singendes Blaukehlchen* (Luscinia svecica).

TED PARKER

Einer der weltbesten Experten für die Vögel Südamerikas, Ted Parker, war in der Lage rund 3000 verschiedene Vogelarten allein an ihrer Stimme zu erkennen. Gerade tropische Vögel leben oft in dichter Vegetation am Boden oder hoch oben in den Baumkronen. Dort sind sie sehr schwer zu entdecken und so verraten nur die Stimmen, wie viele Vögel welcher Arten wirklich vorhanden sind. Ted Parker konnte man in ein beliebiges Regenwaldgebiet Südamerikas schicken und schon nach ein bis zwei Stunden hatte er eine praktisch vollständige Artenliste der Vögel erstellt. Parker war als leitender Wissenschaftler für die Naturschutzorganisation *Conservation International* tätig und arbeitete am Programm zur Erfassung und Bewertung der Qualität von Fauna und Flora in tropischen Regenwäldern. Im August 1993 kam er bei einem Flugzeugabsturz ums Leben, als die kleine Maschine an einem Berg zerschellte. Für die südamerikanische Ornithologie war sein Tod ein großer Verlust.

STIMMAUFNAHMEN

Bis vor gut 20 Jahren brauchte man für das Aufnehmen von Vogelstimmen eine fast regenschirmgroße Antenne als Reflektor, ein großes Mikrofon und ein schweres Bandgerät. Heute hat uns die Mikroelektronik kleine, leichte und leistungsstarke Richtmikrofone beschert, die mit Digitalrekordern arbeiten.

Die besten Stimmaufnahmen erhält man stets dort, wo nur ein einziger Vogel singt und stärkere Nebengeräusche fehlen. Nicht nur Wind, Wasser, Flugzeuge und Autos sind Störquellen, sondern auch in der Nähe raschelndes Laub oder flüsternde Menschen. Tatsächlich bemerkt man oft erst anhand der Aufnahmen, wie laut und geräuschvoll unsere Welt geworden ist. Am besten kundschaftet man mögliche Aufnahmeplätze schon im Voraus aus und baut anschließend die Geräte auf.

VÖGEL MIT IHREN STIMMEN ANLOCKEN

Viele Vogelbeobachter machen sich heute die Technik zunutze und locken Vögel durch Abspielen ihrer Rufe oder Gesänge zum Beobachtungsplatz. Den Revier anzeigenden Gesang halten die Vögel oft für einen Konkurrenten und sie beginnen daher unverzüglich ihr Territorium zu verteidigen. Da dies für sie meist mit Stress verbunden ist, sollte man mit solchen Aufnahmen nur sehr vorsichtig umgehen!

Wirkungsvoller und viel einfacher ist es Kleinvögel durch Quietschgeräusche anzulocken. Dazu drückt man die Lippen auf Handrücken oder Fingerspitzen und erzeugt ein Quietschen durch stoßweises Einsaugen der Luft. Bestimmte Arten, wie Laubsänger und Grasmücken, Meisen und der Zaunkönig, aber auch Ammern, reagieren erstaunlich gut auf diese Töne und nähern sich oft bis auf wenige Schritte Entfernung.

SOFORTWIEDERGABE *Tragbare Aufnahmegeräte (links oben) genügen oft schon um die Stimmen aufzunehmen und die Sänger durch sofortiges Wiederabspielen vielleicht auch näherzulocken. Bei manchen Arten, wie etwa beim Sumpfrohrsänger (oben), gelingt das gut. Mit aufwendigerem Gerät arbeitet man an Vogelwarten (unten).*

Beobachtungsprotokolle und Notizen

Früher gab es nur Notizbücher – heute bieten sich zusätzlich elektronische Speicher an, wenn man seine Beobachtungen festhalten will.

Fast jeder Vogelbeoachter führt eine Liste der Arten, die er gesehen hat, und mancher wird so mit der Zeit zum regelrechten „Artenjäger“. Die Notizen dazu reichen von Anmerkungen am Rand eines Bestimmungsbuches über Eintragungen in umfassende Artenlisten bis zur Erfassung auf Kleincomputern. Während es für größere geografische und politische Einheiten, wie Länder und (Teil-)Kontinente, umfassende „offizielle“ Listen von vogelkundlichen Fachverbänden gibt, muss man sich für den eigenen kleinen Beobachtungsbereich die betreffende Artenliste meist selbst zusammenstellen. Das kann eine reizvolle Aufgabe sein und schließt generelle Erfassungen sowie Listen für jedes Jahr, jeden Monat, jede Woche, bei besonderen Aufgabenstellungen sogar für jeden Tag ein. Der Durchschnitt für eine Gesamtliste zu einer Region wird sich auf 300 – 400 Vogelarten belaufen.

Weit gereiste Vogelbeobachter oder Bewohner artenreicher tropischer Gebiete können es auf 1000 und mehr Arten bringen; alle gut 9000 Vogelarten der Erde hat jedoch bislang wohl noch niemand mit eigenen Augen gesehen.

Tagebücher

Ein robustes Tagebuch ist nach wie vor die einfachste und sicherste Methode seine Beobachtungen direkt im Gelände festzuhalten. Es sollte Wasser abweisend sein und besser mit Bleistift als mit Kugelschreiber oder gar Tinte beschrieben werden um Verwischungen auszuschließen. Datum, Uhrzeit und Ort sind die unerlässlichen Basisangaben. Auch das Wetter hat oft Bedeutung. Glaubt man eine Besonderheit entdeckt zu haben, ist es ratsam, bei Seltenheiten unabdingbar, sich die Bestimmung durch Hinzuziehung von anderen Vogelbeobachtern bestätigen und absichern zu lassen. Auf jeden Fall sollten so viele Details wie möglich sofort notiert werden. Die in den meisten Ländern Europas eingerichteten „Raritätenkomitees“ (s. S. 278) werden ohne zureichende Dokumentation die Beobachtung von Raritäten nicht anerkennen.

Aufzeichnungen anderer Art

Zusätzlich zum gewöhnlichen Notizbuch führen viele Be-

EINE SKIZZE *des gesichteten Vogels ist zusätzlich zur schriftlichen Erfassung von Kennzeichen, Ort und Zeit außerordentlich hilfreich, wenn man die Bestimmung im Gelände nicht eindeutig vornehmen kann. Man muss kein Künstler sein um brauchbare Feldskizzen, etwa zu bestimmten Gefiedermerkmalen, machen zu können. Anhand von Notizen und Skizzen lassen sich die Vögel dann meist doch noch genau (nach-)bestimmen. Vielleicht kann man auf diese Art auch der persönlichen Liste sogar eine weitere Art hinzufügen.*

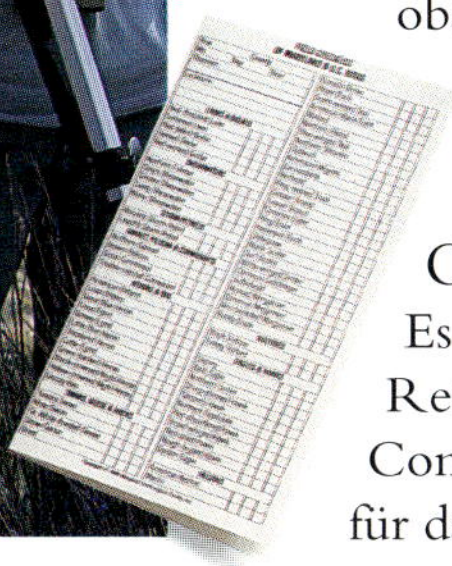

ARTENLISTEN *Es gibt vorgedruckte Listen (unten) für die meisten Gebiete, Tagebücher (links) sind aber weiterhin beliebt.*

obachter eine Computerliste, eine Loseblattsammlung zu den einzelnen Arten oder eine Artenkartei. So findet der Beobachter schnell seine Daten zu den einzelnen Vogelarten.

COMPUTER Es gibt eine ganze Reihe brauchbarer Computerprogramme für das Erfassen von Vogelbeobachtungen. Manche Programme schließen eine Weltliste oder die Liste der Vögel Europas mit ein und geben Grundinformationen zu Vorkommen und Häufigkeit der Arten in den verschiedenen Gebieten. Auch zahlreiche Bestimmungs- und Handbücher über Vögel stehen nun auf CD-ROM zur Verfügung.

BEDEUTENDE VOGELMALER

Europäische Vogelkundler spielten für die frühe Entwicklung der Ornithologie in Nordamerika eine große Rolle. Es war der englische Künstler und Naturforscher Mark Catesby (1683–1749), der das erste bedeutende Werk über die Vögel Nordamerikas verfasste, das zugleich zu den großen vogelkundlichen Kunstwerken gehört: *The Natural History of Carolina, Florida and the Bahamas*. Catesby unternahm zwischen 1712 und 1726 zwei ausgedehnte Reisen nach Nord- und Südamerika und schaffte es schließlich rund ein Viertel aller Vogelarten des östlichen Nordamerika darzustellen. Seine beiden großzügig illustrierten Folio-Bände erschienen 1731 und 1743 in London.

Es gab kein vergleichbares Werk mehr, bis Alexander Wilson (1766–1813) 1808 den ersten von neun Bänden seiner *American Ornithology* veröffentlichte. Der schottische, nach Amerika ausgewanderte Weber, Lehrer und Poet war so überwältigt von der Schönheit und Vielfalt des dortigen Vogellebens, dass er ohne entsprechende Ausbildung in Kunst oder Ornithologie die Arbeit an diesem großformatigen Werk aufnahm.

Zur Finanzierung seines Werkes suchte Wilson überall nach Sponsoren. Auf einer dieser Werbereisen traf er auch mit John James Audubon (1785–1851) zusammen. Audubon war 1803 von Frankreich nach Amerika gekommen und hatte ein ähnliches Werk in Angriff genommen. Nacheinander, zwischen 1827 und 1838, veröffentlichte Audubon das vierbändige Werk *Die Vögel Amerikas*. Dieses prachtvolle Werk gehört heute zu den kostbarsten Büchern der Welt.

Wie Audubon war auch Louis Agassiz Fuertes (1874–1927) nicht nur ein hervorragender Künstler, sondern auch ein begeisterter Naturforscher. Was ihn unter anderen Ornithologen jedoch besonders auszeichnete, war sein außergewöhnliches Gedächtnis. Er konnte Vögel, nachdem er sie in der Natur genauestens beobachtet hatte, mit erstaunlicher Präzision zeichnerisch wiedergeben. Fuertes' Arbeiten gehören heute zu den meistgeschätzten unter den Vogelbüchern.

PORTRÄTMALER DER VÖGEL
Den Weißkopf-Seeadler (oben) malte der englische Künstler Mark Catesby. Die ersten großen Vogelkundler Amerikas waren Alexander Wilson (oben rechts) und John James Audubon (darunter). Louis Agassiz Fuertes (Foto) ist einer ihrer großen Nachfolger.

Vögel fotografieren

Vogelfotografie kann höchst befriedigend, für Anfänger aber auch recht frustrierend sein. Gute Ergebnisse erfordern viel Zeit, Geduld und auch Geld.

Perfekte Dias oder Papierabzüge, die einen Vogel genauestens belichtet, gestochen scharf und in den richtigen Farben wiedergeben, gehören mit zu den besonderen Erfolgserlebnissen des Vogelbeobachters. Irgendwann versucht sich daher fast jeder in der Fertigkeit seine „Beute" auf Film zu bannen. Es ist jedoch alles andere als leicht Vögel richtig zu fotografieren. Eine geeignete Ausrüstung ist teuer und wirklich gute Bilder erfordern entsprechendes Können. Die Ausrüstung sollte daher so sorgfältig wie möglich ausgewählt werden.

Kameras

Das Angebot an Fotoapparaten in den verschiedensten Ausführungen ist enorm.

Wenig geeignet sind Kameras mit einfachen Normal- oder Weitwinkel-Festobjektiven, die nicht gewechselt werden können. Als Standard gelten die normalen Kleinbildfilm-Spiegelreflexkameras mit Wechselobjektiven und Belichtungsautomatik.

Brennweiten

Die nächste wichtige Entscheidung bei der Anschaffung einer Ausrüstung zur Vogelfotografie betrifft die Brennweite des Objektives. Sie wird gewöhnlich in Millimetern angegeben. Die Stärke der Vergrößerung lässt sich ungefähr abschätzen, wenn man die Brennweite durch 50 teilt. Ein 400-mm-Objektiv wirkt daher auf dem Film etwa wie ein 8fach vergrößerndes Fernglas (diese Rechnung gilt jedoch nur beim Kleinbildfilm).

Die Brennweite in Millimetern entspricht zudem in etwa der Länge des Objektivs: Ein 1000-mm-Objektiv ist also in der Regel 1 m lang. Technische Finessen haben in neuerer Zeit die Verhältnisse etwas günstiger gestaltet, aber große Objektive mit großer Brennweite sind und bleiben schwere und unhandliche Geräte. Je größer die Brennweite, desto schwerer wird es ein bewegliches Ziel scharf einzustellen und rechtzeitig den Auslöser zu betätigen ohne das Bild zu verwackeln. Ein stabiles Stativ ist meist unumgänglich (S. 64).

EINE FRAGE DER BALANCE

Ein Nachtreiher (oben rechts) benutzt das Teleobjektiv einer technisch guten Kamera-Ausrüstung als Sitzwarte. Erfahrene Vogelfotografen arbeiten möglichst mit Stativ, auch bei so zutraulichen Vögeln wie dem Meerespelikan (links).

Lichtstärke

Die andere kritische Größe neben der Brennweite ist die Lichtstärke. Objektive mit hohen Werten für die größtmögliche Blende sind nur bei entsprechend guten Lichtverhältnissen zu benutzen. Je kleiner die Zahl für die Lichtstärke, desto besser, d. h. lichtstärker ist das Objektiv und umso schwerer wird es in aller Regel auch sein. Lichtstarke Objektive sind zudem recht teuer.

Zoom- und Spiegellinsen

Zoomlinsen zeichnen sich aus durch veränderliche Brennweiten, z. B. von 75 bis 125 mm. Sie erreichen meist nicht die optische Qualität von festen Linsen, vergrößern dafür aber die Einsatzmöglichkeiten. Einem ganz anderen Prinzip folgen Spiegellinsen, deren optisches System von Spiegeln und nicht von Linsen gebildet wird. Sie sind klein, handlich und (sehr) teuer. Spiegellinsen haben nur eine (feste) Blendenöffnung. Da man Zoomlinsen wegen der stärkeren Vergrößerung jedoch meist nur im oberen Bereich der Brennweite einsetzt und dabei die größte Blendenöffnung benutzen muss, ist es oft besser sich ganz auf ein leistungsstarkes Teleobjektiv einzustellen und zu lernen mit diesem perfekt umzugehen. Zur Vergrößerung der Brennweite kann man zusätzlich Konverter zwischen Teleobjektiv und Kameragehäuse einfügen. Sie vergrößern die Brennweite um das 1,5-, 2- oder 2,5fache,

SPIEGELLINSEN *(oben) sind viel kompakter und handlicher als gewöhnliche Teleobjektive, haben aber eine feste Blende. Zoomobjektive (Mitte) sind handlich, aber nicht so leistungsstark wie große, lichtstarke Objektive (unten).*

mindern jedoch die Bildqualität und verursachen einen starken Lichtverlust. Es gibt auch Adaptoren für zahlreiche Fernrohrtypen, die man direkt an die Kamera anschließt. Für manche Dokumentaraufnahmen seltener oder schwer bestimmbarer Arten sind solche Adaptoren von großer Bedeutung.

Filme

Die ASA-Zahl der Filme gibt an, ob mit hohen oder geringen Verschlusszeiten bei verminderten (Teleobjektiv) oder bei schlechten Lichtverhältnissen gearbeitet werden kann. 400-ASA-Filme sind hoch empfindlich und unter ungünstigen Lichtverhältnissen noch zu verwenden, aber im Hinblick auf Farbqualität und Bildschärfe meist bei weitem nicht so gut wie Filme mit 100 oder 64 (oder gar noch weniger) ASA. Filme sollten möglichst kühl gelagert und bei Benutzung vor Hitze und Kälte geschützt werden.

Die Entwicklung in einem professionellen Labor ist der automatischen Schnellentwicklung natürlich vorzuziehen, kommt aber auch merklich teurer.

Video

Die Entwicklung auf dem Markt der Videokameras geht immer mehr in Richtung leistungsstärkerer und kleinerer Geräte, die eine echte Alternative zur Fotokamera sein können. Sie sind einfach zu bedienen und halten unvergleichlich mehr vom Vogel fest als die Momentaufnahme mit dem Fotoapparat. Allerdings liegt die Bildschärfe immer noch weit unter dem Niveau guter Fotoapparate. Inzwischen gibt es bereits Videokameras mit Wechselobjektiven, die zu Kameragehäusen passen, sodass sich Fotografieren und Videofilmen verbinden lassen.

„SCHWERES GESCHÜTZ“ *richten die Vogelfotografen auf den Silberreiher (rechts, beim Abflug).*

VOGELBEOBACHTUNG für FORTGESCHRITTENE

Wer sein Wissen erweitern möchte, nimmt am besten Kontakt zu ornithologischen Gruppen und Verbänden auf, die Beobachtungstouren unternehmen.

In den meisten Gebieten Westeuropas gibt es örtliche vogelkundliche Organisationen, die von kleinen Klubs bis zu ornithologischen Gesellschaften reichen. Viele davon organisieren Tagungen und Treffen sowie Exkursionen oder sind an festen Arbeitsprogrammen wie Wasservogelzählungen oder Brutvogelbestandsaufnahmen beteiligt. In einigen Schutzgebieten werden spezielle Beobachtungsgänge angeboten, die unter kundiger Führung Besonderheiten vorführen. Auch Museen, Forschungseinrichtungen und Universitätsinstitute bieten ornithologische Exkursionen an. Für den deutschsprachigen Raum sind auf S. 277 Anschriften solcher Organisationen zusammengestellt. Man trifft hier auf Gleichgesinnte und erhält meist auch ornithologische Fachzeitschriften und Rundbriefe.

BEOBACHTUNGSTOUREN, *die von Spezialisten geführt werden, vermitteln Zugang zu besonderen Plätzen, wie Stellen zum Beobachten des Greifvogelzuges (unten) oder zu Brutgebieten seltener Wasservögel (ganz unten).*

REISEN

In Europa gibt es eine Fülle hervorragender Beobachtungsmöglichkeiten. Einige wenige Spitzengebiete sind auf S. 82 aufgeführt, daneben hat jedes Land eigene, besonders interessante Stellen. Selbst in kleinen Ländern wie in Dänemark oder in der Schweiz lassen sich an manchen Orten zahlreiche Arten nachweisen (S. 82). Für die meisten europäischen Länder und viele Überseeregionen gibt es Zusammenstellungen der besten Beobachtungsgebiete mit den entsprechenden Anreisemöglichkeiten. Wer so etwas im eigenen Land nicht findet, kann sich, um Hinweise und Anschriften zu erhalten, an den „Dutch Birding Travel Reports Service", PO Box 737, NL-9700 AS Groningen, oder den britischen „Foreign Birdwatching Reports and Information Service", 6 Skipton Crescent, Berkeley Pendesham, Worcester WR4 OLG, Großbritannien, wenden. Angebote zu Beobachtungstouren, die von Experten organisiert und betreut werden, findet man in spezialisierten Reisebüros. Die örtlichen oder regionalen ornithologischen Gesellschaften haben Kontakte zu solchen Büros oder bieten selbst entsprechende Reisen an.

SPEZIALISIERUNG

Manche Vogelbeobachter spezialisieren sich mit der Zeit auf ein bestimmtes Gebiet, eine besondere Vogelgruppe oder auch auf eine einzelne Art, die sie ganz besonders genau untersuchen möchten. So gibt es Greifvogelspezialisten, Eulenspezialisten oder

VOGELZÄHLUNGEN *wären ohne die Mitarbeit von Freiwilligen undurchführbar, die Ergebnisse blieben unvollständig.*

Vogelzugenthusiasten. Gerade der Greifvogelzug, der über bestimmte Landzungen oder Gebirgspässe verläuft, zieht eine ganze Zahl von Beobachtern in seinen Bann. Hervorragende Stellen sind Falsterbo, einige Pässe in den Alpen und in den Pyrenäen, Gibraltar, der Bosporus und vor allem die Spitze der Halbinsel Sinai. Bis zu 1000 Greifvögel der verschiedensten Arten können dort zu den Zugzeiten an einem einzigen Tag in allen Einzelheiten studiert werden.

Ausfahrten mit dem Boot zum Seevogelbeobachten sind in Irland und Südwestengland besonders beliebt.

FORSCHUNG

Erfassungsprogramme für Vögel gibt es in fast allen europäischen Ländern und Regionen. Sie sind zum Teil national, zum Teil auch international organisiert, wie etwa die Wasservogelzählung, die von September bis April an jedem mittleren Sonntag des Monats stattfindet und ganz Europa und Teile Westasiens und Nordwestafrikas umfasst. Ungemein wichtig sind aber auch Programme, die Veränderungen der Brutvogelbestände über die Jahre hinweg festhalten. In Großbritannien hat man z. B. den „Common Bird Census". Weltweit am bekanntesten ist wohl der von der Amerikanischen Audubon-Gesellschaft organisierte „Christmas Bird Count", der an einem Tag zwischen Mitte Dezember und der ersten Januarwoche auf 1700 Beobachtungskreisen (jeder mit einem Durchmesser von 24 km) in Nordamerika durchgeführt wird.

Regionale Programme bieten die meisten ornithologischen Fachvereinigungen an. Sie sind dort zu erfragen. Die Aktivitäten umfassen neben genauen Brutvogelbestandsaufnahmen auch Planbeobachtungen zum Vogelzug oder Straßenzählungen von

HILFE FÜR VÖGEL *bieten manche Vogel(schutz)organisationen an. Sie versorgen verletzte Vögel oder ziehen verlassene Jungvögel auf um sie wieder in die Freiheit entlassen zu können. Die wissenschaftliche Vogelberingung (rechts) ist eine besondere, genehmigungspflichtige Forschungstätigkeit.*

Die Vögel sind der stärkste Ausdruck der Schöpferkraft der Natur.

FRANK M. CHAPMAN (1864–1945)

FRANK M. CHAPMAN *war ein amerikanischer Schriftsteller und Museumskurator für Ornithologie. Er organisierte erstmals zu Weihnachten 1900 den amerikanischen „Christmas Bird Count" als Protest gegen das traditionelle Weihnachtsvogelschießen.*

Greifvögeln, Schlafplatzzählungen bei Möwen, Kormoranen und anderen Vogelarten sowie Dokumentationen von Seltenheiten. Auch an der wissenschaftlichen Vogelberingung, die von den Vogelwarten durchgeführt wird, sind Amateure beteiligt. Zur Mitarbeit benötigt man jedoch unbedingt eine Genehmigung der zuständigen staatlichen Naturschutzbehörde.

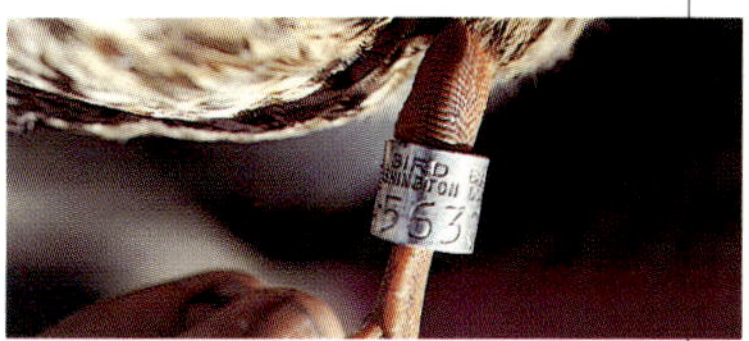

VÖGEL in GEFAHR

Obwohl sich die Einstellung der Öffentlichkeit zur Tierwelt in den letzten 100 Jahren stark gewandelt hat, sind noch immer viele Vogelarten vom Aussterben bedroht.

ZERSTÖRUNG DES LEBENSRAUMS, *beispielsweise durch die Landwirtschaft, bedroht auch die Uferschnepfe (links).*

Bei den ersten Ornithologen gehörte zur Ausrüstung stets ein Gewehr – die meisten Vogelstudien führten sie an abgeschossenen Exemplaren durch. Noch bis zum Ende des 19. Jahrhunderts hielt auch das Gemetzel im Namen von Sport und Mode an, dann jedoch begann sich die Einstellung der Menschen zu ändern.

Erste Vogelschutzorganisationen, wie der Deutsche Bund für Vogelschutz oder die Königliche Gesellschaft für Vogelschutz in England, wurden gegründet und andere folgten rasch nach. Gegen Mitte des 20. Jahrhunderts hatte fast jedes europäische Land eine Vogelschutzorganisation. Vielerorts wurden auch staatliche Vogelschutzwarten gegründet.

NEUE BEDROHUNG

Doch in den frühen 60er-Jahren zeichnete sich eine ganz andere Gefahr für Vögel und Umwelt ab. Schwer abbaubare Umweltgifte, wie DDT, die Gärten und Seen, Felder und Häuser insektenfrei machen sollten, hatten verheerende Folgen nicht nur für viele auf Insektennahrung angewiesene Singvögel, sondern auch für Arten wie Greifvögel, Pelikane und Pinguine, die das Gift über die Nahrungskette aufnahmen. Fischadler und Wanderfalken legten so dünnschalige Eier, dass sie beim Brüten zerplatzten. Ihre Bestände brachen in vielen Regionen zusammen.

Mit ihrem Buch *Der stumme Frühling* alarmierte die Amerikanerin Rachel Carson (S. 36) Politiker und Öffentlichkeit und bewirkte damit schließlich ein weitgehendes Verbot von DDT.

GEFAHREN HEUTE

Ohne Frage ist die Hauptbedrohung der Vogelwelt derzeit die Zerstörung von Lebensräumen. Die Bestände vieler Arten gingen stark zurück, weil ihre Winterquartiere und ihre Brutquartiere in Afrika und Asien durch landwirtschaftliche Maßnahmen beeinträchtigt oder vernichtet worden sind. Die größte Gefahr liegt in der Zerstörung der tropischen Regenwälder, der Savannen und der Feuchtgebiete weltweit sowie in der direkten Verfolgung der

ÜBERMÄSSIGE BEJAGUNG *Unbedachter Abschuss war der Grund für die Ausrottung der Wandertaube in Nordamerika, wo sie einst in Schwärmen vorkam (unten). Auf der Höhe der Vernichtungswelle Ende des 19. Jahrhunderts entdeckte Frank Chapman (S. 79) auf 542 von 700 Damenhüten in New York ausgestopfte Vögel, die zu 20 verschiedenen Arten gehörten.*

EINIGE VOM AUSSTERBEN BEDROHTE VOGELARTEN EUROPAS UND NORDAFRIKAS

Art	*Vorkommen*	*Status*	*Ursachen*
Madeirasturmvogel	Madeira	gefährdet	Mangel an sicheren Nistplätzen
Krauskopfpelikan	Südosteuropa/Asien	gefährdet	Abschuss, Lebensraumverlust
Waldrapp	Marokko, Türkei	extrem gefährdet	Abschuss, Pestizide
Zwerggans	Nördliches Europa	abnehmend	Abschuss
Spanischer Kaiseradler	Spanien	abnehmend	Abschuss, Lebensraumverlust
Großtrappe	Zentraleuropa/Spanien	abnehmend	Abschuss, Lebensraumverlust
Steppenkiebitz	Kaspiregion	abnehmend	Lebensraumverlust
Dünnschnabelbrachvogel	Sibirien	extrem gefährdet	Abschuss, Winterquartierverluste
Azorengimpel	São Miguel, Azoren	gefährdet	Lebensraumverlust

EXTREM GEFÄHRDETE, AUSGESTORBENE ODER AUSGEROTTETE ARTEN IN NORDAMERIKA

Labradorente, Kalifornischer Kondor (überlebt in Zoohaltung, erste Exemplare wieder frei fliegend), Eskimobrachvogel (möglicherweise ausgerottet), Wandertaube, Karolinasittich, Elfenbeinspecht, Bachmanns oder Gelbstirn-Waldsänger (möglicherweise ausgerottet), Riesenalk (amerikanischer Teil des Vorkommens im Nordatlantik)

Vögel. Nach wie vor fordern Landwirtschaft, Umweltgifte und Abschuss einen viel zu hohen Tribut unter den Vögeln. Auf isolierten Inseln der Weltmeere zogen die Einschleppung von Ratten und die Freilassung von Ziegen schwere Schäden und große Verluste in der Vogelwelt nach sich. In der modernen Industriewelt schließlich sind es die Glaswände und Leitungen, schnelle Fahrzeuge und die überall vorhandene Lichtflut, die die Vogelbestände z. T. erheblich dezimieren.

ERFOLGE

Illegaler Abschuss und Vogelfang sind mittlerweile in den meisten Ländern Europas selten geworden. Die Gesetzgebung regelt den Einsatz von Umweltgiften. Durch Biotopschutzmaßnahmen wurden vielerorts auch die Lebensbedingungen der Vögel nachhaltig verbessert. Weltweit tätige Organisationen wachen darüber, wie sich die Vogelwelt entwickelt, um rechtzeitig Maßnahmen ergreifen zu können. Dennoch braucht der Vogelschutz auch weiterhin noch Unterstützung, wenn für zukünftige Generationen die Artenvielfalt der Vögel erhalten bleiben soll.

HOCH BEDROHT *Die Wiedereinbürgerung von Zwerggänsen (oben) scheint Erfolg zu haben, denn die Zahlen der ziehenden Exemplare zwischen Schwedisch Lappland und Holland nehmen seit einigen Jahren wieder zu. Viel schlechter steht es um den Waldrapp (oben links), von dessen letzten Kolonien im Süden Marokkos nur noch eine existiert. Der Dünnschnabelbrachvogel (ganz oben) scheint kurz vor dem Aussterben zu stehen.*

VOGELPARADIESE

Europa hat ein breites Spektrum von Lebensraumtypen, viele Nationalparks und einige der weltbesten Vogelbeobachtungsgebiete.

Unter der großen Zahl der für den Vogelbeobachter attraktiven Gebiete haben wir die folgenden zehn ausgewählt. Weitere Hinweise finden sich im Anhang (S. 274). Für Deutschland gibt es die Zusammenstellung *Vogelparadiese* von M. Lohmann, K. Haarmann und E. Rutschke.

ARTENZAHLEN

Die Zahl der nachgewiesenen Vogelarten vermittelt eine Vorstellung vom Artenreichtum und von der Aktivität der Vogelbeobachter in verschiedenen europäischen Ländern.

Großbritannien	555
Frankreich	470
Deutschland	465
Spanien	465
Schweden	450
Niederlande	445
Dänemark	420
Irland	415
Griechenland	390
Schweiz	380
Island	325

❶ VARANGERFJORD, NORWEGEN ▶ *Die großartige Landschaft und das reiche Vogelleben lohnen die lange Reise zu diesem nördlichsten Gebiet des europäischen Festlandes. Es gibt dort große Schwärme von Prachteider- und Scheckenten, Eisenten und Dreizehenmöwen (oben rechts). Viele arktische Brutvögel kommen dort vor, darunter der seltene Gelbschnabel-Eistaucher, die Falkenraubmöwe und der Rotkehlpieper.*

◀ **❸ SCILLY-INSELN, ENGLAND**
Diese im äußersten Südwesten der Britischen Inseln gelegenen, kleinen Inseln gehören zu den beliebtesten Plätzen für Ornithologen, weil dort immer wieder Irrgäste aus Nordamerika auftauchen. Irrgäste aus Sibirien trifft man auf den Fair-Inseln (Schottland), im Naturpark des nordfriesischen Wattenmeeres und auf Helgoland an.

❺ TEXEL, NIEDERLANDE *Die westlichste Wattenmeerinsel der südlichen Nordsee ist ein weithin bekanntes Vogelparadies. Man kann dort brütende Eiderenten, Austernfischer, Löffler, Säbelschnäbler, Uferschnepfen und eine Reihe von Möwenarten (rechts) beobachten. Im Wattenmeer mit seinem reichen Nahrungsangebot sind zahllose See- und Strandvögel unterwegs. Manche überwintern hier auch.* ▶

❷ FALSTERBO, SCHWEDEN
An der Südwestspitze des schwedischen Festlandes wird der Vogelzug zum besonderen Erlebnis. Im Frühherbst konkurriert Falsterbo in Bezug auf die Menge der durchziehenden Greifvögel mit Gibraltar oder dem Bosporus. Auch die Singvögel- und Watvögelzüge sind höchst eindrucksvoll. 300 km nordöstlich liegt die Insel Öland in der Ostsee, auf der im Frühjahr und im Herbst zahlreiche Raritäten beobachtet werden.
▼

◀ **❹ KAP-CLEAR-INSEL, IRLAND**
Zur Seevogelbeobachtung in Irland ist das an der äußersten Südwestspitze gelegene Kap Clear ein besonders geeigneter Ort. Im Spätsommer kann man hier Sturmtaucher, Sturmschwalben und Wellenläufer sowie Basstölpel, Skuas und Gryllteisten (links) in größerer Anzahl sehen. Außerdem kommen dort Alpenkrähen vor, und regelmäßig treffen Irrgäste aus Amerika ein.

❻ NEUSIEDLER SEE, ÖSTERREICH *An diesem flachen, sehr schilfreichen Steppensee und seinen Lacken im „Seewinkel" brüten Silberreiher, Löffler, Säbelschnäbler, Seeregenpfeifer, Graugänse und zahlreiche andere seltene Schilf- und Röhrichtbewohner, wie Rohrdommel, Mariskensänger und Bartmeise. Großtrappe und Wiesenweihen (oben) sowie der Blutspecht sind weitere Besonderheiten. Die besten Beobachtungszeiten liegen im Frühsommer und Herbst.*

❼ HORTOBAGY PUSZTA, UNGARN *In diesem großflächigen, sumpfigen Steppengebiet kann man die Vogelarten des Ostens am besten beobachten. Es kommen hier neben Großtrappen und Löfflern auch Braunsichler, Rotfußfalke, Weißflügelschwalbe und in manchen Jahren der Rosenstar vor. Seeadler jagen im Winter die zu Tausenden dort rastenden Gänse.*

❽ DONAUDELTA, RUMÄNIEN *Dieses größte europäische Feuchtgebiet nach dem Wolgadelta bietet ein reiches Vogelleben in einer großartigen Natur. Zur Brutzeit leben dort Tausende von Zwergscharben und Kormoranen, Nacht- und Rallenreiher (oben), Purpurreiher, Braunsichler und Weißbartseeschwalben. Außerdem brüten Rosa- und Krauskopfpelikan, Seeadler, Würgfalke und Seidenreiher. Im Winter suchen Tausende von Rothalsgänsen das Delta auf.*

❾ CAMARGUE, FRANKREICH *Das Mündungsdelta der Rhone ist berühmt für die Brutkolonien des Rosaflamingos und für die vielen Reiher und Wasservögel, die dort Brutzeit und Winter verbringen. Seltene Brutvögel sind Lachseeschwalbe, Bienenesser, Blauracke und Brillengrasmücke. In der benachbarten Ebene von La Crau liegen die letzten Brutplätze der Zwergtrappe und des Spießflughuhns. Seltene Bergvogelarten gibt es in den Alpillen, z. B. den Habichtsadler.*

❿ COTO DOÑANA, SPANIEN *Das zeitweilig überflutete, von hohen Dünen durchzogene Mündungsgebiet des Guadalquivirs in Südwestspanien ist ein herausragendes europäisches Vogelschutzgebiet mit vielen seltenen Arten. Dazu gehören Spanische Kaiseradler, Rosaflamingos, Marmelenten, Löffler (ganz rechts), Purpurhühner, Korallenmöwen, Rothalsziegenmelker und Blauelstern. Nicht weit entfernt, bei Tarifa, ziehen die meisten Greifvögel auf der Westroute von Europa nach Afrika.*

Es war die Nachtigall und nicht die Lerche,
die eben jetzt dein banges Ohr durchdrang.
Sie singt nächtens von jenem Granatapfelbaum,
glaube mir, Liebster, es war die Nachtigall.

Romeo und Julia,
frei nach WILLIAM SHAKESPEARE (1564–1616), englischer Dichter

VIERTES KAPITEL

Die VÖGEL und ihre LEBENSRÄUME

Einführung

In Europa wurden bislang mehr als 850 Vogelarten registriert. In diese Fülle gibt unser Biotopführer einen ersten Einstieg. Er stellt alle in Europa beheimateten Vogelgruppen vor und informiert über mehr als 200 der häufigsten Arten.

Mit der Fülle der in Europa vorkommenden Vogelarten vertraut zu werden ist nicht leicht. Die Anfangsschwierigkeiten lassen sich am besten überwinden, wenn man lernt die verschiedenen Vogelgruppen nach ihren Merkmalen zu unterscheiden. Dann gelingt die Artenbestimmung schnell.

Taxonomischer Ansatz

Auf den folgenden Seiten werden die Gruppen europäischer Vögel als Verwandtschaftsgruppen (Familien) charakterisiert. Ihre Mitglieder unterscheiden sich von denen anderer Gruppen durch gemeinsame Merkmale in Körperbau oder Verhalten. Dazu ist angegeben, wie viele Arten einer Familie es gibt und wie viele in Europa vorkommen.

Alle diese konzentrierten Informationen auf einmal aufzunehmen ist natürlich so gut wie unmöglich. Doch mit der Zeit bekommt man einen Blick dafür, was z. B. eine Schwalbe oder ein Segler ist. Wahrscheinlich wird man überrascht feststellen, dass man eigentlich schon viel über die verschiedenen Vogelfamilien weiß. Fast jeder erkennt sofort eine Ente oder eine Eule, aber die Frage, woran, bringt einen etwas in Bedrängnis.

Je besser wir die verschiedenen Vogelfamilien kennen, desto leichter fällt es uns eine uns noch nicht bekannte Art richtig zuzuordnen und genau zu bestimmen. Die Kenntnis der Gesamtzahl aller Arten einer Familie vermittelt schon einmal eine Vorstellung von der Vielfalt innerhalb dieser Familie und weiß man dann noch Bescheid über den Gefiederwechsel und unterschiedliche Kleider, wird sich die Sicherheit bei der Bestimmung erhöhen. Es lohnt sich daher diese Informationen mehrfach zu studieren.

Einstieg über den Biotop

Die Fähigkeit Familien richtig zuzuordnen ist die eine unerlässliche Voraussetzung dafür ein guter Vogelbeobachter zu werden. Die andere geht aus von der Kenntnis der verschiedenen Lebensräume, der Biotope. Zahlreiche Vogelfamilien kommen in einem weiten Spektrum von Lebensräumen vor, einige Arten sind jedoch stark an einen bestimmten Biotop gebunden.

FAMILIENMERKMALE *Fast jeder identifiziert den Steinkauz (links oben) sofort als Eule, auch wenn er die Art als solche nicht kennt. Erheblich mehr Praxis erfordert es, eine weniger bekannte Vogelfamilie wie die der Rohrsänger (Schilfrohrsänger, rechts) zu bestimmen.*

Wer schnell die Arten in seinem Beobachtungsgebiet kennen lernen möchte, sollte wissen, welche überhaupt im betreffenden Biotop vorkommen können.

Die Bindung an einen bestimmten Lebensraum kann recht eng sein. So wird man die typischen Vogelarten offener Fluren nicht im dichten Wald, echte Wasservögel nicht auf Ackerland und Gebirgsvögel nicht in Sümpfen finden. Die sechs Großlebensräume, in die unser Buch gegliedert ist, lassen sich in der Tat durch eine ganze Anzahl von nur darin vorkommenden Vogelarten kennzeichnen.

EINSTIEG IN DEN LEBENSRAUM

Viele Arten kommen nur in speziellen, leicht erkennbaren Lebensräumen vor. Das erleichtert die Bestimmung, etwa beim Zwergtaucher (oben), der an offenen, kleineren Gewässern lebt.

Aber eine beachtliche Anzahl von Arten hält sich nicht an die Grenzen der Biotope und nutzt auch andere. Die besten Beispiele sind die vielen Vogelarten, die in die Städte einwanderten und sich diese Menschenwelt als neuen Lebensraum zunutze machten.

Wir wissen oft auch nicht, wie die Vögel ihren Lebensraum wirklich wahrnehmen. Tun sie es so ähnlich wie wir Menschen oder anders? So sind für viele Vogelarten die Häuser der Menschen in den Städten in der Wirkung offenbar wie (Kunst-)Felsen und sie nehmen diese so an, wie sie im Gebirge Felsen als Lebensraumbestandteile annehmen. Worin ihre „ökologische Nische“ genau besteht, lässt sich schwer sagen. Sicher ist sie nicht ein fest gefügtes Bild der Natur, nach dem die Vögel suchen, wenn sie einen Platz zum Leben finden wollen, sondern ein weitaus komplexeres Gebilde aus Beziehungen zur Umwelt und Abhängigkeiten von ihr oder von anderen Arten. Wir können nur Folgendes festhalten: Jede Art braucht die ihr gemäße Nahrung und diese muss für sie erreichbar sein. Außerdem braucht sie Stellen, an denen sie brüten oder ihre Jungen großziehen kann und schließlich muss das, was sie an körperlichen Eigenschaften und Merkmalen von Natur aus mitbringt, zu der Umwelt, in der sie sich befindet, passen. Wie schwer wir Menschen uns damit tun diese „Passung“ zu erkennen oder gar vorauszusagen, das zeigt sich gerade bei jenen Arten, die in unserer Zeit neue Lebensräume besiedelt haben und darin sogar häufiger geworden sind als in ihren früheren. Musterbeispiel hierfür ist die Amsel, die vor 100 Jahren noch ein scheuer, eher seltener Waldvogel war.

Wir brauchen daher den Einstieg sowohl über den Lebensraum als auch über die stammesgeschichtliche Verwandtschaft um die Vögel richtig kennen und verstehen zu lernen.

Zweigleisiger Ansatz

Der taxonomische wie der biotopbezogene Einstieg haben beide ihre Vor- und Nachteile. Man muss sie daher als sich ergänzend betrachten. Diese Sehweise will das vorliegende Buch vermitteln und damit Hilfe leisten bei der richtigen Beobachtung und Bestimmung der Vögel.

FAMILIENGRUPPEN

Alle Vogelarten gehören einzelnen Familien an, die sich durch bestimmte Eigenschaften auszeichnen. Kennt man sie, fällt die Einordnung einer Art viel leichter.

Die wissenschaftliche Taxonomie ordnet die Vögel, wie alle anderen Lebewesen auch, nach ihrem stammesgeschichtlichen Verwandtschaftsgrad in hierarchischer Weise in Ordnungen, Familien, Gattungen und Arten (S. 20). Fast jede Art wird damit in eine Verwandtschaftsgruppe gestellt. Diese Einteilung liegt allen Bestimmungsbüchern als Richtlinie zugrunde.

So unterscheiden wir beispielsweise Regenpfeifer klar von Wassertretern, beide Familien gehören jedoch zu einer größeren Einheit, der Ordnung der Watvögel. Allerdings sind die Untergruppen nicht immer gleichwertig.

So bilden zwar die Regenpfeifer eine richtige Familie, die Wassertreter stehen aber eher im Rang einer Unterfamilie. Andererseits fassen wir alle Eulen zusammen, obwohl es zwei klar voneinander getrennte Familien, nämlich die echten Eulen und die Schleiereulen, gibt.

Für die Praxis wirft das keine Probleme auf und wir haben daher in diesem Buch die Familien und Vogelgruppen so geordnet, dass sie für den Anfänger gut überschaubar sind. Die Abfolge richtet sich nach der gängigen Systematik, die auch in den ausgesprochenen Bestimmungsbüchern verwendet wird. Die wissenschaftlichen Namen erleichtern das Auffinden der Gruppe in den Hand- und Bestimmungsbüchern oder die Weiterarbeit mit anderer vogelkundlicher Fachliteratur.

Eine grobe Zweiteilung ergibt sich aus der Aufgliederung der Vogelfamilien in Singvögel und Nichtsingvögel. Die Singvögel und ihre Familien machen allein rund die Hälfte aller Arten aus.

NICHTSINGVÖGEL

Seetaucher (Gaviidae) sind nordische Wasservögel, die unter Wasser nach ihrer Beute (Fische) tauchen und am Ufer nisten. Sie ähneln Tauchenten und Sägern, haben aber einen geraden, spitzen Schnabel und liegen beim Schwimmen tief im Wasser.

4/5 ➤232

Lappentaucher (Podicipedidae) ähneln kleinen Seetauchern. Wie diese haben sie spitze Schnäbel und liegen tief im Wasser, Schwimmhäute jedoch fehlen. Ihr Hinterteil endet in einer „Puderquaste", da sie fast schwanzlos sind.

5/19 ➤194–196

Albatrosse (Diomedeidae), **Sturmtaucher** und **Sturmschwalben** (Procellariidae und Hydrobatidae) sind drei Familien der Hochseevögel, die häufig auch als „Röhrennasen" zusammengefasst werden, weil ihre Nasenlöcher röhrenartig auf dem Oberschnabel aufsitzen. Sie sind ausgesprochene Meeresvögel, die nur zum Brüten an Land kommen.

10/105 ➤233, 234

SCHLÜSSEL DER SYMBOLE

- Geschlechter gleich gefärbt
- Geschlechter sind unterschiedlich gefärbt oder gezeichnet
- Gefiederunterschiede nur bei einigen Arten
- **7/20** Anzahl der Arten in Europa/Gesamtzahl der Arten der Familie weltweit
- Kein jahreszeitlicher Wechsel von Brut- und Ruhekleid
- Jahreszeitlicher Wechsel von Brut- und Ruhekleid
- Jahreszeitlicher Wechsel (Brutkleid/Ruhekleid) bei einigen Arten der Gruppe
- ➤23 Seite, auf der die Art der Gruppe im Lebensraumführer behandelt wird

Kormorane (Phalacrocoracidae), überwiegend schwarze Wasservögel mit langem, an der Spitze hakig nach unten gebogenem Schnabel, liegen tief im Wasser, tauchen sehr gut und bewohnen Küsten- und Binnengewässer. Zwei verwandte Gruppen sind die Pelikane (Pelecanidae), mit riesigem Schnabel und dehnbarem Hautsack am Unterschnabel, und die Tölpel (Sulidae), mit spitzem Schnabel und elegantem Stoßtauchen aus größerer Höhe.
⚥ **6/44** ➤235, 236

Reiher und **Rohrdommeln** (Ardeidae), **Störche** (Ciconiidae) sowie **Ibisse** und **Löffler** (Threskiornithidae) mit ihren langen Beinen, langen Hälsen und langen Schnäbeln bewegen sich schreitend fort. Rohrdommeln tragen ein Tarngefieder. Der Schnabel der Ibisse ist abwärts gebogen. Störche sind (in Europa) große, schwarzweiße Schreitvögel mit breiten Flügeln. Störche und Ibisse fliegen mit ausgestrecktem, Reiher mit eingezogenem Hals.
⚥ **13/108** ➤164, 165, 197, 198–202

Entenvögel (Anatidae) umfassen Enten, Gänse, Schwäne und Säger. Während die Säger einen schmalen, an den Rändern mit Hornzähnen besetzten Schnabel mit Hakenspitze tragen, ist für die übrigen Vertreter dieser Gruppe der „Entenschnabel" typisch. Die meisten Arten machen im Hochsommer eine Vollmauser durch. Das Gefieder der Enten unterscheidet sich im Prachtkleid meist auffällig von dem der Weibchen.
⚥ **43/151** ➤100, 101, 166–170, 203–208, 237–240

Zur Gruppe der **Greifvögel** gehören die Familien der Habichtartigen (Accipitridae) mit Adlern, Bussarden, Milanen und Habichten, die nur durch den Fischadler vertretene Familie der Fischadler (Pandionidae) sowie die Falken (Falconidae). Das bei manchen Greifvogelarten sehr variable Gefieder erschwert oft die Bestimmung.
⚥ **37/211** ➤102, 124–127, 262, 263

Die **Hühnervögel** sind bei uns in zwei Familien, den Raufußhühnern (Tetraonidae) und den Feldhühnern (Phasianidae), vertreten. Sie suchen ihre Nahrung am Boden und können meist sehr gut laufen. Ihre Jungen sind ausgeprägte Nestflüchter.
⚥ **15/265** ➤171

Die **Rallen** (Rallidae) ähneln den Hühnern, sind aber viel schlanker gebaut und bewohnen meist Feuchtgebiete. Nur das Blesshuhn könnte mit einer Ente verwechselt werden, doch hat es statt Schwimmhäuten verbreiterte Lappen an den Zehen. Näher verwandt mit den Rallen sind die Kraniche (Gruidae), in Europa vor allem mit Graukranich und Jungfernkranich.
⚥ **11/189** ➤103, 104, 172, 212, 213

Im Aussehen deutlich anders, aber näher verwandt sind die Familien der **Säbelschnäbler** und der **Stelzenläufer** (Recurvirostridae) sowie der **Austernfischer** (Haematopodidae). Sie bewohnen Küstenlagunen und Feuchtgebiete mit salzigem oder brackigem Wasser, meist in Südeuropa, und, wie der Austernfischer mit seinem langen, kräftigen, rot gefärbten Schnabel, in Nordwesteuropa.
⚥ **4/22** ➤241, 242

Von oben nach unten: Zwergdommelmännchen, Teichhuhn, Birkhahn, Stockentenmännchen

Rechts: Stelzenläufer (Recurvirostridae); daneben: Sanderlinge (Scolopacidae); ganz unten links: Trottellummen (Alcidae)

Die **Regenpfeifer** (Charadriidae) leben an den Küsten und im offenen Gelände. Die rundlichen Vögel mit langen, spitzen Flügeln, ziemlich großen Augen und einem taubenähnlichen Schnabel laufen stets schnell ein Stück um plötzlich innezuhalten und nach Nahrung zu picken.
⚥ **9/62** ➤173, 174, 243, 244

Schnepfenvögel (Scolopacidae) sind sehr vielgestaltig. Die Strandläufer, die in der Tundra brüten und zu den Zugzeiten an flachen Küsten in großen Schwärmen vorkommen, haben spitze Flügel und fliegen oft auch tief ins Binnenland. Mit ihrem graubraunen Gefieder sehen sich die einzelnen Arten recht ähnlich. Der schlanke, ziemlich lange Schnabel ist bei einigen Arten deutlich abwärts gekrümmt. Ihre langbeinigen, langschnäbeligeren Verwandten, die Wasserläufer, erkennt man an Farbe und Form der Beine und Schnäbel. Brachvögel und Schnepfen haben lange, markant ausgebildete Schnäbel. Bei allen diesen Arten ist auf die Zeichnungsmuster auf Flügeln und Schwanz zu achten.
⚥ **30/81** ➤128, 175, 214, 218, 245–248

Möwen (Laridae) sind leicht zu erkennen, die genaue Artenbestimmung ist allerdings schwierig. Die meist bräunlich-dunklen Jungvögel wechseln, je nach Größe der Art, erst im Verlauf von Jahren ins volle Erwachsenenkleid. Da mehrere Arten praktisch gleich groß sind, kommt es zu Schwierigkeiten bei der Bestimmung.

Eine typische adulte Möwe ist grauweiß bis weiß mit dunklen Flügelspitzen. Manche Arten tragen charakteristische Kopfzeichnungen. Seeschwalben (Sternidae) werden mit den Möwen zu einer Familie zusammengefasst. Sie haben aber spitzere Flügel und längere, spitzauslaufende Schnäbel, mit denen sie stoßtauchend Fische fangen oder aus dem Flug heraus Insekten von der Wasseroberfläche picken. Bei den meisten Arten ist der Schwanz gegabelt, die Beine sind kurz. Die meisten Arten nisten wie die Möwen in Kolonien. Eine weitere hierhin gehörende Gruppe, die Raubmöwen (Stercoariidae), hat sich auf Piraterie spezialisiert. Diese dunklen Vögel mit kräftigem Hakenschnabel und reißendem Flug jagen anderen Vögeln die Beute ab.
⚥ **30/91** ➤105, 219, 249–254

Die Familie der **Alken** (Alcidae) umfasst die Lummen mit spitzen Schnäbeln und die Papageitaucher mit ihren unverkennbar hohen, bunten Schnäbeln. Die ausgesprochenen Meeresvögel kommen nur zum Nisten an Land, meist auf Klippen und Felsinseln. Mit ihren kleinen Flügeln fliegen sie schnell, schwirrend, geradlinig und meist niedrig über den arktischen Meeren. Manche Arten sammeln sich zur Brutzeit in großen Kolonien.
⚥ **6/21** ➤255, 256

Tauben (Columbidae) gibt es in einer ganzen Reihe unterschiedlicher Arten. Sie sind jedoch recht einheitlich gebaut und meist sofort als solche zu erkennen. Den Grundtyp repräsentiert die (verwilderte) Haustaube.
⚥ **5/280** ➤106, 107, 129, 130

Kuckucke (Cuculidae) sind eine weltweit verbreitete Vogelfamilie, bei der rund die Hälfte der Arten brutparasitisch ihre Jungen von Wirtsvögeln großziehen lässt. In Europa kommen nur zwei Arten vor. Sie sind schlanke Vögel mit schwachen Beinen und spitzen Flügeln.
⚥ **2/127** ➤131

Links: Ringeltaube (Columbidae); oben: Bienenfresser (Meropidae); unten rechts: Buntspecht (Picidae); links: Uhu (Strigidae)

Nachtschwalben (Caprimulgidae) sind sehr gut getarnte Vögel mit langen, spitzen Flügeln, die in der Dämmerung und nachts Insekten jagen. Ihre Stimmen wirken hölzern. Tagsüber halten sie sich in Ruhestellung am Boden oder auf Ästen versteckt.
2/72 ➤133

Die Gruppe der **Eulen** umfasst zwei Familien, die echten Eulen (Strigidae) mit den Käuzen und die Schleiereulen (Tytonidae), die nur durch die Schleiereule selbst vertreten sind. Sie tragen einen unverkennbar herzförmigen Gesichtsschleier. Alle Eulen haben ein sehr gut entwickeltes Gehör, leistungsstarke Augen, die direkt nach vorn gerichtet sind, und stark gekrümmte, kräftige Krallen.
13/126 ➤132, 176–178

Bei den **Seglern** (Apodidae) ist der Handteil des Flügels so groß und der Armteil so kurz, dass ihr Flugbild sichelförmig ist. Sie fliegen fast ständig, oft sehr hoch und rasend schnell. Ihr Körper ist zigarrenförmig, der Schwanz leicht gegabelt. Die europäischen Arten sind weitgehend schwarzbraun.
4/71 ➤108

Bienenfresser (Meropidae) tragen ein tropisch buntes Gefieder. Ihre Flügel sind lang und spitz, im Flugbild dreieckig und ihre Rufe trillernd. Sie fangen im Flug Insekten, häufig Bienen und Wespen, deren Stachel sie geschickt wegschlagen, bevor sie den Körper verspeisen. Sie nisten in selbst gegrabenen Höhlen in Steilwänden.
1/23 ➤179

Der **Wiedehopf** bildet eine eigenständige Familie der Hopfe (Upupidae) in Europa. Seine Federhaube und die schwarzweiße Flügelzeichnung machen ihn unverkennbar.
1/1 ➤180

Die große Familie der **Eisvögel** (Alcedinidae) ist in Europa nur durch eine einzige, sehr farbenprächtige Art vertreten. Der Eisvogel hat kurze Beine, einen sehr kräftigen Schnabel und fängt Fische stoßtauchend.
1/90 ➤220

Spechte (Picidae) erkennt man daran, dass sie mit festgeklammerten Krallen und abgestütztem Schwanz an Baumstämmen herumklettern. Sie haben einen kräftigen Meißelschnabel und, abgesehen vom tarnfarbenen Wendehals, auffällige Gefiederfarben in Grüntönen (Grün- und Grauspechte) oder Schwarzweißrot (Buntspechte).
10/206 ➤134, 135

Sperlingsvögel

Lerchen (Alaudidae), kleine, bräunliche Vögel, laufen gut, tragen eine lange Kralle an der Hinterzehe und vollführen anhaltende Singflüge.
⚥✎ **9/76** ➤136, 181

Schwalben (Hirundinidae) sind kleine Vögel mit spitzen Flügeln und gegabeltem Schwanz, die elegant und wendig fliegen und dabei Fluginsekten fangen. Sie nisten, oft in Kolonien, an Naturwänden, an Gebäuden oder in selbst gegrabenen Höhlen (Uferschwalbe).
⚥✎ **5/74** ➤109, 110, 221

Pieper und **Stelzen** (Motacillidae) zeichnen sich durch den langen, oft wippenden Schwanz aus. Pieper sind schuppig graubraun gefärbt. Stelzenmännchen sind auffällig schwarzweiß oder gelbschwarz gefärbt. Sie fliegen bogenförmig.
⚥✎ **11/54** ➤111, 182, 183, 264, 265

Seidenschwänze (Bombycillidae) haben eine aufrichtbare Federhaube und ein seidiges Gefieder. Der Schwanz trägt gelbe Spitzen. Sie kommen in manchen Wintern invasionsartig nach Mitteleuropa und ernähren sich von Beeren und Früchten.
⚥✎ **1/8**

Wasseramseln (Cinclidae) leben am Wasser. Die recht kompakten Vögel fliegen schwirrend und tauchen ins Wasser ein.
⚥✎ **1/4** ➤266

Zaunkönige (Troglodytidae), winzige, bräunlich gefiederte Vögel, kennzeichnet der hoch gestelzt gehaltene Schwanz. Der europäische Zaunkönig gehört mit den beiden Goldhähnchenarten zu den kleinsten europäischen Vögeln. Sein Gesang ist laut und klangvoll.
⚥✎ **1/59** ➤137

Braunellen (Prunellidae), Kleinvögel, die sich viel am Boden aufhalten, sind in zwei Arten in Europa vertreten. Die Heckenbraunelle ähnelt dem Sperling und findet sich oft in Gärten.
⚥✎ **3/13** ➤138, 267

Drosseln (Turdidae) sind mittelgroße, kräftige Singvögel, die ihre Nahrung hauptsächlich am Boden suchen und dabei beidbeinig hüpfen. Ihr bekanntester Vertreter ist die Amsel, aber auch das Rotkehlchen und die Nachtigall gehören mit vielen weiteren Vertretern zu dieser Vogelfamilie.
⚥✎ **24/304** ➤112, 113, 139–142, 184, 185, 268

Artenreich ist die Familie der **Grasmücken** (Sylviidae) oder Zweigsänger. Es handelt sich bei ihnen um kleine, meist gut getarnte Vögel mit schönen und lauten Gesängen. Die Gruppe umfasst auch die winzigen Goldhähnchen, die in Nadelwäldern akrobatisch an den Zweigen herumturnen und nach Kleininsekten und Spinnen suchen.
⚥✎ **39/339** ➤143–145, 186, 223, 224

Fliegenschnäpper (Muscicapidae) erkennt man an ihrer aufrechten Sitzhaltung auf exponierten Zweigen, von denen aus sie ihre Fangflüge nach Fluginsekten starten. Das Zuschnappen der Schnabelhälften ist gut zu hören. Viele Arten sind bunt gefärbte Zugvögel.
⚥✎ **5/134** ➤146, 147

Timalien (Timaliidae) bilden eine große, weitgehend tropische Familie mittelgroßer, langschwänziger Singvögel mit meist sozialem Verhalten.

Von links nach rechts: Eichelhäher (Corvidae); Seidenschwanz (Bombycillidae); Schafstelze (Motacillidae)

Links: Rotkehlchen (Turdidae); unten: Kernbeißer (Fringillidae)

In Europa sind sie nur durch die Bartmeise (Panurus biarmicus) vertreten.
⚥ **1/250** ➤225

Meisen (Paridae) kennt jeder: Kohl- und Blaumeisen besuchen oft die Futterhäuschen. Es handelt sich um kleine, rundliche, kurzschwänzige Vögel mit charakteristischen Kopfzeichnungen und hoher Beweglichkeit. Ähnlich sind die durch den langen Schwanz unverkennbaren Schwanzmeisen (Aegithalidae) und die Beutelmeisen (Remizidae), die kunstvolle, beutelförmige Hängenester in Flussauen bauen.
⚥ **12/46** ➤148–150

Kleiber (Sittidae) klettern in unverkennbarer Weise kopfauf- und kopfabwärts. Ihre Oberseite ist blaugrau gefärbt, die Unterseite rotbraun. **Baumläufer** (Certhiidae) klettern nur aufwärts an den Stämmen, wobei sie den Schwanz als Stütze einsetzen. Sie sind bräunlich gefärbt.
⚥ **6/27** ➤151, 152, 269

Pirole (Oriolidae) sind als mittelgroße Vögel mit tropischen Farben unverkennbar; beim europäischen Pirol ist das Männchen leuchtend gelbschwarz. Sie nisten hoch in Bäumen und haben klangvolle Stimmen.
⚥ **1/28**

Würger (Laniidae) gelten als die „Singvogelausgabe" der Falken. Wie diese haben sie einen Hakenschnabel und am Oberschnabel eine zahnartige Ausbildung. Sie jagen große Insekten oder Kleinsäuger von Sitzwarten aus.
⚥ **5/70**

Rabenvögel (Corvidae), auch Krähenvögel genannt, umfassen die echten Krähen, die ein im Wesentlichen schwarzes Gefieder tragen, die „bunten" Häher sowie die langschwänzigen, schwarzweißen Elstern. Im Gebirge und in den nördlichen Nadelwäldern kommt der braune, mit hellen Tropfenflecken gezeichnete Tannenhäher hinzu.
⚥ **11/103** ➤114, 115, 153, 154, 270

Stare (Sturnidae) sind in Europa mit drei Arten vertreten, von denen der gewöhnliche Star mit Abstand der häufigste ist. Bei der Nahrungssuche schreiten die Stare. Die Männchen lassen einen gepressten Zwitschergesang mit nachgeahmten Motiven anderer Vögel erklingen.
⚥ **3/106** ➤116

Sperlinge (Passeridae), bräunliche, dickschnäbelige Kleinvögel, sind allgemein als „Spatzen" bekannt. Sie stehen den Webervögeln nahe und bauen große, wenig kunstvolle Nester. Beide Arten haben sich in Europa dem Menschen eng angeschlossen und werden als Kulturfolger bezeichnet.
⚥ **6/34** ➤117

Finkenvögel (Fringillidae) ähneln den Sperlingen, sind aber meist bunt gefärbt mit spitzkegelförmigem, kräftigem Schnabel. Bei den Kreuzschnäbeln überkreuzen sich die Schnabelspitzen.
⚥ **21/125** ➤118, 155–158, 271

Ammern (Emberizidae) sind finkenartige, vorzugsweise den Boden bewohnende Kleinvögel. Bei ihren konischen Schnäbeln ist der Unterschnabel größer als der Oberschnabel. Einige Arten sind schwer bestimmbar. Ammern bewohnen Offenland und Ufergebiete.
⚥ **13/281** ➤187, 188, 226, 272

Benutzung des Artenteils

Die folgenden Seiten stellen 148 der häufigsten Vogelarten Europas nach Lebensräumen geordnet vor. In vielen Fällen werden ähnliche oder verwandte Arten mit behandelt, wodurch sich die Gesamtzahl der vorgestellten Arten auf über 200 erhöht. Jede Seite ist nach dem hier dargestellten Muster gegliedert.

Ein Foto bildet die Art in typischem Gefiederzustand und typischer Haltung ab. Am Rand finden sich Angaben zu Geschlecht und Kleid.

Der Lebensraumschlüssel gibt an, in welchem Biotop die Art am häufigsten anzutreffen ist. Vgl. dazu S. 87.

Bezeichnung der Vogelfamilie, zu der die Art gehört

Deutscher und wissenschaftlicher Name. In jedem Biotop werden die Arten nach ihrer systematischen Reihenfolge abgehandelt.

Die Karte zeigt die Brutverbreitung der Art in Gelb und das Wintervorkommen in Blau. Grün bedeutet, dass die Art dort ganzjährig anzutreffen ist.

Der Haupttext enthält einige biologische Grundinformationen zur Art und zu ihrem Vorkommen. Weiterhin behandelt er typische Verhaltensweisen, die jahreszeitlichen Veränderungen (Wanderungen) und die Unterscheidung von ähnlichen Arten.

Der Kalenderbalken zeigt die Monate, in denen die Art im Gebiet (Mitteleuropa) anwesend ist.

Rallidae: Rallen

Wachtelkönig

Crex crex

Der Wachtelkönig hält sich in Mähwiesen und feuchtem Grünland auf. Die Rufe der Männchen, ein trockenes, hölzernes „rrrep-rrrep“, sind insbesondere in warmen Frühsommernächten zu hören. Wachtelkönige überwintern in den Savannen Ostafrikas. Sie kommen immer noch ziemlich häufig in den Flussniederungen Osteuropas vor, aber in Mittel- und Westeuropa sind sie sehr selten geworden. Zu frühe Mähtermine, zu dicht aufwachsendes Grünland und Maschinenarbeit auf den Fluren haben die Bestände dezimiert.

J F M A M J J A S O N D

Bedeutende Vorkommen in Mitteleuropa gibt es noch in Ostpolen, in Deutschland bestehen nur noch kärgliche Restvorkommen.

Der Wachtelkönig gehört zur großen Familie der Rallen, ähnelt aber einem kleinen Hühnervogel, der Wachtel (*Coturnix coturnix*, 16–18 cm), die auch ähnliche Lebensräume besiedelt. Sie leidet unter denselben Veränderungen in der Landwirtschaft. Im Flug kann man sie vom Wachtelkönig an den rundlicheren Flügeln und den nicht sichtbaren Beinen leicht unterscheiden, die beim Wachtelkönig auffallend nach hinten gerichtet „hängen“.

STECKBRIEF
■ 27–30 cm
■ lange, rötlich braune Flügel
■ im Flug herabbaumelnde Beine
■ kurzer, rötlich gelber Schnabel
■ sehr schlanke Gestalt
▲ Wachtel: kleiner, rundlicher, braun.
Nestnapf, im Gras verborgen
♪ Ruf: monoton und anhaltend „rrrep-rrrep“
Wachtel: „pick-wer-ick“ („Bück den Rück“)

172

Genaue Farbabbildungen informieren über Details der Gefiedermerkmale, ähnliche Arten oder Unterarten und besondere Verhaltensweisen.

Der Steckbrief enthält Angaben zu:
- ■ *Größe der Art von der Schnabel- bis zur Schwanzspitze*
- ■ *kennzeichnenden Gefieder- und Verhaltensmerkmalen*
- ▲ *ähnlichen Arten, bei denen Verwechslungen auftreten*
- *Neststandorten und -formen*
- ♪ *Rufen und Gesängen*

Urbane Gebiete

INNENSTADT Haussperlinge und Stadttauben kommen in großer Häufigkeit vor. Wo es viele Tauben gibt, können sogar Wanderfalken in den Städten leben und auf unzugänglichen Gebäudesimsen nisten.

PARKANLAGEN sind reich an Brutvögeln. Im Frühjahr und Herbst rasten hier viele Durchzügler auf ihrem Weg in die Brut- oder Überwinterungsgebiete. Gewässer ziehen viele Wasservögel an.

RUDERALFLÄCHEN, Schuttplätze und Gleisanlagen werden von Turmfalken, Hänflingen und anderen Kleinvögeln genutzt. Hier lassen sich die Vögel gut beobachten.

EINKAUFSZENTREN und andere große Gebäude werden gerne von Mehlschwalben, Mauerseglern und Hausrotschwänzen als Brutstätten genutzt, kiesbedeckte Flachdächer von sonst bodenbewohnenden Vögeln und – abends zum Schlafen – von Möwen.

Urbane Gebiete

Innenstädte, Parkanlagen, Gärten und Ruderalflächen

Den urbanen Lebensräumen gemeinsam ist die Allgegenwart des Menschen und ihre Naturferne. Der Siedlungsraum ist von Menschen gemacht und auf ihre Bedürfnisse zugeschnitten. In einer Vielzahl von Fällen profitieren die Vögel allerdings davon.

Natürlich fehlen einige Arten, deren Lebensraum durch die Bebauung verloren gegangen ist. Aber viele andere haben sich angesiedelt und die Städte zu den an Vogelarten reichsten Gebieten in Mitteleuropa werden lassen. Längst gibt es nicht mehr nur verwilderte Haustauben und Spatzen in den Städten, sondern mehr Vogelarten als in manchem Naturschutzgebiet. Einige Vogelarten, die ursprünglich felsiges Gelände, Wälder oder Kleingewässer und Wiesenflächen bewohnten, haben in den Städten ähnlich beschaffene Lebensräume besiedelt. Dort werden sie weniger als draußen im Umland verfolgt und oft ist für sie auch das Nahrungsangebot reichhaltiger. Mit dem Menschen kommen die Vögel gut zurecht, solange er sie nicht verfolgt und im Winter sogar füttert. In den meisten Städten nimmt der Artenreichtum der Vögel zu, dabei sind auffälligere Artengruppen, wie Rabenvögel und Möwen, oftmals sehr häufig. Selbst Seltenheiten wie der Wanderfalke und der Uhu haben es geschafft sich den Lebensraum Stadt nutzbar zu machen. Städte sind reich an Strukturen, während in der freien Landschaft, belastet durch zu viele Düngemittel, überreicher Pflanzenwuchs einen großen Artenschwund verursacht.

MÜLLBERGE ziehen mit ihren Nahrungsmittelresten viele Möwen, Krähen, Milane und andere Vögel an. Sie ernähren sich vom Wohlstandsabfall.

GÄRTEN sind besonders vogelreich, wenn sie gute Deckung und Futter- oder Badestellen bieten – ideal für die Vogelbeobachtung (z. B. von Meisen, Amseln, Rotkehlchen, Buchfinken).

Vogelbeobachtung in der Stadt

Überall im Stadtbereich, selbst in sterilen, zubetonierten City-lagen, vor allem aber in den Vorstädten mit ihren Parks und Gärten, gibt es eine Fülle von Möglichkeiten Vögel zu beobachten.

Es wäre einfach falsch zu glauben, in der Stadt gäbe es kaum Gelegenheiten Vögel zu beobachten und man müsste weit hinausfahren. Im Gegenteil: Die Stadt kann hierfür sogar sehr ergiebig sein! Ganz gleich, wo man sich befindet, überall trifft man auf die gefiederten Gesellen. Besonders viele Vögel der unterschiedlichsten Arten bevölkern Parkanlagen, Gewässer und Müllhalden. Aber schon der eigene Garten bietet eine erstaunliche Vielfalt, vor allem dann, wenn er für Vögel attraktiv gemacht wurde.

Wie fängt man an?

Am besten und schnellsten lernt man die Vögel kennen, wenn man einen bestimmten Beobachtungsplatz wählt, der so beschaffen ist, dass man ihn immer wieder und zu allen Jahreszeiten aufsuchen kann. Die Vögel im näheren Umkreis sind einem bald vertraut. Neue Arten fallen umso mehr auf, je besser man über das bisher beobachtete Artenspektrum Bescheid weiß.

In der Stadt liegen oft viele unterschiedliche Lebensräume ganz nahe beieinander. Hat man sich in seinem Beobachtungsbereich, einem Stadtpark, einem bestimmten Gebiet der Stadt oder am Stadtrand, eingearbeitet, lernt man auch den Jahresablauf in der Vogelwelt kennen – wann die ersten Zugvögel ankommen, wann die letzten wieder abziehen oder zu welchen Zeiten und bei welcher Witterung besonders reger Vogelzug herrscht. Je öfter man sein Beobachtungsgebiet aufgesucht hat, desto besser erfasst man die Verteilung der Vögel.

STADTVÖGEL *Graureiher (oben links, neben den Anglern aufrecht stehend zu sehen), Dohlen (oben rechts), Höckerschwäne, Stockenten und Blesshühner (links) kommen in vielen Städten vor.*

PARKANLAGEN *mit ihren Bächen und Zierteichen ziehen besonders viele Vögel an, darunter auch Zugvögel. Der singende Star auf der Leitung (unten) und der Haussperling (rechts) gehören zu den häufigsten Arten.*

Man erfährt schließlich, welche Lebensräume sie bevorzugen, zu welchen Tages- und Jahreszeiten die einzelnen Arten am intensivsten singen, wie oft sie brüten und vieles mehr. Eines ist freilich notwendig: sehr viel Geduld.

Seltenheiten

Zahlreiche Vogelarten leben ständig in den Städten oder suchen sie regelmäßig auf dem Zuge oder zum Überwintern auf. Es gibt aber auch seltene Besucher und Irrgäste. Das hängt damit zusammen, dass sich die Städte aus einer Vielzahl kleiner Teillebensräume zusammensetzen, die nicht weit voneinander entfernt sind. Aber auch an der Mobilität der Vögel liegt es, dass sie an Stellen auftauchen, wo man sie nicht erwartet hätte. Manche wurden einfach von Wind und Wetter in die Stadt verschlagen, andere machen nur eine kurze Zwischenrast um gleich wieder weiterzuziehen. Da in den Städten viel mehr Vogelbeobachter leben als in entlegenen Regionen auf dem Land, werden die seltenen Besucher dort auch eher entdeckt. In manchen Städten informieren sich die Vogelbeobachter per Telefonrundruf gegenseitig über interessante Vogelarten, die in ihrem Bereich aufgetaucht sind. Es gibt Hobbyornithologen, die im Laufe ihres Lebens ein unschätzbar wertvolles Beobachtungsmaterial zusammengetragen haben, das auch wissenschaftlich ausgewertet werden kann.

BEOBACHTUNGSGRUPPEN

Vogelfreunde, die in der Stadt leben, sind in einer Beziehung stets gegenüber Vogelbeobachtern in kleineren Ortschaften auf dem Land im Vorteil: Sie haben sehr viel eher die Möglichkeit sich einer Gruppe Gleichgesinnter anzuschließen oder mit Ornithologen Kontakt aufzunehmen.

Eine Reihe vogelkundlicher Gesellschaften bieten als besondere Leistung Beobachtungsgänge (Exkursionen) an, auf denen man das Bestimmen der Vögel in den unterschiedlichsten Lebensräumen lernen kann.

Besonders nützlich sind solche Exkursionen für den interessierten Anfänger, aber auch wer sich in der Vogelwelt bereits gut auskennt, kann durch Erfahrungsaustausch viel profitieren. Ob „nur" in den Stadtpark oder in ein besonders vogelreiches Gebiet in der freien Natur – eine fachkundige Führung lohnt sich immer. Nehmen Sie dabei ein Bestimmungsbuch mit. Es ist ebenso unentbehrlich wie ein gutes Fernglas und ein Notizbuch. Anschriften vogelkundlicher Gesellschaften finden Sie auf Seite 277.

Höckerschwan

Cygnus olor

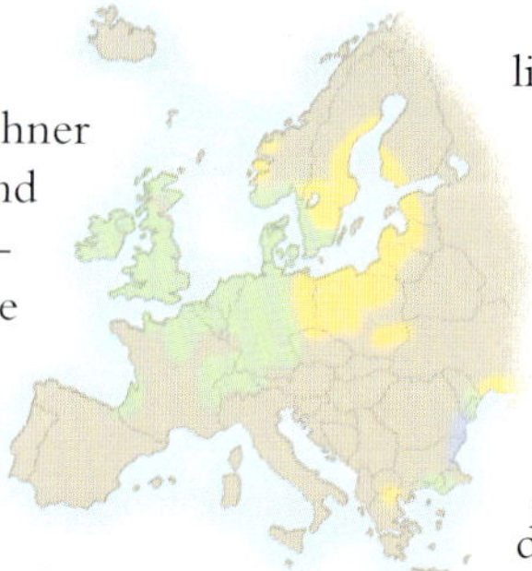

J F M A M J J A S O N D

Die eleganten weißen Höckerschwäne sind bekannte Bewohner unserer Parkgewässer, Seen und Stauseen. Mit ihrem langen Hals erreichen sie auch Unterwasserpflanzen, die sie gelegentlich „gründelnd" herausholen. Dabei ist ihr Körper vornübergekippt und der Schwanz ragt aus dem Wasser, während sie mit den Füßen das Gleichgewicht halten.

Höckerschwäne verpaaren sich normalerweise lebenslang. Die Geschlechter sehen gleich aus, das Männchen ist jedoch oft kräftiger und hat einen stärker entwickelten Höcker auf dem Schnabel. Die Männchen führen heftige Kämpfe um ihr Brutrevier, manchmal sogar mit tödlichem Ausgang. Schwäne können sieben und mehr Junge führen. Diese sind anfänglich silbergrau bedunt und haben schließlich ein bräunliches Jugendkleid. Eine Ausnahme bildet die von Anfang an weiße Mutante *immutabilis.*

An der Küste häufiger, im Binnenland selten sind die schlankeren, langhalsigen Singschwäne *(Cygnus cygnus)* mit gelber Schnabelwurzel. Noch seltener trifft man auf die kleinen Zwergschwäne *(C. columbianus bewickii)*. Sie halten ihren Hals aufrechter als die Höckerschwäne.

STECKBRIEF

- 145–160 cm
- weiß
- orangeroter Schnabel mit schwarzem Höcker
- gebogen gehaltener Hals
- große Nester aus Röhricht
- aggressives Zischen; deutliches Fluggeräusch

Stockente

Anas platyrhynchos

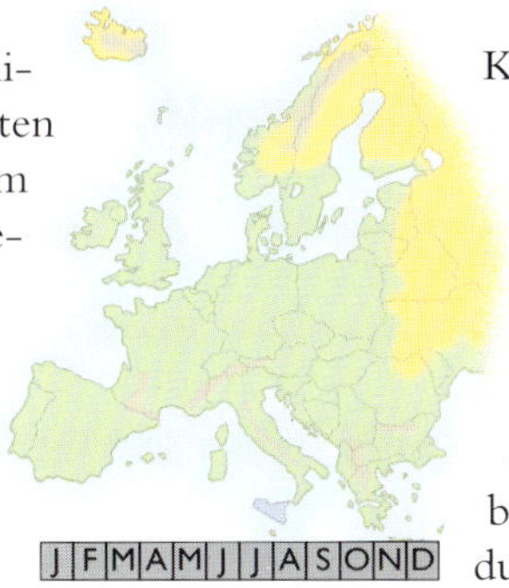

Diese Entenart ist auf der nördlichen Erdhalbkugel am weitesten verbreitet und zahlenmäßig am stärksten vertreten. Viele Stockenten leben zahm oder halbzahm in Städten.

Die Stockente ist die Stammform aller Hausentenrassen. Eine Ausnahme bildet nur die Türkenente, die von der südamerikanischen Moschusente *(Cairina moschata)* abstammt. Bei den Parkstockenten treten häufig Bastarde mit wild lebenden Stockenten und Zuchtformen auf.

Die Männchen der Wildform sind gut an ihrem Prachtkleid zu erkennen: grün schillernder Kopf, gelber Schnabel, braune Brust und Erpellocke auf dem Schwanzansatz.

Wie die Weibchen vieler anderer Entenarten schützen sich auch die der Stockenten durch eine Tarnfarbe. Sie tragen einen charakteristischen dunklen Fleck auf dem Oberschnabel.

Die Jungen sind Nestflüchter und suchen sich ihre Nahrung von Anfang an selbst. Nach dem Brüten sammeln sich die Männchen, später auch die Weibchen an besonderen Mauserplätzen um dort das Gefieder zu wechseln. Da sie dabei auch ihre Flugfedern abwerfen, können sie etwa drei Wochen lang nicht fliegen. Die Erpel sehen in dieser Zeit den Weibchen ähnlich.

STECKBRIEF

- *51–62 cm*
- *Männchen: grün schillernder Kopf, mahagonibraune Brust, Schnabel leicht grünlich gelb*
- *Weibchen: braun gefleckt, Schnabel orangefarben mit braunem Sattel*
- *Bodennest, selten auch auf Bäumen, mit Dunen ausgepolstert*
- ♪ *nasales „quack"; Erpel: „räb, räb"*

Turmfalke

Falco tinnunculus

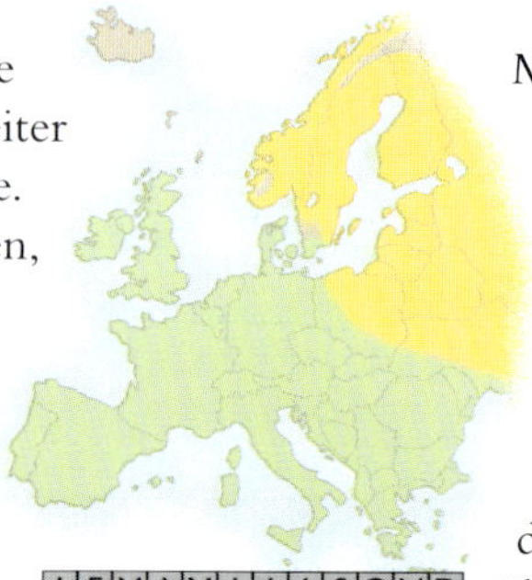

J F M A M J J A S O N D

Der bekannteste und auffälligste Falke Europas, Asiens und weiter Teile Afrikas ist der Turmfalke. Man sieht ihn oft im Ansitz auf Pfosten, Masten oder Bäumen oder im Rüttelflug in der Luft „stehen“, bevor er blitzschnell auf Beute am Boden hinabschießt und zustößt.

Die Flügel legt der Turmfalke im Stoßflug an. Beim Rütteln wird der Schwanz weit gefächert. Dann ist gut zu erkennen, ob es sich um ein erwachsenes Männchen oder um ein Weibchen handelt: Männchen haben einen grauen Schwanz mit breiter, schwarzer Endbinde. Beim Weibchen dagegen ist der Schwanz rötlich braun wie das übrige Gefieder und gebändert.

rüttelnd

Die wichtigste Beute sind Mäuse, Sperlinge und in manchen Gebieten große Insekten. Spitz zulaufende Flügel unterscheiden die Falken von Bussarden oder Habichten.

Das Weibchen ist etwas größer als das Männchen. Während es brütet, sorgt das Männchen für Nahrung. Es übergibt die Beute nahe dem Nistplatz, meist sogar in der Luft. Turmfalkenbestände schwanken, oft in Abhängigkeit vom Vorkommen der Feldmäuse. Gibt es viele Feldmäuse, überleben mehr Junge als bei Nahrungsknappheit.

♂

STECKBRIEF

■ *33–38 cm*

■ *Männchen: Kopf und Schwanz grau, schwarze Schwanzendbinde*

■ *Mantel rötlich, schwarz gefleckt*

■ *Weibchen: braun mit schwärzlicher Bänderung und Streifung*

alte Krähen- und Elsternnester; Nischen an Gebäuden oder Felsen

♪ *hohes „kli, kli, kli“*

Teichhuhn

Gallinula chloropus

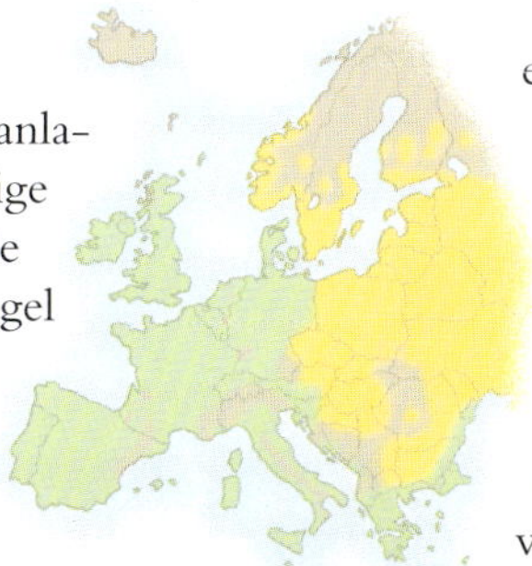

J F M A M J J A S O N D

Überall an kleinen Gewässern mit Deckung – auch in Parkanlagen – kann man das grünfüßige Teichhuhn beobachten. Seine Bestände sind zwar nicht besonders groß, der Vogel ist jedoch in Eurasien, Afrika und Amerika weit verbreitet.

Teichhühner schwimmen und laufen mit nickenden Kopfbewegungen und aufgerichtetem Schwanz, der meist in kennzeichnender Weise ruckartig abwärts geschlagen wird. Dabei sind die auffallenden weißen Unterschwanzdecken sehr gut zu erkennen.

Teichhühner schwimmen gut, laufen aber auch gerne auf den Uferwiesen. Man trifft sie einzeln oder paarweise an. Im Winter bilden sie gelegentlich lockere Gruppen. Die Vögel nisten im dichten Uferbewuchs. Ihre Jungen sind rußschwarz mit bläulichem Kopf und rotem Schnabel.

Vom ersten Lebenstag an können sie schwimmen, werden aber von ihren Eltern gefüttert. Oft beteiligen sich ältere Geschwister: Dieses Verhalten ist in der Vogelwelt nur selten zu beobachten.

STECKBRIEF

- *32–35 cm*
- *schwarz; weiße Unterschwanzdecken*
- *roter Schnabel mit gelber Spitze; rotes Stirnschild*
- *grünliche Beine*
- *gut geschützt im Uferröhricht*
- ♪ *„kürrck“ oder „kittick“*

Blesshuhn

Fulica atra

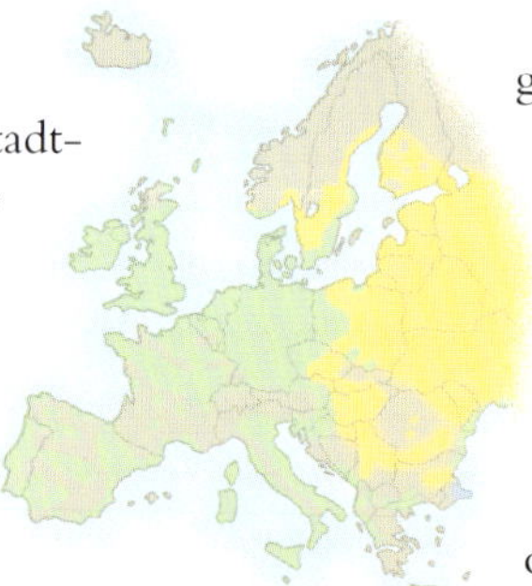

J F M A M J J A S O N D

An den meisten Seen und Stauseen, auch an Gewässern im Stadtbereich, leben Blesshühner. Sie sind gut zu erkennen an ihrem rußschwarzen Gefieder, dem rundlichen Körper und dem auffällig weißen Schnabel mit der elfenbeinfarbenen Stirnblesse. Ihre Nahrung suchen die Vögel am Ufer laufend, im Flachwasser schwimmend oder auch tauchend. Blesshühner fressen Pflanzen und Kleintiere, z. B. Muscheln. In Parks lassen sie sich auch mit Brot füttern. Überhaupt sind die Vögel bei der Ernährung nicht sehr wählerisch.

Die Dunenjungen fallen durch den orangefarbenen Kopf, bläuliche Partien um die Augen und gelbliche, haarartige Federn auf. Oft betteln sie ausdauernd um Futter und geben dabei quietschende Töne von sich.

In Herbst und Winter sammeln sich die Blesshühner auf eisfreien Flachgewässern. Sie können nicht gut fliegen. Laufen sie am offenen Ufer, sind die lappenartigen Verbreiterungen an den langen Zehen zu sehen, die wie Schwimmhäute wirken.

STECKBRIEF

■ *36–38 cm*
■ *rußschwarz*
■ *leuchtend weißer Schnabel mit Stirnblesse*
■ *Beine grau mit Schwimmlappen an den Zehen*
▲ *größer als Teichhühner; schwimmen ohne auffällig aufgerichteten Schwanz*
Nest im Röhricht, mitunter auch frei auf Schwemmholz
♪ *„köck“ und „pix“*

Blesshuhn mit kleinen Jungen

Lachmöwe

Larus ridibundus

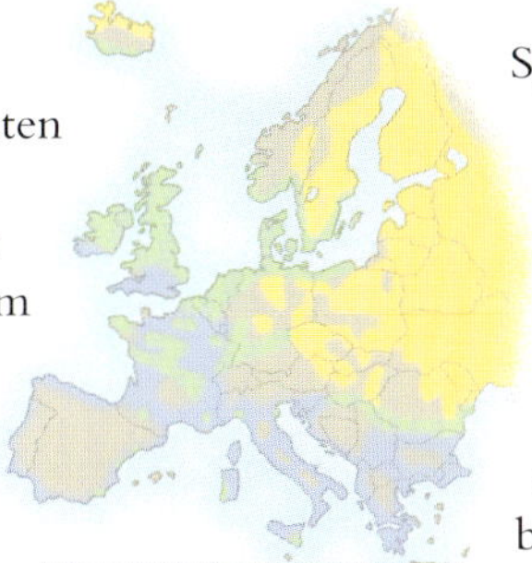

J F M A M J J A S O N D

Von allen Möwenarten ist die Lachmöwe in Europa am ehesten im Binnenland anzutreffen. Auch den städtischen Lebensraum hat sie erobert. Man trifft sie dort vor allem im Winter an. In Bezug auf Nahrung ist sie nicht wählerisch.

Lachmöwen brüten in lärmenden Kolonien an Seeufern oder an der Meeresküste. Ihre Nester, die oft unmittelbar aneinander grenzen, legen sie auf Inseln oder auf Pflanzenbeständen im Wasser an. Zur Brutzeit tragen die Tiere mit Ausnahme der vorjährigen Jungvögel eine schokoladenbraune Kopfmaske mit einem weißen Ring um die Augen. Der Schnabel ist dunkel blutrot. Schon im Spätsommer verlieren Lachmöwen ihre braunen Kopffedern und es entwickelt sich das kennzeichnende Muster des Winterkleids.

Die flügge gewordenen Jungen sind dunkelbraun, bekommen jedoch bald neue, hellere Federn.

Die mitteleuropäischen Brutvögel ziehen zum Überwintern nach Südwesteuropa und Nordafrika. Im Frühjahr kehren sie über das östliche Mittelmeer zurück. Die Lachmöwen, die wir im Winter in Mitteleuropa beobachten können, stammen aus Ost- und Nordosteuropa.

STECKBRIEF

- *38–44 cm*
- *Brutkleid: dunkelbraune Kopfmaske und grauer Mantel*
- *Herbst- und Winterkleid: Oberkopf weiß mit dunkler Zeichnung*
- *Schnabel und Beine rötlich*
- *Koloniebrüter*
- *kreischend, laut*

Stadttaube

Columba livia

In Europa gibt es kaum eine Stadt, in der nicht Scharen von Tauben leben – ausgesprochen erfolgreich haben sich diese Nachkommen verwilderter Haustauben, die ihrerseits auf die Felsentauben zurückgehen, im Siedlungsraum des Menschen eingerichtet.

Meist sind die Stadttauben wildfarben, gelegentlich auch weiß, wie z. B. die berühmten Taubenscharen in Sevilla. Auf den großen Plätzen vieler europäischer Städte sind die Vögel schon zur Touristenattraktion geworden und werden mit Vorliebe von Besuchern und Einheimischen gefüttert.

Die Folge ist eine weitere Zunahme der Bestände. Vielerorts haben die Stadttauben mittlerweile einen schlechten Ruf, da sie Gebäude stark verschmutzen. Mitunter richten sie sogar große Schäden an historischen Bauwerken an.

Stadttauben sind sehr zutraulich. Man kann sie daher gut beobachten und ihr Verhalten studieren. Die Tauben gehören zu den wenigen Vögeln, die mit dem Schnabel Wasser aufsaugen können. Sie nisten in geschützten Winkeln in Hallen, unter Dächern oder sogar auf Leuchtreklamen.

STECKBRIEF

- *30,5–35,5 cm*
- *weißliches Bauchgefieder*
- *doppelte Binde über dem Flügel*
- *variable Färbung und Zeichnung*
- *einfacher, flacher Nestnapf auf einem Sims*
- ♪ *Balzruf: „kuu-kuuh-ruuh"*

Stadttauben adult, wildfarben

Türkentaube

Streptopelia decaocto

Die häufigste Taubenart Mitteleuropas nach der Ringeltaube ist die Türkentaube. Ihr Lebensraum überschneidet sich stark mit dem Siedlungsraum des Menschen. Das Gefieder der Türkentaube ist grau-sandfarben, Kopf und Unterseite sind heller mit rötlich blauem Anflug, der Schwanz ist lang. Am Halbring um den Hals lässt sie sich leicht von der äußerlich ähnlichen Turteltaube (S. 130) unterscheiden. Vom Spätwinter bis in den Sommer hinein hört man die Balzrufe der Türkentauben.

Die Türkentauben bauen ihr einfaches Nest in Halbhöhlen, auf Parkbäumen oder auf offenen Querbalken an Hausdächern. Pflanzensamen, Beeren und auch Maiskörner bilden ihre Hauptnahrung.

Erst seit einem halben Jahrhundert ist die Türkentaube in Mitteleuropa heimisch. Zwischen den Jahren 1940 und 1950 wurden die ersten Bruten in Deutschland registriert. Vom südlichen Zentralasien breitete sich diese Taubenart zunächst nur auf dem Balkan aus. In den letzten 50 Jahren eroberten die Vögel dann in erstaunlicher Geschwindigkeit ganz Europa.

STECKBRIEF

- *31–34 cm*
- *fahl graubraun*
- *schmaler, schwarzer Halbring am Hals*
- *langer Schwanz mit weißer Endbinde*
- ▲ *Turteltaube: am Mantel kastanienbraun, breiterer Halsring*
- *einfacher Nestnapf aus Zweigen*
- ♪ *Balzruf: wiederholtes „guh-guh-guck"*

Türkentauben adult

Mauersegler

Apus apus

Im April/Mai kommen die Mauersegler aus ihrem afrikanischen Winterquartier nach Mitteleuropa zurück. Rasend schnell fliegen sie dann über Städten, Seen und Flüssen.

Am sichelförmigen Flugbild, dem schnelleren Flügelschlag und dem geradlinigeren Flug unterscheidet man die schwärzlichen Mauersegler leicht von den ähnlichen Schwalben, mit denen sie nicht näher verwandt sind.

Ursprünglich waren Mauersegler nördlich der Alpen seltene Brutvögel, die in Baumhöhlen nisteten. Sehr schnell haben sie sich jedoch auf Brutplätze und Nahrungsangebot in den Städten eingestellt. Sie nisten gern unter Dächern und in Mauerspalten. Ihre Nahrung bilden Kleininsekten. Sie erbeuten sie mit weit aufgesperrtem Schnabel im Flug und speichern sie, zu einer Kugel zusammengedrückt, im Kropf. Bei schlechtem Wetter können die größeren Jungen und auch Altvögel die Körpertemperatur absenken und in eine Starre (Torpor) verfallen. So überstehen sie Nahrungsengpässe von bis zu zwei Wochen. Die Männchen verbringen die Nächte, oft mit jungen Vögeln, hoch in der Luft im Flug. Mauersegler können wochenlang fliegen ohne zu landen.

J F M A M J J A S O N D

Mauersegler

STECKBRIEF

- *16–17 cm*
- *rußschwarz*
- *Flügel sichelförmig*
- *gegabelter Schwanz, oft geschlossen*
- *locker mit Speichel verklebte Grashalme, Federn und Blätter*
- ♪ *hohes, schrilles „ssrrriie“*

Rauchschwalbe

Hirundo rustica

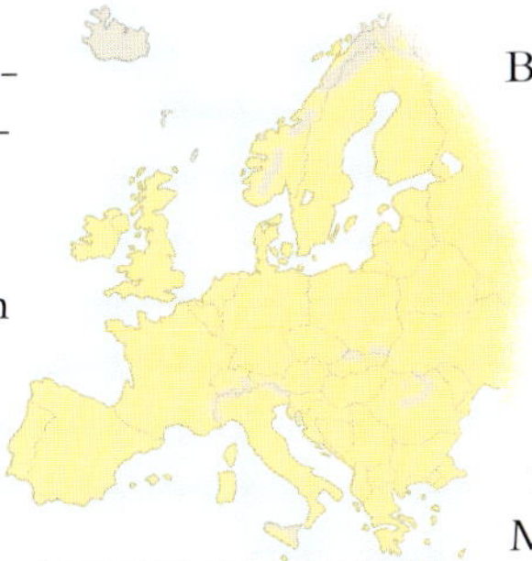

J F M A M J J A S O N D

Dieser allgemein bekannte Sommergast in Dörfern und Stadtrandbereichen gilt in weiten Teilen Europas als Bote des Frühlings. Die grazilen Vögel zeichnen sich durch verlängerte Schwanzspieße aus, die bei Jungvögeln fehlen oder noch sehr kurz sind. Rauchschwalben nisten einzeln oder in lockeren Gruppen. Sie bauen ihre schalenförmigen Napfnester aus lehmigem Schlamm bevorzugt in Kuhställen mit offenem Zugang.

Im Flug sind die Rauchschwalben meisterhaft. Wie schwerelos gleiten sie in Kreisen dahin oder schlagen blitzschnelle Haken. Sie trinken sogar von der Wasseroberfläche oder tauchen zum Baden kurz ins Wasser. Im Flug fangen sie kleine Insekten und Spinnen. Bei Regenwetter sieht man sie oft in großen Schwärmen über Seen, weil dort Wasserinsekten schlüpfen. Auf dem Zug rasten sie im sicheren Röhricht von Seeufern. Am Abend fallen sie dort ein um am nächsten Morgen weiterzuziehen. Sie überwintern in den afrikanischen Savannen, wo sie häufig den weidenden Großtieren folgen und aufgescheuchte Insekten fangen. Im europäischen Brutgebiet hatte das Weidevieh eine ähnliche Bedeutung, die jedoch in neuerer Zeit durch die Stallhaltung schwindet. Die Rauchschwalbenbestände gehen vielerorts zurück.

STECKBRIEF

- *19 cm (inklusive Schwanzspitze)*
- *blau schimmernd, Gesicht rötlich*
- *Schwanz gegabelt, lange Außenfedern*
- *Bauch bräunlich oder grau*
- *Lehmnapf, ausgekleidet mit Gras und Federn, im Innern von Gebäuden*
- ♪ *feines „wit“ oder „wit, wit“*

Mehlschwalbe

Delichon urbica

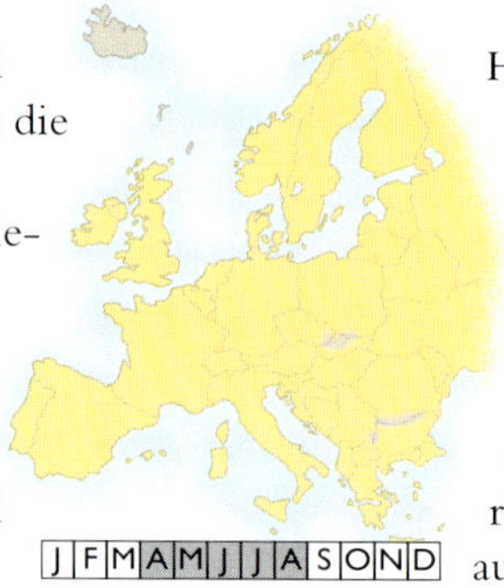

An ihrer weißen Unterseite und dem weißen Bürzel lassen sich die kleinen Mehlschwalben leicht erkennen. Mehlschwalben sind Koloniebrüter, die außen an Gebäuden oder Felsklippen nisten. Das napfförmige Nest ist bis auf ein Einschlupfloch geschlossen. Es besteht aus getrocknetem Schlamm, der mit Speichel und Federn vermischt ist. Die Vögel sammeln das Baumaterial am Rand von Pfützen.

Kleininsekten, die sie in der Luft bis in rund 100 m Höhe über Grund fangen, bilden ihre Hauptnahrung. Mehlschwalben jagen durchschnittlich höher als Rauchschwalben, aber bei weitem nicht so hoch wie die Mauersegler. Im Spätsommer ziehen die Mehlschwalben zum Überwintern ins tropische Afrika. Von dort kehren sie Mitte bis Ende April wieder zurück. Auf dem Zug, gelegentlich auch bei der Nahrungssuche über Gewässern, schließen sie sich mit anderen Schwalben und mit Seglern zusammen.

STECKBRIEF

■ *12,5 cm*

■ *Oberseite blauschwarz*

■ *Bürzel weiß*

■ *Unterseite weiß*

geschlossenes Lehmnest mit Einschlupfloch, mit Federn ausgekleidet

♪ *Flugruf: „prrt“, „prr-rt“; Gesang: ein anhaltendes Zwitschern*

napfförmiges Lehmnest

Bachstelze

Motacilla alba

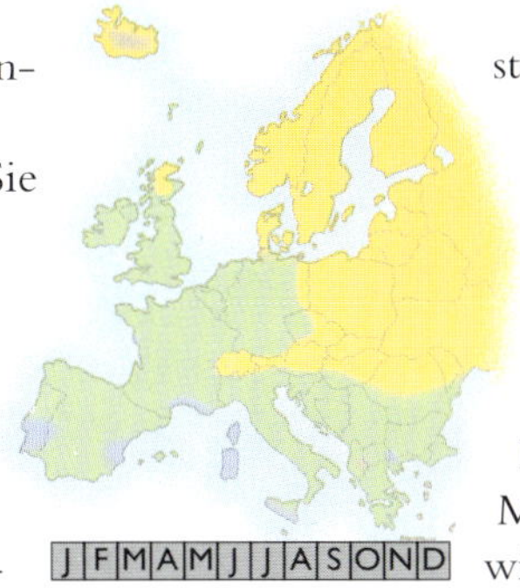

Bachstelzen sieht man an Wegrändern, in Vorgärten und an den Ufern von Seen und Flüssen. Sie fallen durch das kennzeichnende Schwanzwippen auf. Haben sie Nahrung, z. B. ein Insekt, entdeckt, erweisen sie sich als geschickte Jäger, die eine bemerkenswerte Geschwindigkeit an den Tag legen.

Färbung und Zeichnung der Bachstelzen sind unverkennbar. Bei der kontinentaleuropäischen Bachstelze ist das Gefieder schwarzweißgrau. Das Bild oben zeigt die nahezu nur auf den Britischen Inseln beheimatete Trauerbachstelze *(Motacilla alba yarrellii)*, deren Rücken eine schwarze und keine graue Färbung aufweist (vgl. Zeichnung unten). Die Trauerbachstelze ist ein weitgehend ortstreuer Standvogel, während die kontinentaleuropäischen Bachstelzen zumeist im Herbst nach Süden ziehen und im Mittelmeerraum und in Afrika überwintern. Zur Brutzeit sind die Paare streng territorial; gewandert wird jedoch meist in lockeren Gruppen. Auch die Jungen streifen nach dem Selbstständigwerden gemeinsam umher. Oft suchen sie Schilfbestände, in Städten auch Gewächshäuser und andere Bauwerke zum Nächtigen auf.

STECKBRIEF

■ 17–18 cm

■ Gesichtsmaske weiß, Oberkopf und Brustlatz schwarz, grauer Rücken

■ langer, schwarzer Schwanz mit weißen Kanten

▲ im Schlichtkleid schwarzes Brustband

Nestnapf aus feinen Wurzeln und Gräsern, mit Federn ausgekleidet

♪ Flugruf: „zip" oder „zschilipp"

Hausrotschwanz

Phoenicurus ochruros

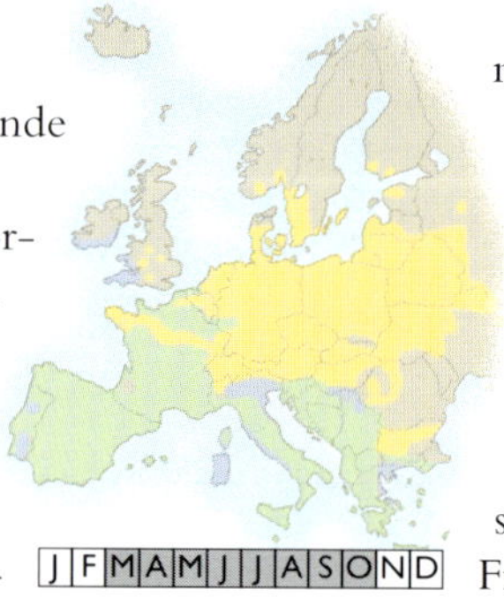

Ursprünglich bewohnte der Hausrotschwanz felsiges Gelände im südlichen Europa, aber schon bald nachdem Städte gebaut worden waren, nutzte er auch diese neuen „Kunstfelsen". Heute kann man sogar mitten in Industrieanlagen und auf Bahnhöfen den gepressten Zwitschergesang dieses Vogels hören, den er von Kirchtürmen oder Fabrikkaminen, von Fernsehantennen oder Dächern herab vornehmlich in früher Morgenstunde vorträgt. Mit seinem aschgrauen bis rußschwarzen Gefieder ist er gar nicht so leicht zu entdecken. Bei der Jagd nach Insekten können Hausrotschwänze in kennzeichnender Weise rütteln, z. B. vor einer Wand. Sie zittern häufig mit dem rötlichbraunen Schwanz und knicksen dazu.

Hausrotschwänze sind Zugvögel; nur einzelne versuchen mitunter nördlich der Alpen zu überwintern. Vom verwandten Gartenrotschwanz *(P. phoenicurus)* mit seiner rotbraunen Brust und der weißen Stirn unterscheiden sich Hausrotschwanzmännchen deutlich. Die Weibchen sind sehr schwer auseinander zu halten. Der Gartenrotschwanz, der anders singt als der Hausrotschwanz und im Frühjahr mehrere Wochen später ankommt, überwintert in Afrika in der Sahelzone. Vielerorts ist er heute selten geworden.

Hausrotschwanz ♀

Gartenrotschwanz ♀

Hausrotschwanz ♂

STECKBRIEF

■ 14 cm

■ *Männchen: schiefergrau, schwarze Kehle, rötliche äußere Schwanzfedern*

■ *Weibchen: graubraun, rötlicher Schwanz, blassgraue Kehle*

▲ *insgesamt weniger „farbig" als das ähnliche Gartenrotschwanz-Weibchen*

Nestnapf aus dürren Pflanzen, mit Haaren und Federn ausgepolstert

♪ *Ruf: „hid", häufig gefolgt von „teck, teck, teck"; Gesang: schnarrend „swi, swi, swi ..." mit gepresstem Ende*

Amsel

Turdus merula

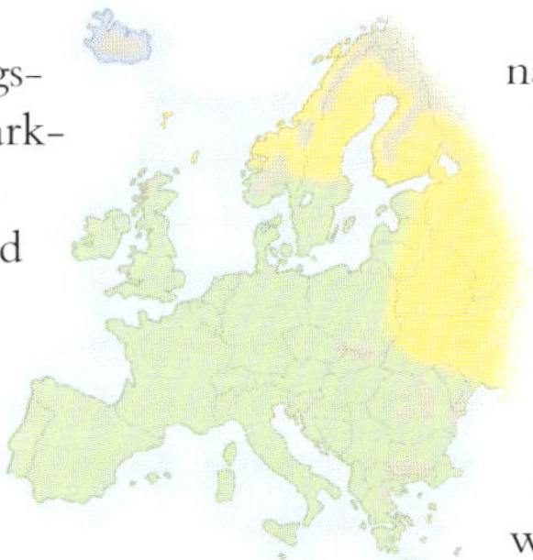

Eine der bekanntesten und häufigsten Vogelarten in Gärten und Parkanlagen. Die Männchen bleiben das ganze Jahr über im Gebiet, während ein Teil der Weibchen in den Mittelmeerraum zum Überwintern zieht. Oft sieht man die Vögel auf kurzen Rasenflächen nach Regenwürmern und großen Insekten suchen. Die bräunlich dunklen Weibchen und die Jungen sind im Gebüsch, am Erdboden und in Laubstreu perfekt getarnt, besser als die schwarzen Männchen mit ihren leuchtend gelben Schnäbeln und Augenringen. Wie andere Drosselvögel verbringen die Amseln viel Zeit damit am Boden nach Nahrung zu scharren, vornehmlich in der Laubstreu, sie schätzen jedoch auch Beeren und Früchte. Bei Störung fliegen sie mit lautem „tschack" und schrillem Gekreisch ins nächste Gebüsch. Ihr Gesang, den man vom Januar bis in den Sommer hinein hören kann, ist wohltönend und abwechslungsreich. Die Siedlungsdichte der Amsel, die noch bis vor gut 100 Jahren ein scheuer und ziemlich seltener Waldvogel war, ist vor allem in Gärten und Parkanlagen sehr hoch. Man bezeichnet sie als Kulturfolger.

STECKBRIEF

■ *24–25 cm*

■ *Männchen: schwarz mit gelbem Schnabel und Augenring*

■ *Weibchen: dunkelbraun, schuppig*

kompakter Napf aus Pflanzenmaterial, verstärkt mit getrocknetem Schlamm und feinen Halmen

♪ *Rufe: „tschack, tschack" und „tsiie"; Gesang: wohltönendes Flöten*

Elster

Pica pica

J F M A M J J A S O N D

An ihrem auffälligen Gefieder und den rauen Rufen ist die schwarzweiße, langschwänzige Elster gut zu erkennen. Bevorzugte Siedlungsräume sind der Stadtrand, größere Garten- und Parkanlagen sowie Auwälder. Ihre großen, sperrigen, zum Schutz gegen Feinde überdachten Nester lassen sich kaum übersehen.

Aus der Nähe zeigt sich der prächtige Grünschiller des Elsterngefieders. Die Männchen sind etwas größer als die Weibchen, Paare bleiben gewöhnlich lebenslang zusammen.

Jungvögel, die noch kein Brutrevier erobern konnten, streifen in lockeren Gruppen umher. Männchen mit längeren Schwanzfedern haben die besten Chancen eine Partnerin zu finden und mit ihr ein Revier zu erobern. Im zeitigen Frühjahr versammeln sich die Elstern regelmäßig in einer „Balzarena", wo die Paarbildung stattfindet. Elstern sind ausgesprochene Allesfresser. Berüchtigt sind sie für das Plündern von Singvogelnestern; hier wird ihre Wirkung aber meist stark überschätzt.

STECKBRIEF

■ 44–48 cm
■ glänzend schwarz und weiß
■ langer, schwarzer Schwanz
■ weiße Flügelfelder
sperriges, überdachtes Nest aus Zweigen mit fein ausgelegter Mulde
♪ raue, krächzende Rufe, gegen Ende beschleunigtes „schack-schack-schack"

Dohle

Corvus monedula

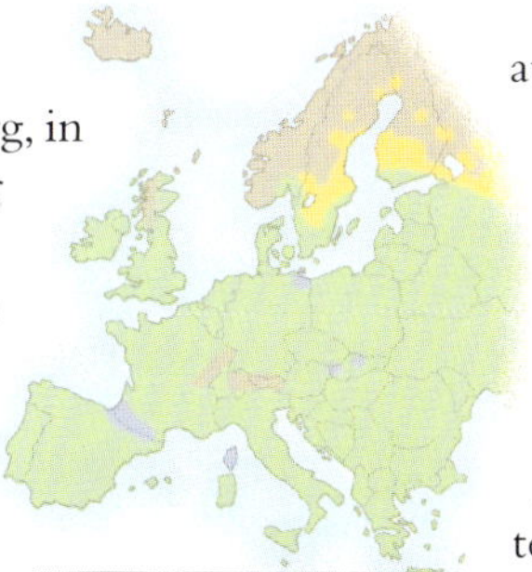

J F M A M J J A S O N D

Früher gab es Dohlen auf jedem Dorfkirchturm und an jeder Burg, in den letzten Jahrzehnten ist dieser stets in Schwärmen lebende, kleine Rabenvogel jedoch mancherorts selten geworden. Dohlen brüten kolonieweise in Türmen oder in selbst gegrabenen Höhlen an sandig-tonigen Steilwänden und gelegentlich in großen Baumhöhlen. Die Paare halten lebenslang zusammen und bleiben oft auch ihrem Brutplatz treu. Auch außerhalb der Brutzeit halten die Brutpaare in den Schwärmen zusammen. Sie gelten als sehr intelligent und handaufgezogene Dohlen verblüffen nicht selten durch ihre Fähigkeiten und Leistungen. Sie sind kleiner als Saatkrähen, die gelegentlich mit ihnen in gemischten Schwärmen umherziehen, und fallen stets durch ihre kennzeichnenden „tschack, tschack“-Rufe auf. Damit verraten sie sich auch, wenn sie in der späten Dämmerung im Herbst oder Winter gemeinsam mit anderen Rabenvögeln (z. B. Saatkrähen) ihre Schlafplätze aufsuchen. Dohlen sind Allesfresser. Während des Sommers überwiegt tierische Kost, im Winter wird mehr pflanzliche Nahrung aufgenommen.

Halsbanddohle (Unterart der Dohle)

STECKBRIEF

- *33 cm*
- *schwärzliches Gefieder mit grauen Kopfseiten*
- *blassgraues Auge*
- *kurzer Schnabel*

▲ *Halsbanddohlen haben einen weißlichen Halbring am Hals*

grobes Nest aus Ästen und Pflanzen in Türmen oder Baumhöhlen

♪ *metallisches „kjak“ oder kurze, hohe „tschack, tschack“-Rufe*

Dohle adult

Star

Sturnus vulgaris

Oberflächlich betrachtet, hat der schwarze Star, der zur Brutzeit ebenfalls durch einen gelben Schnabel auffällt, Ähnlichkeit mit der Amsel. Sein Gefieder schillert jedoch metallisch und seine Fortbewegungsweise, ein ausholendes Schreiten mit nickendem Kopf, zeigt auf den ersten Blick den Unterschied. Im Gegensatz zur Amsel gehen die Bestände regional zurück. Oft halten die Stare in Gruppen oder großen Schwärmen zusammen, insbesondere im Herbst, wenn sie nach Südwesten ziehen. In ganzen „Wolken“ sammeln sie sich dann an den Schlafplätzen. Anders als viele Singvögel machen die Jungstare im Spätsommer gleich eine Vollmauser durch. Die neuen Federn tragen gelblich weiße Spitzen, die sich den Winter über abnutzen, sodass die zurückkehrenden Stare im Frühjahr ein prächtig schillerndes Brutkleid besitzen.

Stare suchen ihre Nahrung bevorzugt im Boden. Dazu stochern sie mit ihrem Schnabel, den sie durch Drehung öffnen und schließen können, wenn er in einem Regenwurmloch steckt. Man nennt das Zirkeln. In Weinanbaugebieten fallen sie oft in Schwärmen zur Zeit der Traubenreife ein. Stare sind an ihrem Gesang gut zu erkennen und können außerdem Umgebungsgeräusche meisterhaft nachahmen.

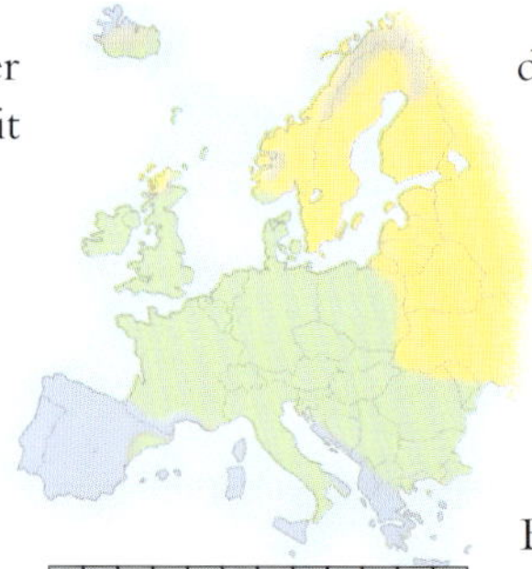

J F M A M J J A S O N D

Herbst- und Winterkleid

STECKBRIEF

- 20,5–23 cm
- *kräftiger, kurzschwänziger Vogel*
- *metallisch schimmerndes Gefieder*
- *Herbst/Winter: Federspitzen weiß, Schnabel dunkel*
- *Napf: Gras/Zweige in Höhlen*
- ♪ *vielfältig pfeifender Gesang*

Brutkleid

Haussperling

Passer domesticus

J F M A M J J A S O N D

Fast überall in Europa leben die Haussperlinge – allgemein bekannt als „Spatzen“ – im Siedlungsbereich der Menschen. Sogar bis in die Innenstädte sind die Haussperlinge vorgedrungen, am häufigsten trifft man sie aber in Vorstadtbereichen und Dörfern an. Männchen und Weibchen unterscheiden sich sehr deutlich, im Gegensatz zum nahe verwandten, mehr an Dorfrändern lebenden Feldsperling *(P. montanus)*, bei dem beide Geschlechter gleich aussehen. Die Weibchen sind unauffällig (Bild oben), während die Männchen (Zeichnung unten) durch schwarzen Kehllatz, graue Stirnplatte und braunen Hinterkopf gekennzeichnet sind. Sie tschilpen unaufhörlich und werden, wenn man sie füttert, rasch vertraut und sogar handzahm. Es lässt sich dann leicht beobachten, dass die Männchen mit dem größten Kehlfleck auch die dominanten sind. Meist wagen sich die Weibchen und die flüggen Jungvögel als Erste zum Futter, sogar bis auf die Hand! Haussperlinge sind in ihrer Ernährung nicht wählerisch, ihre Jungen ziehen sie jedoch mit Insekten auf. Sie nisten in Hohlräumen unter Dächern und fast frei an Leitungsmasten und bevorzugen Bauernhöfe, besonders wenn es dort Pferde gibt. Weithin sind die Spatzenbestände rückläufig.

Feldsperling

Haussperling

STECKBRIEF

■ *14–15 cm*

■ *Männchen: Kopf grau und braun*

■ *Weibchen/Junge: schuppig bräunlich*

▲ *Feldsperling: Geschlechter gleich; typischer schwarzer Ohrfleck*

lockeres Nest aus Halmen und Federn, meist in Höhlen oder Nischen

♪ *Ruf: „tschilp, tschilp“, Zwitschern*

Stieglitz

Carduelis carduelis

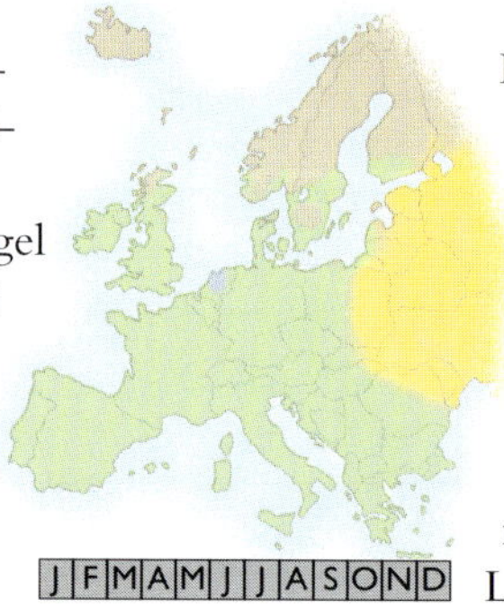

Ein farbenprächtiger, kleiner Finkenvogel mit goldgelben Flügelflecken, die im Flug besonders stark zur Geltung kommen. Die Altvögel haben eine rote Gesichtsmaske, die bei den Jungen fehlt. Weiterhin kennzeichnen schwarzweiße Schwanzfedern und feine „stiglitt"-Rufe diesen in Mitteleuropa vielerorts seltener werdenden Vogel, der früher oft im Käfig gehalten wurde. Der Stieglitz ernährt sich bevorzugt von Distelsamen. Mit dem spitzen Schnabel erreicht er leicht die in den Distel- und Kardenköpfchen verborgenen Leckerbissen. Stieglitze brüten später im Jahr als andere Finken. Auch die Jungen werden mit verschiedenen Sämereien aus dem Kropf gefüttert. Daneben werden auch Insekten, vor allem Blattläuse, vertilgt.

Die ursprünglichen Lebensräume des Stieglitzes sind Waldränder, Laubwälder, Feldhölzer und Parks. Heute trifft man den hübschen Singvogel auch auf Ruderalflächen am Stadtrand, auf großen Gleisanlagen oder in Kiesgruben an.

Stieglitz auf einer Distel

STECKBRIEF

- *14 cm*
- *Kopf schwarzweiß mit roter Maske*
- *Flügel schwarz mit gelben Abzeichen*
- *spitzer Finkenschnabel*
- *fest verwobener Nestnapf aus Gräsern und Moos oder Pappelsamenwolle, meist hoch in den Bäumen*
- ♪ *Rufe: weiches „stik" oder „stiglitt"*

Wälder

KRONENRAUM Laubsänger und Fliegenschnäpper halten sich wie manche anderen Singvögel bevorzugt in den Baumkronen auf.

NADELWÄLDER werden von einer Reihe von Vogelarten bevorzugt, etwa den winzigen Goldhähnchen oder den Tannen- und Haubenmeisen.

MITTELSCHICHT An den Baumstämmen und Seitenästen suchen Spechte, Meisen und Kleiber nach Nahrung. Drosseln fliegen von dort zum Boden.

WÄLDER

Hochwald und Lichtungen, Waldränder, Auwälder und Gebüsche

Nach dem Ende der Eiszeit war Europa weithin von Wald bedeckt. Erst die großen Rodungen, besonders im Mittelalter, verwandelten die ehedem fast geschlossene Waldlandschaft in ein Mosaik aus Wäldern und Fluren.

Diese Veränderung setzte im Mittelmeerraum schon früher ein, dort forderten die Hochkulturen des klassischen Altertums bereits am Wald ihren Tribut. Die Öffnung der Wälder schritt nach Norden voran und kam erst in unserer Zeit weitgehend zum Stillstand. Vor 200 Jahren gab es in Mitteleuropa sogar noch viel weniger Wald als heute, da der große Holzbedarf zu Raubbau geführt hatte. Die moderne Forstwirtschaft setzte dieser Entwicklung ein Ende. Heute ist Deutschland zu rund einem Drittel von Wald bedeckt. Größere Wälder gibt es noch in Nordosteuropa und der Nadelwaldzone Nordasiens, der Taiga.

In Mitteleuropa herrschen in den niedrigen Höhenlagen Laubwälder aus Eichen, Buchen und anderen Arten vor. In höheren Lagen und auf schlechten Böden gedeihen Nadelwälder aus Fichten, Kiefern und stellenweise auch Tannen. In Südeuropa lösen Hartlaubwälder und Korkeichenbestände den uns vertrauten Waldtyp ab. Heutzutage gibt es nur noch sehr wenige und sehr kleine Flächen mit Urwaldcharakter. Gepflanzte, forstwirtschaftlich gestaltete und genutzte Forste bestimmen das Waldbild. Auch wenn sie viel artenärmer als die ursprünglichen Wälder sind, haben die Forste doch einen wesentlichen Teil des Vogelartenspektrums bewahrt und zum Teil sogar erweitert, weil die Nutzung immer wieder neue Strukturen wie Lichtungen, Kahlschläge oder Jungwuchs erzeugt. Sich selbst überlassen, würden die Wälder ausreifen, altern und schließlich absterben um Platz für einen neuen Entwicklungszyklus zu schaffen.

Laubwälder und die zu den Nadelbäumen gehörenden Lärchen verlieren im Herbst ihre Blätter, während die übrigen Nadelbäume grün bleiben. Das macht sie unterschiedlich geeignet für Vögel. Die heutigen Baumbestände haben meist „geschlossene" Kronen, weil sie dicht beisammen aufwachsen und nicht den „lichten" Stand eines artenreichen, lockeren Waldes aufweisen.

WALDRÄNDER zeichnen sich durch ein besonders reiches Vogelleben aus. Größere Hecken können als „doppelte Waldränder" gelten.

KAHLSCHLÄGE bieten Nahrung am Boden und Deckung im Jungwuchs oder im angrenzenden Wald. Kennzeichnende und selten gewordene Arten sind die Heidelerche, das Birkhuhn und der Ziegenmelker.

UNTERWUCHS eignet sich für sehr viele Waldvogelarten als Lebensraum. Ob Zaunkönig oder Heckenbraunelle, Nachtigall oder Mönchsgrasmücke – der Unterwuchs beherbergt meist viel mehr Vogelarten als die Bäume des Hochwalds.

VOGELBEOBACHTUNG im WALD

Das dichte Blattwerk kann das Beobachten schwierig gestalten. Daher ist es im Wald besonders wichtig die Rufe und Gesänge der Vögel unterscheiden zu lernen und die jahreszeitlichen Änderungen der Gesangsaktivität und des Verhaltens zu kennen.

Den Winter in den Wäldern Nord- und Mitteleuropas verbringen nur Vögel, die in der Lage sind die Kälte aushalten und genügend Nahrung zu finden. Diese besteht aus Samen oder Insekten, die sich im Nadel- und Laubwerk verstecken oder in Ritzen der Rinde verborgen sind. Oft ziehen diese Vögel in gemischten Gruppen gemeinsam umher. Man kann Stunden durch den Winterwald gehen und kaum einen Vogel zu Gesicht bekommen – und plötzlich wimmelt es von Meisen, Kleibern, Baumläufern und Finken oder anderen Arten. Die Gruppe zieht weiter und bald wird es still an dem Platz, an dem es gerade noch so viele Vögel zu beobachten gab.

Im milderen Mittelmeerklima überwintern schon erheblich mehr Arten, darunter einige Grasmücken und die Goldhähnchen. Doch wenn im Frühjahr die nördlichen Wälder wieder nahrungsreich werden und die Temperatur ansteigt, kommen die Überwinterer zurück. Dann erklingen die Gesänge der Nachtigallen und Grasmücken, gehen Fliegenschnäpper auf Insektenjagd, und Woche für Woche wird das Vogelleben vielfältiger. Die Zugzeiten im März/April und Mai sowie von September bis November sind daher gute Zeiten zum Kennenlernen verschiedener Arten.

BEOBACHTUNGEN IM WALD *Eine Gruppe von Vogelbeobachtern richtet das Fernglas in die Bäume – und bekommt vielleicht einen steifen Nacken: das Los derer, die das Vogelleben in den Baumkronen erkunden wollen.*

PLATZWAHL *Bevorzugter Lebensraum der Haubenmeise (* Parus cristatus, *rechts) ist der Nadelwald. Der Kernbeißer (* Coccothraustes coccothraustes, *darüber) kommt dagegen meist in Laubwäldern und Obstgärten vor.*

Gewusst wo!

In Wäldern lohnt es sich meist noch mehr als in anderen Lebensräumen die Bäume und die Besonderheiten des Habitats kennen zu lernen, weil sie für eine Reihe von Vogelarten gute Anzeiger sind. Manche Baumarten werden von bestimmten Vogelarten ganzjährig oder zeitweilig bevorzugt und es ist wichtig, diese Bäume zu kennen. Auch die Waldstruktur, ob es sich um einen Altbestand oder Jungwuchs, um einen dichten oder lockeren, einen gemischten oder einen nur aus einer Baumart zusammengesetzten Bestand handelt, ist von Bedeutung. Deshalb wird bei den Vogelarten gerne auch darauf hingewiesen, in welchem Waldtyp sie gewöhnlich vorkommen.

Die Vögel hören

Anders als im Sumpf oder Offenland ist es im Wald besonders wichtig, dass man die Stimmen der Vögel richtig deuten kann. Sonst findet man manche Arten kaum oder bemerkt ihr Vorkommen nicht. Rufe und Gesänge verraten z. B. auch viel darüber, was die Vögel gerade tun. So

WALDVÖGEL *können auf dem Waldboden leben wie z. B. die Waldschnepfe (oben), im Blattwerk der Mittelschicht, wie die Tannenmeise (links), oder ganz hoch in den Baumkronen wie der Waldlaubsänger (unten links).*

gibt es nicht nur besondere Balzrufe und -gesänge, sondern auch Alarmrufe, die auf einen Luftfeind, einen Greifvogel etwa, hinweisen, oder es werden Eulen, die man sonst nicht entdecken würde, an ihrem Tagesrastplatz von Kleinvögeln „beschimpft" und so dem Beobachter angezeigt.

Es kostet einige Mühe und viel Erfahrung all die Vogelstimmen einzuordnen, die im Wald zu hören sind. Wer etwas zur Vorbereitung tun will, hört zu Hause schon einmal auf Tonträgern (S. 72) Vogelstimmen an, und zwar am besten immer wieder, damit sie sich langsam einprägen. Im Gelände versucht man dann, einen Blick auf den Rufer oder Sänger zu erhaschen. Je öfter man einen Vogel gesehen hat, während er ruft oder singt, desto besser erkennt man ihn wieder. Und wenn man bereits eine ganze Reihe von Stimmen sicher kennt, fällt es zusehends leichter sich weitere zu merken.

ANNÄHERUNGSWEISE: VORSICHTIG ANPIRSCHEN

Im Wald sich ruhig und vorsichtig zu verhalten ist „erste Beobachterpflicht", vor allem wenn trockenes, raschelndes Laub den Boden bedeckt. Man hört umso mehr, je weniger man selbst störende Geräusche verursacht. Vögel halten sich in allen „Stockwerken" des Waldes auf und sind unterschiedlich empfindlich. Viele Arten sind besonders zur Brutzeit sehr störungsanfällig, während sie im Winter viel vertrauter sind. Das Aufspüren der Arten fällt in einem Hochwald ohne Unterwuchs natürlich leichter als im dicht wuchernden Auwald oder gar im tropischen Regenwald. Pfade zu benutzen ist besser, als sich einen Weg durchs Dickicht zu bahnen. Es gibt eine Vielzahl von akustischen „Tricks" um versteckt Kleinvögel im dichten Unterwuchs heranzulocken. Wenn man mit feuchten Lippen am Daumen, der diese gerade berührt, ruckweise Luft in den Mund saugt, kommen

viele Kleinvögel interessiert auf Sichtweite heran um die Geräuschquelle zu erkunden.

Rotmilan

Milvus milvus

Der Rotmilan ist einer der elegantesten Greifvögel unserer Heimat. Er kommt ausschließlich in Europa vor. An seinen langen, gewinkelten Flügeln mit den hellen Bereichen, dem tief gegabelten Schwanz und dem weitgehend rostroten Gefieder ist er gut zu erkennen. Dennoch wird er gelegentlich mit dem Schwarzmilan *(M. migrans)* verwechselt, der etwas kleiner ist und einen nur schwach gegabelten Schwanz hat. Im Flug steuert der Schwanz in sehr auffälliger Weise. Rot- und Schwarzmilane kommen in vielen Gebieten Mitteleuropas zusammen vor und nutzen auch ähnliche Lebensräume. Der Schwarzmilan zieht zum Überwintern nach Afrika, während der Rotmilan in Europa bleibt oder nur ein wenig nach Südwesten ausweicht. Beide Arten ernähren sich von Mäusen und anderen Kleinsäugern sowie von Aas – der Schwarzmilan in Mitteleuropa besonders auch von toten und geschwächten Fischen, die er geschickt von der Wasseroberfläche greift. Man kann auch gebietsweise Milane beobachten, die die Autobahnen entlangpatrouillieren und dort nach überfahrenen Tieren suchen.

STECKBRIEF

■ *61–66 cm*

■ *Gabelschwanz, rostroter Körper*

■ *Unterflügel mit großen, hellen Partien*

▲ *Schwarzmilan: überwiegend dunkelbraun mit leicht gegabeltem Schwanz*

oftmals mit Lumpen und Papier ausgelegte Baumhorste

♪ *Ruf in Nestnähe: „piie-piie-pieag“*

Sperber

Accipiter nisus

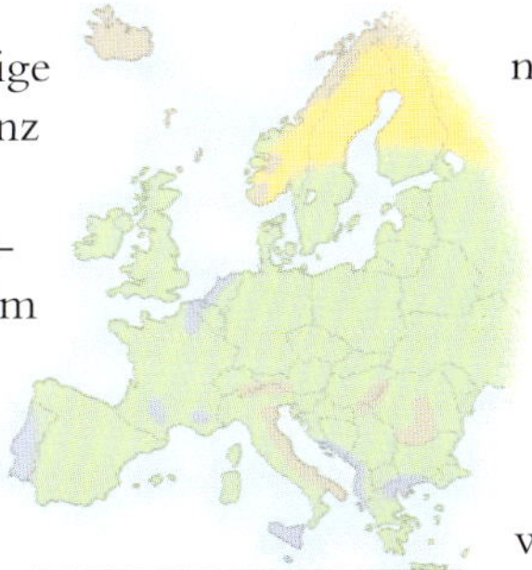

J F M A M J J A S O N D

Der kleine, schnelle, rundflügelige Greifvogel mit langem Schwanz und ungestümem Flug ähnelt stark dem viel größeren Habicht. Sperber fangen hauptsächlich Kleinvögel. Im Winter kommen sie auch in die Städte und machen an den Futterhäuschen Beute.

Im Unterschied zum Turmfalken (S. 102) hat der Sperber rundlich-kurze Flügel und einen schnellen Flügelschlag, der oft von Gleitstrecken unterbrochen wird. Erwachsene Männchen, die etwa ein Drittel kleiner sind als die Weibchen, tragen auf der Brust und der Flügelunterseite die kennzeichnende feine Bänderung („Sperberung“) auf rotbrauner Grundfarbe, während die Weibchen auf der Unterseite grauweiß sind. Ihre Oberseite ist braun, bei den Männchen bläulich grau. Die kräftigen Weibchen können mit den Habicht-Männchen verwechselt werden.

Nach Jahren starker Rückgänge wegen Umweltgiften haben sich die Sperbervorkommen in Mitteleuropa wieder erholt.

STECKBRIEF

■ *28–38 cm*

■ *langer Schwanz, kurze Flügel*

■ *Weibchen deutlich größer*

▲ *Habichte sind noch wesentlich größer und langflügeliger*

flacher Horst aus Ästen und Zweigen, bevorzugt in Fichten

♪ *Ruf zur Brutzeit: „kik-kik-kik“*

Mäusebussard

Buteo buteo

Der verbreitetste und häufigste Greifvogel Europas lebt an Waldrändern, auf offener Flur und sogar in größeren Parkanlagen. Mäusebussarde suchen aus dem kreisenden Flug heraus, von einer Sitzwarte aus oder bei entsprechendem Wind aus dem Rüttelflug nach Beute, meist Mäuse und andere Kleinsäuger. Erstaunlich schnell stoßen sie auf ihr Ziel herab.

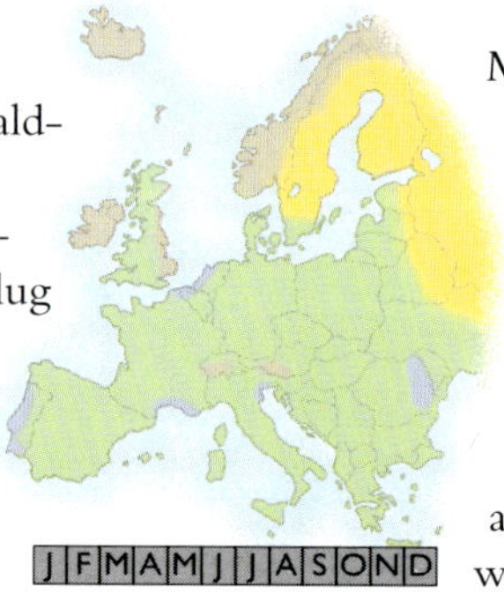

Wesentlich häufiger rüttelt sein naher Verwandter, der Raufußbussard *(Buteo lagopus)*, der in der nordischen Tundra lebt und in Mitteleuropa ein nur selten zu sehender Wintergast ist. Er trägt auf dem Schwanz eine kräftige schwarze Endbinde und auffallende schwarze Flecken an der Flügelunterseite.

Mäusebussarde haben eine äußerst variable Gefiederfärbung; es gibt nahezu weiße und fast einförmig schwarzbraune Formen. Eine Verwechslung ist möglich mit dem Wespenbussard *(Pernis apivorus)*. Er hat jedoch einen längeren Schwanz, hält seine Flügel im Segelflug gerade ausgespannt und zeigt einen schlanken weit vorgestreckten Kopf. Der Wespenbussard ernährt sich hauptsächlich von den Larven und Puppen der Wespen und Hummeln. Er ist Zugvogel und überwintert im tropischen Afrika.

Mäusebussard immatur

Wespenbussard adult

Raufußbussard immatur

STECKBRIEF

■ *51–57 cm*

■ *breite, gerundete Flügel, kurzer Schwanz*

■ *Gefieder sehr variabel, oft mit V-förmiger, dunkler Brustzeichnung*

▲ *Raufußbussard: längere Flügel, Schwanz mit breiter, schwarzer Endbinde*

▲ *Wespenbussard: langer Schwanz mit drei kräftigen Querbinden*

Baumhorst aus Ästen, bevorzugt in Baumkronen

♪ *Ruf: weitschallend „hii-äh“*

Mäusebussard immatur

Baumfalke

Falco subbuteo

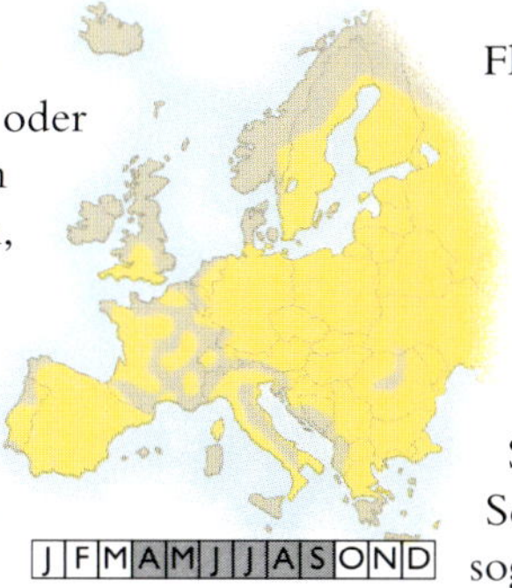

Kleine, schnittige Falken, die an einem Sommerabend Libellen oder andere Insekten fangen und im Flug verzehren, sind meist Baumfalken, im südöstlichen Europa auch Rotfußfalken *(Falco vespertinus)*. Jagen sie aber in rasendem Flug Schwalben, handelt es sich gewiss um Baumfalken. Mit ihren sichelförmigen Flügeln wirken sie wie große Mauersegler.

Viel größer und massiger ist dagegen der Wanderfalke *(Falco peregrinus)*, der 39–50 cm lang wird und mittelgroße Vögel, wie Tauben, Enten und Strandvögel, erbeutet. Er hat einen ausgeprägten Bartstreif und breitere Flügel. Die Unterseite des Wanderfalken ist fein graubraun gebändert, während sie beim Baumfalken Längsstreifen aufweist und in „roten Hosen" endet. Baumfalken jagen bevorzugt an Waldrändern, in Gewässernähe und über Schneisen, wo sie Insekten und Schwalben fangen. Diesen folgen sie sogar bis ins afrikanische Winterquartier. Jungvögel haben noch keine „roten Hosen" und sind oberseits brauner als die adulten Baumfalken.

STECKBRIEF

■ *28–35 cm*
■ *sichelförmige Flügel*
■ *Oberseite dunkel graubraun, weiße Wangen*
■ *rötliche „Hosen"*
▲ *Wanderfalken sind viel kräftiger und haben breitere Flügel*
alte Krähennester
♪ *Ruf zur Brutzeit: „ki-ki-ki"*

Wanderfalke adult

Baumfalke adult

Waldschnepfe

Scolopax rusticola

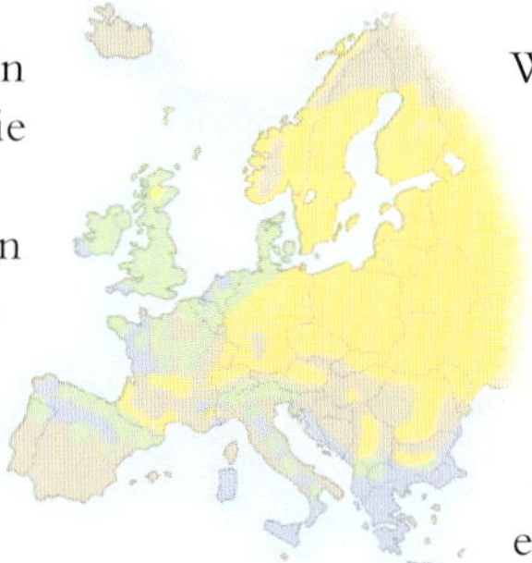

Bei wenigen europäischen Vögeln tarnt das Gefieder so perfekt wie bei der Waldschnepfe. Und sie verlässt sich auch darauf. Erst im letzten Moment fliegt sie vom Waldboden ab, wenn man schon fast auf sie tritt.

Die beste Zeit, um nach Waldschnepfen zu suchen, ist der Frühling. Vornehmlich Ende März vollführen die Männchen ihre Balzflüge. Das in Jägerkreisen als Schnepfenstrich bekannte Verhalten ist sehr kennzeichnend. Waldschnepfen fliegen wie mit steifen Flügeln und äußern das so genannte „Quorren“ und „Puitzen“.

Mit dem langen Schnabel stochert die Waldschnepfe im weichen Waldboden nach Würmern und Insektenlarven. Hierfür kann die Schnabelspitze gesondert durch einen speziellen Mechanismus geöffnet werden. Das Nest befindet sich gut gedeckt auf dem Waldboden. Aufgescheucht kann die Waldschnepfe ein Junges zwischen die Beine klemmen und davontragen. Die Jungen können schon im Alter von zehn Tagen fliegen. Meist enthält das Gelege vier Eier.

STECKBRIEF

- ■ *33–35 cm*
- ■ *massig, mit rundlichen Flügeln*
- ■ *Federfärbung und -zeichnung ähneln dürren Blättern*
- *flache Mulde am Boden*
- ♪ *Balzrufe der Männchen beim Singflug: ein tiefes „orrt-orrt“, dem ein hohes „quitz“ oder „pssip“ folgt*

Ringeltaube

Columba palumbus

Die große, stämmige Ringeltaube kommt weit verbreitet, gebietsweise auch häufig in lichten Wäldern und Parklandschaften vor. Im Herbst und Winter sucht sie in großen Scharen offene Fluren auf. Dabei müssen die Tauben sehr wachsam sein, denn sie sind die Hauptbeute von Habicht und Wanderfalke. Die Jungtauben unterscheiden sich im Herbst von den Alten durch das Fehlen des unscharfen, weißen Streifens am Hals, der auch nicht den sonst typischen Schillerton hat.

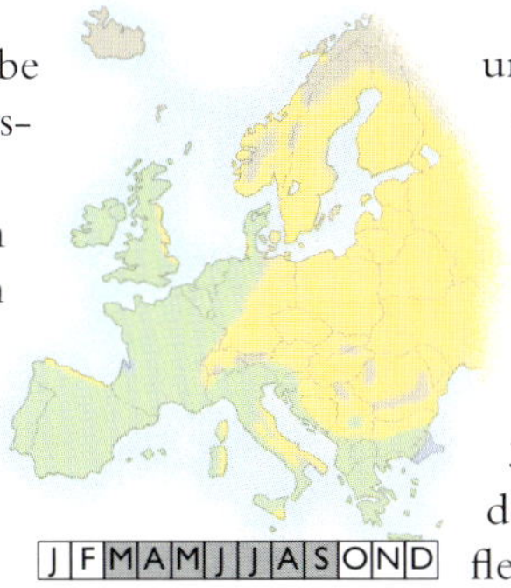

Der Ringeltaube sieht die ungleich seltenere, höhlenbrütende Hohltaube *(Columba oenas)* recht ähnlich. Sie ist mit einer Länge von 32–34 cm etwas kleiner und bis auf den grünlich schimmernden Halsfleck fast einheitlich grau.

Beide Arten ernähren sich von frischem Grün sowie von Bucheckern, Eicheln und Beeren. In Deutschland sind die Ringeltauben im Nordwesten Standvögel, sonst Zugvögel.

STECKBRIEF

■ *39–42 cm*

■ *adult: schiefergrau mit purpur getönter Brust und weißem Halsseitenfleck*

■ *Jungvogel: Hals ohne weißen Fleck und Grünschiller*

▲ *Hohltaube: kleiner, fast einheitlich grau; ohne weiße Flügelbinden, wie sie die Ringeltaube kennzeichnen*

einfache Plattform aus Zweigen

♪ *Balzruf: „ku-ka-ru-ku-ku"*

Turteltaube

Streptopelia turtur

Am Waldrand oder in Schneisen, auch in verwilderten Parks oder an Feldhecken verraten an warmen Frühsommertagen purrende Rufe die Anwesenheit von Turteltauben. Diese kleine Taube ist vor allem im milderen Mitteleuropa zu Hause. Am ehesten entdeckt man sie, wenn sie aufgrund einer Störung abfliegt.

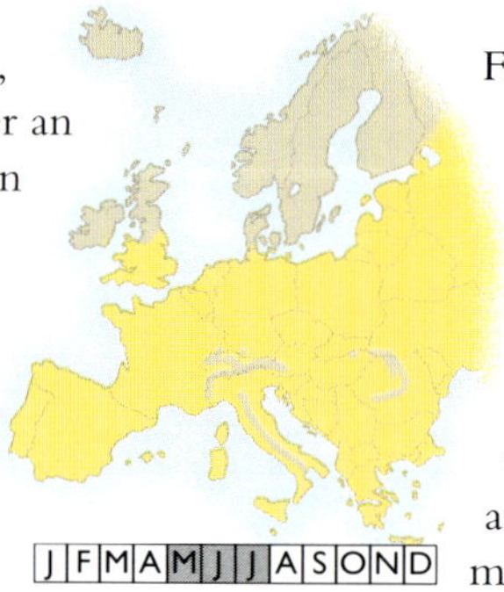

Von der zur selben Gattung gehörenden Türkentaube (S. 107) unterscheidet sich die Turteltaube durch die etwas geringere Größe und die rötlich braunschuppige Zeichnung auf der Oberseite. Der Halsfleck ist relativ breit und fein schwarzweiß gestreift. Im Flug, der ruckartig wirkt, werden die dunklen Unterseiten der Flügel und der weiße Rand des Schwanzes deutlich sichtbar.

Jungvögel sind mehr graubraun und den Federn auf Rücken und Mantel fehlen die dunklen Zentren. Außerdem fehlt der Halsfleck. Turteltauben wandern zum Überwintern ins tropische Afrika und werden auf dem Zug, vor allem im Mittelmeerraum, stark bejagt. Ihre Bestände sind vielerorts zurückgegangen.

STECKBRIEF

- 26–29 cm
- ausdrucksvolle, rötlich braunschuppig gezeichnete Oberseite
- blaugrauer Rumpf
- markante weiße Schwanzränder
- dürftige Plattform aus Zweigen
- Balzruf: ein tiefes, wiederholtes „purrr-purr, purrr-purr"

Kuckuck

Cuculus canorus

Der namengebende Balzruf des Kuckucks ist allgemein bekannt. Darüber hinaus hat er noch ein gereihtes „Kichern“ im Repertoire, das fast nur die Weibchen hervorbringen. Manchmal, in starker Erregung, wird der zweisilbige Kuckucksruf auch dreisilbig. Am kennzeichnenden Ruf ist der Kuckuck zwar leicht zu orten, weit schwieriger ist es aber den wie eine Mischung zwischen Sperber und Falke aussehenden Vogel zu erblicken. Heimlich legen Weibchen ihre Eier in die Nester von Wirtsvögeln, die den Jungkuckuck ausbrüten und großziehen. Dabei verlieren sie ihre eigene Brut, denn sie wird vom Jungkuckuck aus dem Nest geworfen. Er entwickelt gewaltigen Appetit und wird, noch bevor er fliegen kann, viel größer als die meisten Wirtseltern (Teichrohrsänger, Heckenbraunellen, Bachstelzen oder Gartenrotschwänzchen). Der Zaunkönig muss dem Jungkuckuck sogar auf den Kopf steigen um ihn zu füttern.

Die Altkuckucke ernähren sich von haarigen Raupen, die viele Vögel wegen ihrer Giftigkeit verschmähen, und anderen Insekten. Sie überwintern im tropischen Afrika.

STECKBRIEF

- 32–34 cm
- Flug wie Turmfalke mit steif gehaltenen Schwingen; Schwanz lang
- graue oder rotbraune Oberseite
- Bauch gesperbert
- legt Eier in Singvogelnester
- Ruf: zweisilbig „kuckuck“

Waldkauz

Strix aluco

Ein Schwarm warnender Kleinvögel verrät nicht selten den an seinem Tagesschlafplatz ruhenden Waldkauz. Man erkennt ihn an seinem rundlichen Kopf ohne Federohren.

Aufrichtbare Federohren hat dagegen die Waldohreule *(Asio otus)*, die mit 35–37 cm etwas kleiner ist als der Waldkauz und wie dieser Wälder und Parkanlagen bewohnt. Auffällig sind ihre orangegelben Augen.

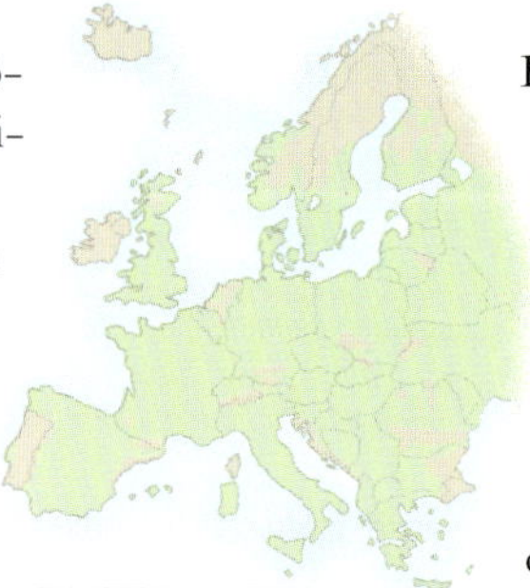

J F M A M J J A S O N D

Bei Gefahr drücken sich beide Arten an den Baumstamm und „verschwinden“ hinter ihrem tarnenden Gefieder. Die Federohren der Waldohreule verstärken das abschreckende „Katzengesicht“.

Der Waldkauz nistet in Baumhöhlen, aber auch in Taubenschlägen am Waldrand und in Türmen. Waldohreulen brüten auf alten Krähennestern. Sie ernähren sich vornehmlich von Kleinnagern, der Waldkauz auch von Kleinvögeln.

STECKBRIEF

■ 37–40 cm

■ dunkle Augen, Gefieder rotbraun

■ rundlicher Kopf ohne Federohren

▲ Waldohreule: braun mit langen Federohren und rötlichen Augen

Höhlen- und Nischenbrüter; Waldohreule: alte Krähennester

♪ Balzruf: tiefes „hu-hu-hu-hu“; sonst scharfes „kju-wick“

Ziegenmelker

Caprimulgus europaeus

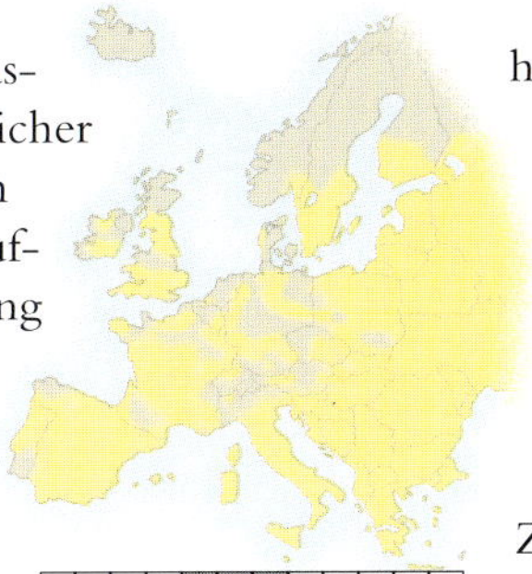

J F M A M J J A S O N D

Ziegenmelker gehören zu den faszinierendsten Arten mit nächtlicher Lebensweise. Ihr Flug ist weich und falkenartig. Sie fangen mit weit aufgerissenem Schnabel in der Dämmerung fliegende Insekten und „geistern" dabei über Waldlichtungen und Heideflächen oder durch sandige Kiefernwälder. Die Männchen tragen auffällige weiße Flecken auf Flügeln und Schwanz. Warme Frühsommernächte erfüllen sie mit ihrem hölzern schnurrenden, an- und abschwellenden Balzgesang auf zwei Tonhöhen, der gelegentlich durch ein „chie-wick" unterbrochen wird. Nicht selten sitzen die Männchen gut sichtbar auf einem abgebrochenen Ast; tagsüber halten sie sich aber meist, gut gedeckt durch ihr tarnfarbenes Gefieder, am Boden auf. Ihre Brutgebiete verlassen die Ziegenmelker schon im August/September und fliegen zum Überwintern in die afrikanischen Savannen. Im Mai kehren sie zurück, aber nur noch an wenige Plätze. Ziegenmelker sind in Mitteleuropa mittlerweile sehr selten geworden.

♂ im Jagdflug

STECKBRIEF

- *26–28 cm*
- *im Flug an den Kuckuck erinnernd, graubraun gebändert*
- *Männchen: weiße Flügelflecken*
- *Weibchen: ohne solche Flecken*
- *Gelege auf dem bloßen Boden*
- *nächtlicher Balzgesang der Männchen: „errr-örrr-errr-örrr"*

Grünspecht

Picus viridis

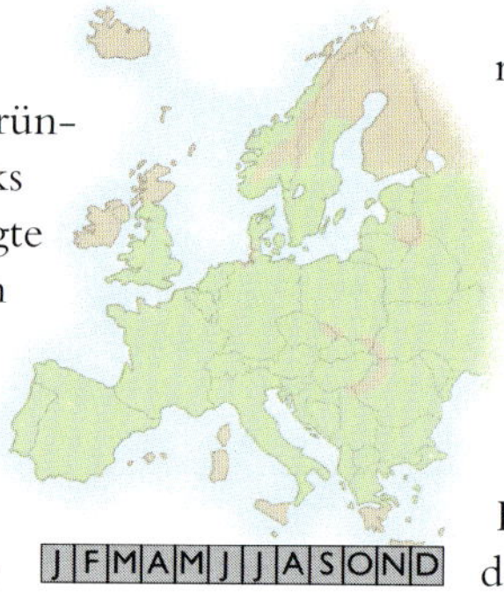

Ein lautes, lachendes „kjück, kjück …“ verrät oftmals den Grünspecht in lichten Wäldern, Parks oder größeren Gärten. Seine bevorzugte Nahrung, die Larven und Puppen von Ameisen, findet der „Erdspecht“ dort. Viel häufiger als seine Verwandtschaft sucht er am Boden nach Nahrung. Ausgenommen sind dabei der ähnliche Grauspecht *(P. canus)*, der mit 25–26 cm Körperlänge etwas kleiner ist und dessen Rufe abfallend klingen, sowie der Wendehals *(Jynx torquilla)*. Beim Männchen ist die rote Kappe größer als beim Weibchen. Beim Grauspecht hat nur das Männchen eine rote Stirn. Die Grüntönung des Gefieders ist beim Grünspecht ausgeprägter als beim Grauspecht. Die Bestände der beiden grüngrauen Spechtarten gehen zurück, vor allem da Ameisen, ihre Hauptnahrung, immer seltener werden. Beide Arten zimmern sich ihre Bruthöhlen selbst und bleiben das ganze Jahr über im Brutgebiet.

♂ beim Stöbern nach Ameisenpuppen

STECKBRIEF

■ *30–33 cm*

■ *Rückengefieder grün, Bauch gelblich*

■ *rote Kappe, schwarze Gesichtsmaske; Männchen roter, schwarz gerahmter, Weibchen: schwarzer Bartstreif*

▲ *Grauspecht: grauer, Männchen mit nur wenig Rot an der Stirn*

selbst gezimmerte Baumhöhle

♪ *laut „lachend“, wiederholt „kjück …“*

Buntspecht

Picoides major

Er ist in Europa die häufigste und am weitesten verbreitete Spechtart. Die prächtig gezeichneten schwarz-weiß-roten Vögel bewohnen Wälder, Parkanlagen und Gärten mit größeren Bäumen. Mit ihrem kräftigen Meißelschnabel holen sie Insekten und ihre Larven unter der Baumrinde und aus dem Holz hervor. Dabei hilft ihnen auch die außerordentlich lange Zunge, die an ihrer Spitze Widerhaken trägt. Im Winter ernähren sich die Buntspechte vornehmlich von Samen der Fichten, Kiefern, Buchen und anderer Bäume sowie von Nüssen.

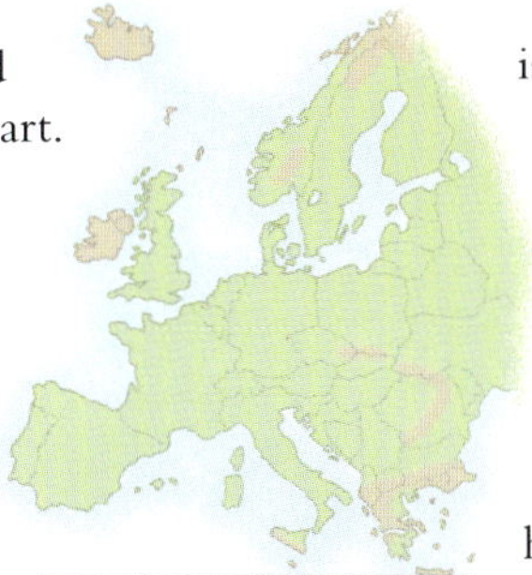

J F M A M J J A S O N D

Nahe verwandt und recht ähnlich, aber viel seltener ist der hauptsächlich in Eichenwäldern lebende Mittelspecht *(Picoides medius)*, während der Kleinspecht *(Picoides minor)* mit 14–15,5 cm gerade gut halb so groß wird wie der Buntspecht. Dieser Spechtzwerg kommt hauptsächlich in Auwäldern vor und kann, da er so klein ist, nicht mit dem Buntspecht verwechselt werden.

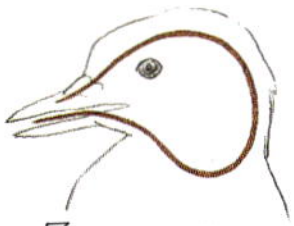

Buntspechte trommeln sehr kennzeichnend, vorwiegend im Frühling, mit etwa 10–15 Schlägen pro Sekunde.

STECKBRIEF

■ 22–24 cm

■ *schwarzweiß mit roten Unterschwanzdecken; weiße Schultern*

■ *Männchen: roter Nackenfleck*

▲ *Kleinspecht nur sperlingsgroß, ohne Rot am Bauch*

selbst gezimmerte Baumhöhle

♪ *laut „kick, kick“, bei Alarm gereiht, dazu ein „rä-rä-rä“*

Heidelerche

Lullula arborea

Die kleinen, unscheinbaren Lerchen halten sich meist in offenem Gelände am Boden auf oder steigen im Singflug hoch. Beim Laufen gibt ihnen die lange Kralle an der Hinterzehe festen Stand. Das bräunlich gestreifte Gefieder ist am Boden eine ausgezeichnete Tarnung.

Die Heidelerche stimmt zwar in vielen Merkmalen mit der Feldlerche und anderen Verwandten überein, unterscheidet sich aber dadurch, dass sie Waldlichtungen, insbesondere Kiefernjungwuchs und Heideflächen, besiedelt. Sie setzt sich häufig auf kleine Bäumchen und startet von dort aus ihren Singflug.

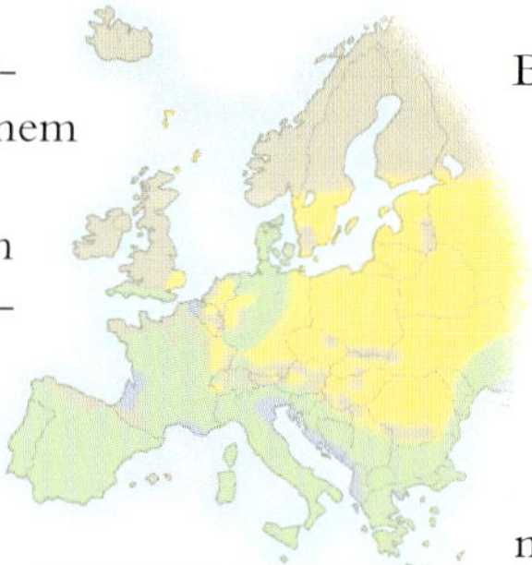

J F M A M J J A S O N D

Am ausgeprägten Überaugenstreif unterscheidet man die Heidelerche von der Feldlerche. Es fehlt ihr auch deren kleiner Schopf am Hinterkopf. Den weiß-schwarzweißen mittleren Flügelrand sieht man dagegen nur aus der Nähe. Der wunderschöne Gesang der Heidelerche ertönt leider immer seltener, da sie mittlerweile eine Rarität geworden ist.

Heidelerche neben Heidekraut

STECKBRIEF

- *14,5–16 cm*
- *breitflügelig, kurzer Schwanz*
- *weißlicher Überaugenstreif*
- *schwarzweiße Zeichnung an der Flügelkante*
- *kleiner Napf aus Gras am Boden*
- ♪ *Flugruf: „tütlü-üit“, weich flötend*

Zaunkönig

Troglodytes troglodytes

Der wissenschaftliche Name des Zaunkönigs bedeutet Höhlenbewohner und bezieht sich damit auf das Nest des Vogels, ein großes, kugeliges Gebilde aus Moos, das innen mit Federn ausgekleidet ist. Es wird im dichten Buschwerk, unter Wurzeltellern umgestürzter Bäume oder in Höhlen gebaut. In einem Zaunkönigrevier befinden sich oft mehrere Nester, die das Männchen dem Weibchen zur Auswahl anbietet und auch als Schlafplatz nutzt. Manche Männchen haben zwei oder mehrere Weibchen. Schnell wie eine Maus huscht der Vogelzwerg durchs Buschwerk. Er fliegt geradlinig und singt laut schmetternd mit hochgestelltem Schwanz. Sein bräunlich gefärbtes Gefieder trägt eine feine, dunkle Bänderung.

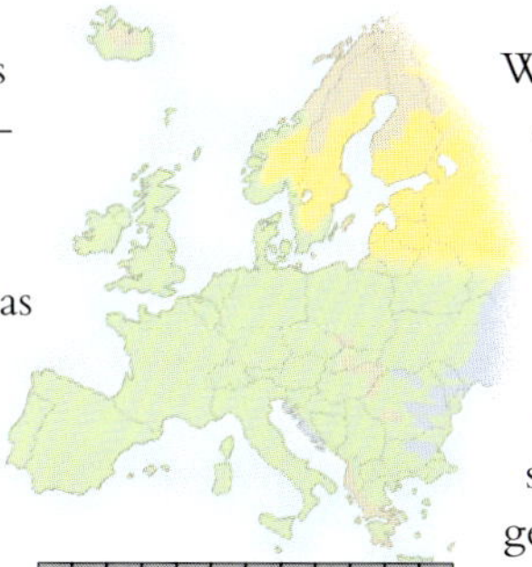

J F M A M J J A S O N D

In unterwuchsreichen Wäldern und Parkanlagen oder Hecken kommen Zaunkönige ziemlich häufig vor. Nicht selten haben sie unter harten Wintern zu leiden, da sie Standvögel sind. Nur die Zaunkönige des nördlichen Europa und der Hochlagen der Alpen und anderer Gebirge ziehen südwärts.

Zaunkönig am Nest

STECKBRIEF

- ■ *9–10 cm*
- ■ *rötlichbraun, heller Überaugenstreif*
- ■ *kurzer, hochgestellter Schwanz*
- *kugeliges Nest aus Moos, Blättern, Halmen, mit Federn gepolstert*
- ♪ *Ruf: laut und schnarrend „zeer"; Gesang: schmetternd, unerwartet laut*

Heckenbraunelle

Prunella modularis

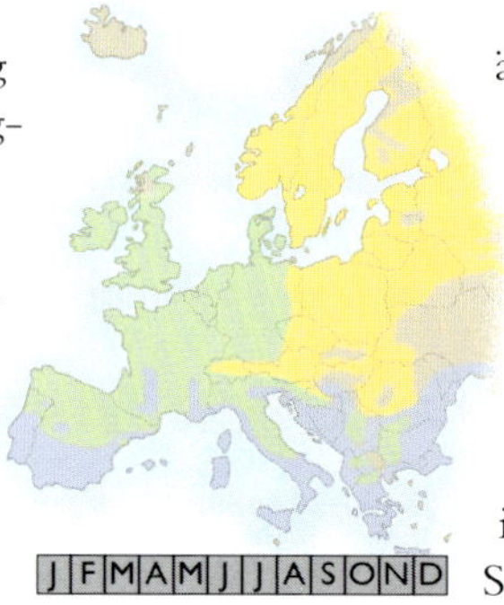

Dieser unauffällige, sperlingartig gefärbte und gezeichnete Singvogel besiedelt Waldränder, Lichtungen, Gärten, größere Hecken und Parkanlagen. Er bevorzugt Unterwuchs und Gebüsch. Kopf und Brust sind schiefergrau, der Rücken und die Flanken dunkler bräunlich gestreift. Der schlanke Schnabel weist auf Insektennahrung hin. Heckenbraunellen sind zwar weit verbreitet, aber wegen der versteckten Lebensweise nicht immer leicht zu beobachten, es sei denn, das Männchen singt auf der Spitze eines Busches oder kleinen Baumes. Der Gesang ist dem des Zaunkönigs ähnlich, aber leiser, kürzer und viel weniger rhythmisch gegliedert.

Bemerkenswert an diesem schlichten Vögelchen ist sein recht komplexes Sozialverhalten, insbesondere während der Brutzeit. So ziehen viele Weibchen ihre Brut mit Hilfe zweier Männchen groß. Dabei kann eines allein der Vater der Jungen sein oder es waren beide beteiligt. Dennoch ist gewöhnlich ein Männchen dominant.

STECKBRIEF

- *14–15 cm*
- *Rücken rostbraun mit Streifung*
- *grauer Kopf, graublaue Unterseite*
- *dünner, schwarzer Schnabel*
- *kleiner Napf aus Moos, Halmen und Ästchen in dichtem Gebüsch*
- *♪ Ruf: hohes „zieh“*

Nachtigall

Luscinia megarhynchos

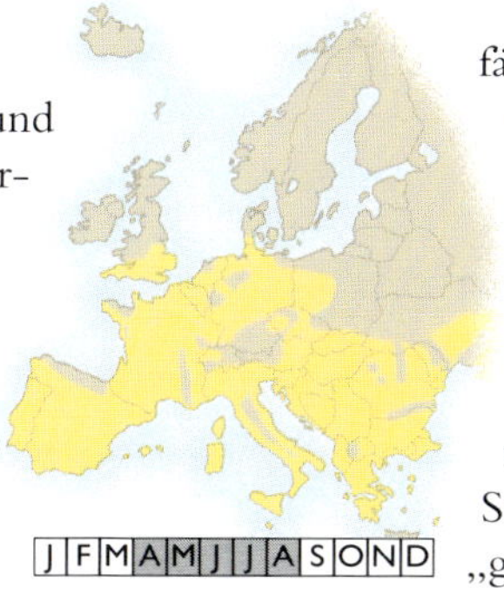

Nachtigallen sind wegen ihres herrlichen Gesangs bekannt und viel gerühmt. Zu den wundervoll klaren „Schlägen“ gesellt sich das während der Dämmerung und der frühen Nachtstunden in den Gesang eingebaute „Schluchzen“, eine Reihe von Pfeiftönen, die immer schneller werden und in einem Crescendo enden. Dieses fehlt dem Gesang des nahe verwandten Sprossers *(Luscinia luscinia)*, der im östlichen Mitteleuropa die Nachtigall ersetzt. Er sieht der Nachtigall sehr ähnlich und wird auch Aunachtigall genannt.

Wie andere Drosselvögel suchen die Nachtigallen vor allem am Boden nach Nahrung. Tarnfärbung und versteckte Lebensweise machen eine Beobachtung schwer. In verwilderten Gärten und Auwäldern bewohnen Nachtigallen das Dickicht. Recht zahlreich sind sie auch in Städten, z. B. in Berlin. Dem Sprosser fehlt der ausgeprägt rötliche Farbton auf Rücken und Schwanz, seine Brust ist fein „gewölkt“ gezeichnet.

Nachtigallen und Sprosser kommen im April und Mai aus dem afrikanischen Winterquartier zurück und ziehen im August wieder weg.

STECKBRIEF

■ *16–17 cm*

■ *braun, Schwanz rotbraun*

■ *dunkle Augen*

▲ *Sprosser: sehr ähnlich, aber dunkler und an der Brust fein gewölkt*

Nestnapf aus Blättern und Halmen am Boden

♪ *Ruf: ansteigendes „hüit“, bei Erregung mit angehängtem „trrr“; Gesang: wohltönend*

Rotkehlchen

Erithacus rubecula

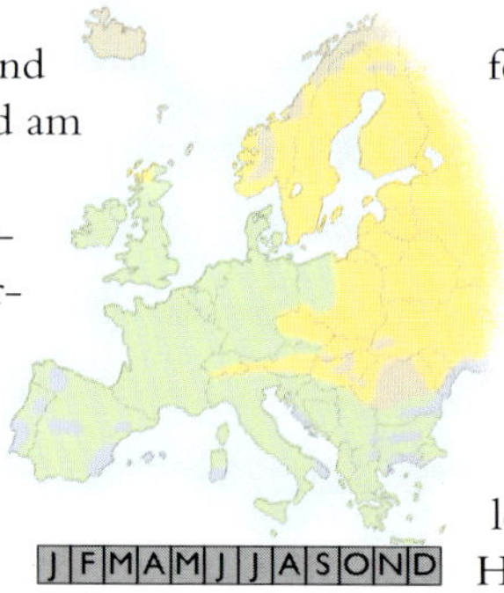

Rostorangefarben an Gesicht und Brust, grau an den Seiten und am Bauch und mit rundlicher Gestalt hat das Rotkehlchen ein unverwechselbares Aussehen. Überall in Gärten, Parks und nicht zu dicht wachsenden Wäldern kann man die kleinen Sänger antreffen. Zwar sind sie nicht besonder scheu, lassen sich oft aber gar nicht so leicht beobachten. Sie hüpfen wie Drosseln in aufrechter Haltung am Boden. Meist verrät ein wiederholtes „tsick, tsick …“ ihre Anwesenheit. Gesang hört man von ihnen nicht nur im Frühling und Frühsommer, sondern auch im Spätherbst und Winter. Beide Geschlechter singen dann und melden ihre Revieransprüche an. Sie sind recht kämpferisch und greifen sogar ihr Spiegelbild an. Die Jungvögel tragen noch keine „rote“ Brust. Ihr Gefieder ist bräunlich mit dichter, gelblich brauner Fleckung. Die Mauser ins Erwachsenenkleid erfolgt im Spätsommer. Eine schmale ockerfarbene Flügelbinde verrät im Herbst, dass es sich um Jungvögel des betreffenden Jahres handelt. In weiten Teilen Mitteleuropas sind Rotkehlchen Teilzieher, das heißt, einige bleiben am Brutort, andere ziehen zum Überwintern in den Mittelmeerraum.

STECKBRIEF

- *13,5–14,5 cm*
- *adult: braun mit orangeroter Brust bis Stirn und Augen*
- *Jungvogel: gefleckt, ohne rote Brust*
- *Bodennest aus Blättern und Halmen, gut versteckt*
- ♪ *Rufe: scharf „tsick, tsick“ oder fein „tsieh“; Gesang: sehr variabel*

Wacholderdrossel

Turdus pilaris

Mit ihrem schlanken, kräftigen Schnabel, dem langen Schwanz und dem Hüpfen am Boden ist die amselgroße Wacholderdrossel ein typischer Vertreter der Drosseln. Am Rücken kastanienbraun, am Nacken und Oberkopf grau, auf der Brust kräftig pfeilförmig gefleckt und mit grauen Oberschwanzdecken wirkt sie farbiger als andere Drosseln. Im Flug fällt die weißliche Flügelunterseite auf.

Wacholderdrosseln aus Skandinavien kommen oft als Wintergäste in den Norden Deutschlands.

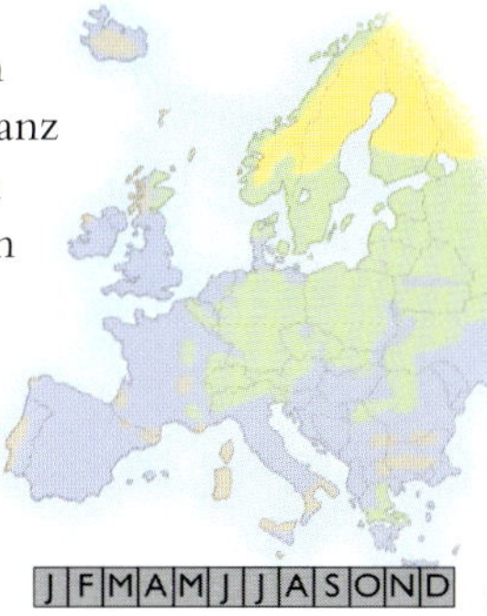

Rotdrossel

Ursprünglich war die Wacholderdrossel eine Taigabewohnerin, doch weitete sie ihr Areal stark nach Westen aus. In Mitteleuropa ist sie heute ein häufiger Brutvogel. In jüngster Zeit mehren sich Anzeichen für regionale Bestandsrückgänge. Wacholderdrosseln nisten in lockeren Kolonien und ziehen im Winterhalbjahr in Schwärmen umher. Gelegentlich halten sich einzelne Exemplare auch längere Zeit in Gärten auf. In den Schwärmen trifft man neben Singdrosseln auch Rotdrosseln (*T. iliacus,* 20–25 cm) an. Gekennzeichnet sind sie durch rötliche Unterflügel, rostrote Flanken und deutlich sichtbaren Überaugenstreif.

Wacholderdrosseln brüten an Waldrändern oder in Waldinseln, die von Grünland umgeben sind. Nahrung suchen sie auf Wiesen und Weiden. Feinde bespritzen sie mit ihrem klebrigen Kot.

STECKBRIEF

■ *24–27 cm*
■ *grauer Kopf und Rumpf*
■ *Mantel kastanienbraun, gelbliche Kehle und Brust*
■ *pfeilförmige Flecken an den Seiten*
▲ *Rotdrossel: mit weißlichem Überaugenstreif*
Singdrossel: Oberseite einfarbig braun
kompakter Nestnapf, meist hoch in Bäumen
♪ *Rufe: laut „tschack, tschack“*

Wacholderdrossel

Singdrossel

Turdus philomelos

In ganz Europa in Gärten, Parks und Wäldern verbreitet und meist auch häufig ist die der Rotdrossel (S. 141) ähnliche Singdrossel. An ihrer gefleckten Brust lässt sie sich gut erkennen. Ihr Flugruf ist ein kurzes „tsip“. Sie singt anhaltend unter drei- bis vierfacher Wiederholung der Motive und unterscheidet sich damit von Misteldrossel und Amsel recht deutlich. Singdrosseln mögen insbesondere Schnecken, deren Gehäuse sie regelrecht auf „Drosselschmieden“ aufschlagen. Einen flachen Stein benutzen sie dabei als Unterlage.

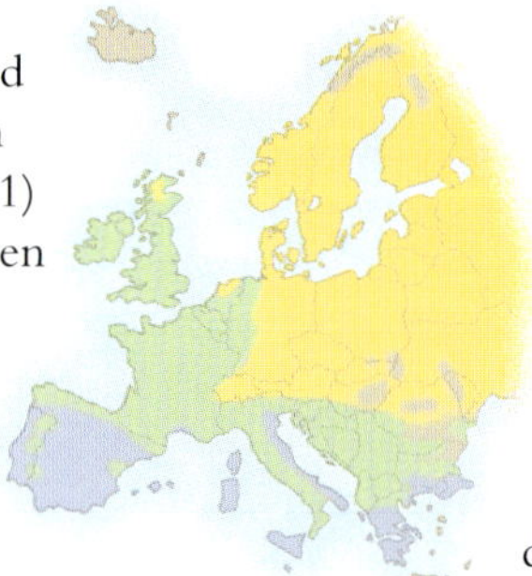

J F M A M J J A S O N D

Die erheblich größere Misteldrossel (*T. viscivorus*, 26–28 cm) hat eine graue Oberseite und ist unterseits viel stärker gefleckt. Kommt man nahe genug heran, sieht man die weißen Spitzen der äußeren Schwanzfedern. Ihr Flugruf ist ein hartes, schnarrendes „rrr“. Misteldrosseln bevorzugen als Lebensraum Nadelwälder und Parks mit hohen Bäumen. Wie die Singdrossel und ihre Verwandten suchen sie am Boden nach Nahrung.

STECKBRIEF

- 22–24 cm
- oberseits braun
- Unterseite dunkelbraun gefleckt
- ▲ Misteldrossel: deutlich größer mit längerem Schwanz und schnarrendem Flugruf
- fester Nestnapf aus Halmen, mit Lehm ausgekleidet
- ♪ Flugruf: „tsip“; Warnruf: „tschuck, tschuck“; Gesang: laute Motive, zwei- bis viermal wiederholt

Mönchsgrasmücke

Sylvia atricapilla

Bei dieser verhältnismäßig großen, grauen Grasmücke haben Weibchen und Jungvögel eine braune, die Männchen eine schwarze Kopfkappe. Die Mönchsgrasmücken fallen durch den lauten, wohltönenden, sich zum Ende hin steigernden Gesang im Frühjahr auf, der mit kraftvollen Flötentönen endet.

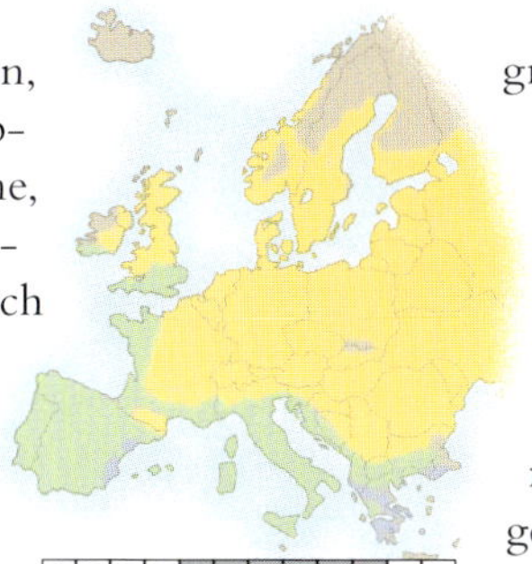

J F M A M J J A S O N D

Der ähnlichen Gartengrasmücke (*S. borin*, 14 cm) fehlt die Kopfkappenfärbung. Sie hat eine unscheinbare, haarbraune Gefiederfärbung ohne markante Abzeichen. Nur ihr Kopf ist rundlicher. Das beste Erkennungszeichen ist der wunderschöne, lang anhaltende Gesang. Die Töne sind tiefer als die der Mönchsgrasmücke und außerdem ohne zweiteilige Gliederung.

Beide Arten sind Zugvögel. Die Gartengrasmücke zieht zum Überwintern bis ins tropische Afrika, die Mönchsgrasmücke lässt sich schon vorher im Mittelmeerraum nieder. Seitdem die Winter milder geworden sind, haben einige Vögel auch Südengland als Winterquartier entdeckt, wo sie zudem von der Winterfütterung profitieren. Beide Grasmücken haben eine Vorliebe für Beeren, darunter sogar so giftige wie die des Seidelbastes.

♂

Mönchsgrasmücke ♀

Gartengrasmücke

STECKBRIEF

■ *13,5–14,5 cm*

■ *braungrau*

■ *Männchen: schwarze Kappe*

■ *Weibchen und Junge: braune Kappe*

▲ *Gartengrasmücke: ungezeichnet braungrau*

lockerer Napf aus Halmen, oft mit Tierhaaren ausgelegt

♪ *Ruf: laut „tscheck“*

Zilpzalp

Phylloscopus collybita

Der Name dieses unscheinbar graubraunen Laubsängers mit den dunklen Beinen weist auf seinen einfachen, kennzeichnenden Gesang hin: eine anhaltende, rhythmische Wiederholung von „zilp-zalp“. Der Schnabel ist sehr fein, ein Augenstreif nur schwach ausgeprägt.

Von seinem nahen Verwandten, dem Fitis (*P. trochilus*, 11–11,5 cm), der ganz anders singt, heller gelblich grün gefärbt ist und helle Beine hat, lässt er sich nur schwer unterscheiden. Auch die feinen „hu-it“-Rufe beider Arten sind sehr ähnlich. Beim Fitis wirken sie etwas weicher und mehr zweisilbig. Der abweichende Gesang des Fitis besteht aus einer abfallenden, weichen Flötenstrophe. Seine Jungvögel sind im ersten Winter unterseits gleichmäßig gelb und dann deutlich vom Zilpzalp zu unterscheiden. Gebietsweise können weitere Laubsängerarten vorkommen, die ähnlich aussehen, wie der schwirrend singende Waldlaubsänger *(P. sibilatrix)* oder der Berglaubsänger *(P. bonelli)* mit seinem gelbgrünen Bürzel.

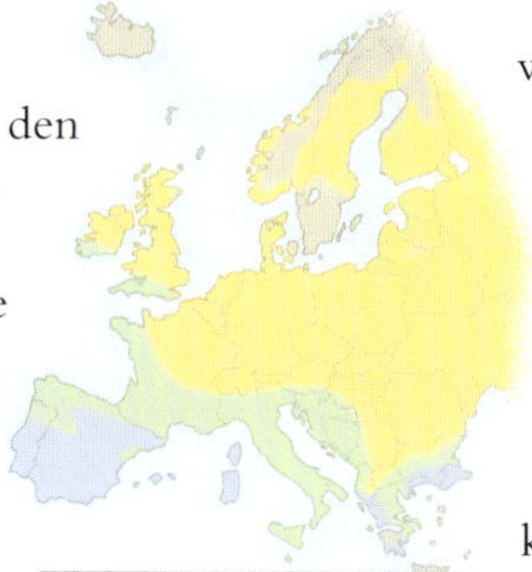

J F M A M J J A S O N D

STECKBRIEF

■ *10,5–11 cm*

■ *graubraun, Überaugenstreif*

■ *Beine dunkel*

▲ *Fitis: sehr ähnlich, hellere Beine, grünlicher oberseits, gelblichere Kehle*

kugeliges Bodennest aus Halmen und Moos, mit Federn ausgekleidet

♪ *Ruf: „hüit“, „wid“*

Wintergoldhähnchen

Regulus regulus

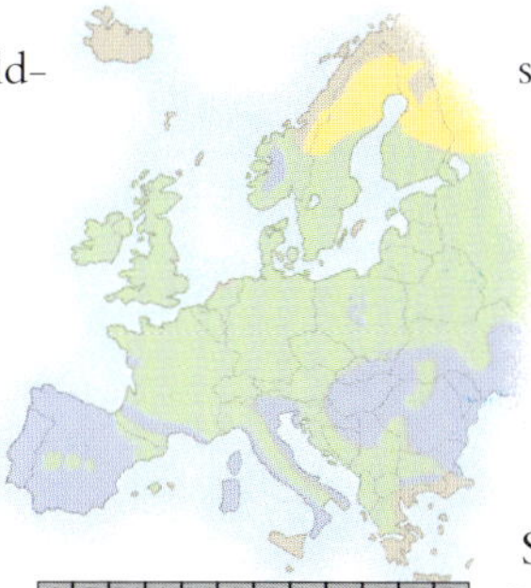

Zusammen mit dem Sommergoldhähnchen (*R. ignicapillus*, 8,5–9 cm) ist das Wintergoldhähnchen der kleinste europäische Vogel. Oberseits olivgrün, unterseits etwas blasser, besitzt es eine weiße Flügelbinde und einen hellen Ring ums Auge. Der Oberkopf ist beim Weibchen gelblich, beim Männchen orangefarben und nur sichtbar, wenn die Scheitelfedern gesträubt werden.

Wintergoldhähnchen leben in Nadelwäldern oder koniferenreichen Mischwäldern. Im Winter schließen sie sich oft gemischten Meisenschwärmen an. Nahrung suchen die Vogelzwerge an den äußersten Zweigspitzen, wo sie Spinnen, deren Eipakete oder winzige Insekten aufspüren. Im selben Lebensraum kommt auch das im Winter nach Süden ziehende Sommergoldhähnchen vor. Seine Schulterfedern schimmern bronzefarben, das Auge ist kräftig weiß umrahmt mit schwarzem Augenstreif. Die Mitte des Oberkopfstreifens zeigt ein kräftiges Rotgold.

STECKBRIEF

■ *8,5–9 cm*

■ *grünlich weiße Flügelstreifen; blasse Brillenzeichnung*

■ *Männchen: orangefarbener Oberkopfstreifen, beim Weibchen gelb*

▲ *Sommergoldhähnchen: deutlich bunter und kräftiger gezeichnet, schwarzer Augenstreif*

kugeliger Nestnapf aus Moos und Spinnweben hoch in Nadelbäumen

♪ *feines, hohes „tsii-tsii-tsii“*

Grauschnäpper

Muscicapa striata

Von einer Warte aus in aufrechter Sitzhaltung und unter ständigem Flügel- und Schwanzzucken jagt der unscheinbar gefärbte Grauschnäpper vorbeifliegende Insekten. Hat er nach kurzem, akrobatischem Flug seine Beute gefangen, hört man deutlich das Klappen des breiten Schnabels.

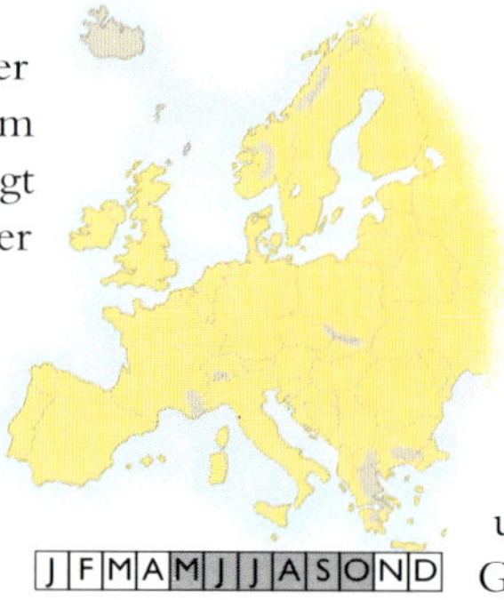

Grauschnäpper kommen in lichten Wäldern, größeren Parkanlagen und Gärten vor und brüten dort in Halbhöhlen oder Nischen und in Nistkästen. Von den Weibchen des Trauerschnäppers unterscheiden sie sich durch das Fehlen von Weiß im Flügel und durch die gestreifte Brust. Ihr Gesang ist einfach und nur aus drei bis vier rufartigen Lauten zusammengesetzt. Grauschnäpper überwintern in Afrika.

Grauschnäpperpaar am Nistkasten

STECKBRIEF

- *13,5–14,5 cm*
- *braun, Brust und Stirn gestreift*
- *Flügel lang, Schwanz relativ kurz*
- *kleiner Napf aus Halmen in Nischen, Halbhöhlen, Nistkästen*
- ♪ *Ruf: hohes „tsiie" oder „tsrieh" Gesang: kurze, weiche Rufe*

Trauerschnäpper

Ficedula hypoleuca

In Laubwäldern und großen Parks kommt der durch auffälliges Weiß im Flügel gekennzeichnete Trauerschnäpper vor. Er kehrt im Mai aus seinem afrikanischen Winterquartier zurück und verlässt das Brutgebiet schon wieder im August. In typischer Fliegenschnäpperart jagt er von einer Sitzwarte aus nach Fluginsekten, meist in Nähe der Baumkronen. Nördliche Trauerschnäppermännchen sind auf der Rückenseite schwarz, bauchseits weiß. In Mitteleuropa bleiben die Männchen meist braun. Stets ist das Weiß im Flügel bei den Männchen ausgedehnter als bei Weibchen und Jungvögeln. Im Juli/August vermausern beide Geschlechter ins düstere Ruhekleid, das dem der Jungvögel ähnelt (Vollmauser). Im Winterquartier erfolgt der Kleingefiederwechsel (Teilmauser) ins Brutkleid.

J F M A M J J A S O N D

STECKBRIEF

- 12–13 cm
- *Männchen: oberseits braun oder schwarz, auffällig weiße Flügelfelder*
- *Weibchen: oberseits graubraun, weiße Flügelfelder kleiner*
- *Herbst: beide Geschlechter oberseits gleich graubraun*
- *Brut in Baumhöhlen oder Nistkästen*
- ♪ *Ruf: metallisch „bit“, auch wiederholt*

Schwanzmeise

Aegithalos caudatus

Das auffälligste Kennzeichen der nicht zu den echten Meisen gehörenden Schwanzmeise ist der sehr lange, weiß gerandete Schwanz. Über den fast schwarzen Rücken zieht sich ein rötlich brauner Streifen, die Unterseite ist weißlich mit einem feinen Anflug von Rosa. In Mitteleuropa kommen zwei Formen mit unterschiedlicher Kopfzeichnung vor, die „streifenköpfige“ und die „weißköpfige“ Schwanzmeise. Letztere ist die nordöstliche Form. Sie hat einen rein weißen Kopf und die Flügelfedern tragen auffällige weiße Ränder. Schwanzmeisen turnen äußerst geschickt an den Zweigspitzen. Sie bauen kunstvolle Kugelnester aus Flechten und Spinnweben, die mit Federn ausgekleidet sind und ein seitliches Einschlupfloch tragen. Fast das ganze Jahr leben sie in (Groß-)Familienverbänden. Kalte Winternächte verbringen sie in engem Körperkontakt (Schlafreihe).

J F M A M J J A S O N D

weiß-köpfige Schwanzmeise

streife köpfig Schwar meise

Familen-gruppe (Adulte)

STECKBRIEF

- 12–14 cm
- sehr langer Schwanz, kurzer Schnabel
- oberseits schwarz mit rosafarbenen Schultern und Unterschwanzdecken
- Kopf weiß oder gestreift, auch Mischformen
- ▲ Jungvögel: sehr breiter, schwarzer Überaugenstreif, fahlere Farben
- Nestkugel gut getarnt in Astgabeln oder hoch im Geäst; innen mit vielen Federn ausgekleidet
- ♪ Ruf: „tsrrrp“ und „siieh, siieh ...“; beim Gesang gereiht und wiederholt

Blaumeise

Parus caeruleus

J F M A M J J A S O N D

Die echten Meisen sind kleine, rundliche, sehr agile Vögel mit spitzkegelförmigem, kräftigem Schnabel. Unverkennbar ist die an der Bauchseite gelb, an Oberkopf und Rücken blau gefärbte kleine Blaumeise, die häufig auch Futterhäuschen besucht. Sie kommt weit verbreitet in Laub- und Mischwäldern, in Parks und Gärten vor und nimmt gerne Nistkästen an, wenn das Einschlupfloch die richtige Größe hat, und zwar etwa die Größe einer Zweimarkmünze. Die Jungvögel haben noch gelbliche Wangen und eine graugrüne Kappe. Blaumeisen nutzen zur Nahrungssuche die dünneren, äußeren Zweigbereiche. Auf ihrem Speiseplan stehen Insekten, deren Larven und Spinnen sowie feine Samen. Ans Futterhäuschen locken sie vor allem Talg und Sonnenblumenkerne. Sie verstehen es dort auch durchaus sich gegen viel größere und stärkere Vögel durchzusetzen.

adultes ♂

STECKBRIEF

- *11–12 cm*
- *blaue Kopfkappe, graublau auf Flügeln und Schwanz*
- *grünlicher Mantel*
- *gelbe Unterseite, Kopfmaske*
- *Baumhöhlen und Nistkästen mit kleinen Einschlupflöchern*
- ♪ *Ruf: „zi-errr-err-errr", „psieh" oder „zieh, di, di"*

Kohlmeise

Parus major

Sie ist die größte und häufigste unserer Meisen mit charakteristisch schwarzem Kopf und breiten, weißen Wangen, gelbem Bauch, der in der Mitte von einem schwarzen Streifen geteilt ist, und grünlichem Mantel. Auf den Flügeln bläulich grau mit weißen Rändern. Die alten Männchen sind viel intensiver gefärbt als die Weibchen und ihr Längsband auf der Brust ist breiter und kräftiger. Kohlmeisen sind verbreitet und häufig, insbesondere, wo ihnen Nistkästen und im Winter Futter geboten werden. In den Bruthöhlen nächtigen sie auch, vor allem im Winter. Sie streifen gerne in kleinen Gruppen umher und fallen durch ihr „munteres" Wesen auf. Meist zeigen sie sich dem Menschen gegenüber wenig scheu. Die Jungen sind dunkler gefärbt und sehen den kleineren, durch einen auffällig weißen Nackenfleck gekennzeichneten Tannenmeisen (*P. ater*, 10,5–11,5 cm) ähnlich, die in Nadelwäldern leben. Samen von Fichten spielen im Winter für die Sicherstellung der Nahrung von Tannenmeisen eine große Rolle. Im Sommer und zur Brutversorgung suchen sie, wie alle Meisen, Insekten.

STECKBRIEF

■ *13,5–14,5 cm*

■ *Kopf schwarz mit weißen Wangen; Oberseite bläulich grün*

■ *Unterseite gelb mit schwarzem Brustlängsband*

▲ *Tannenmeise mit weißem Nackenfleck und „matter" gefärbt*

Höhlenbrüter

♪ *Ruf: buchfinkenähnlich „pink, pink" Gesang: „zi-zi-bä" in Variationen*

Kleiber

Sitta europaea

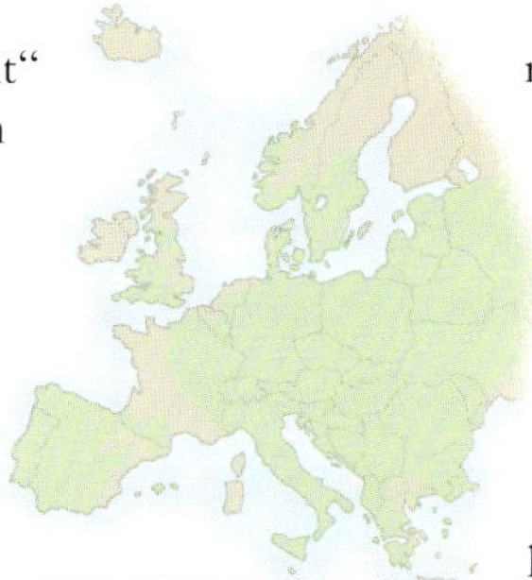

J F M A M J J A S O N D

Ein lautes, wiederholtes „tuit, tuit" ist oft der erste Hinweis auf den Kleiber in Wäldern und Parks. Um ihn zu entdecken gilt es, Baumstämme und große Äste abzusuchen, denn an diesen klettert der Kleiber kopfaufwärts und -abwärts herum. Er sucht in Rindenritzen und -spalten nach Insekten, Spinnen und deren Eiern oder Larven. Im Winter schließt er sich oft im Wald herumziehenden Kleinvogelgruppen an oder er besucht Futterplätze.

Die Kleiber sind in Europa und Asien in vielen Unterarten weit verbreitet. Sie unterscheiden sich in Färbung und Größe. Die mitteleuropäische Unterart *(S.e. caesina)* ist unterseits rostbraun, die nordeuropäische Unterart *(S. e. europaea)* hingegen weiß. Bei den Männchen sind die Flanken intensiver gefärbt als bei den Weibchen. Bekannt sind die Kleiber für das Verkleben der Einschlupflöcher zu ihren Bruthöhlen auf die genau für sie passende Größe.

STECKBRIEF

- *13,5–14,5 cm*
- *graublaue Oberseite, schwarzer Augenstreif*
- *rostbraune Unterseite, weiße Kehle*
- *Schnabel lang und kräftig*
- *Höhlenbrüter, Eingang wird passend mit Lehm verklebt*
- *Ruf: laut „tuit"*
- *Gesang: lange Reihen von „pju, pju"*

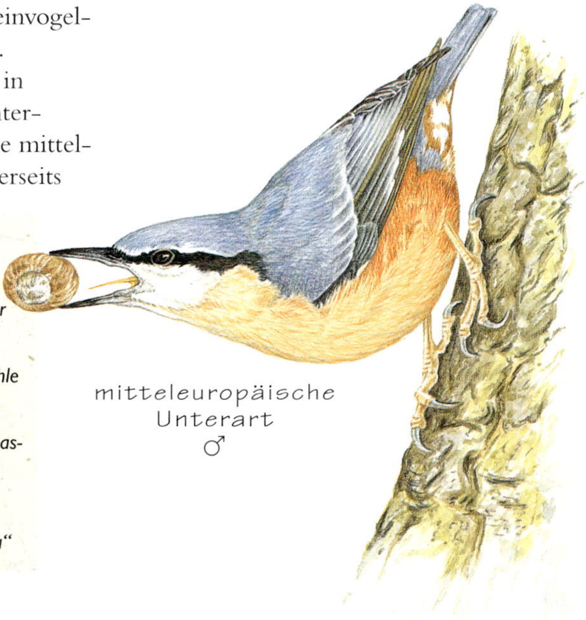

mitteleuropäische Unterart ♂

Waldbaumläufer

Certhia familiaris

Anders als die Kleiber klettern die kleinen, schuppig-bräunlich gefiederten Baumläufer an den Baumstämmen nur aufwärts, und zwar meistens spiralig. Oben angelangt, fliegen sie zum nächsten Baum und fangen dort wieder unten an. Mit ihrem langen, gebogenen Schnabel durchsuchen sie die Rinde nach Insekten und Spinnen sowie deren Eiern. Ihr Gefieder tarnt sie vorzüglich. Die spitzen, steifen Schwanzfedern stützen beim Klettern ab, ähnlich wie bei Spechten.

Die beiden in Europa vorkommenden Arten sind schwer voneinander zu unterscheiden. Der Waldbaumläufer hat eine weiße Unterseite und einen kräftigeren weißen Überaugenstreif; der Gartenbaumläufer (*Certhia brachydactyla*, 12–13 cm) hat schmutziggraubraune Flanken und kürzere Krallen. Beide Arten unterscheiden sich deutlich im Gesang. Während der Waldbaumläufer geschlossene Wälder besiedelt, kommt der Gartenbaumläufer auch in Gärten und Parks vor. Der Gartenbaumläufer ist von Nordafrika und Westeuropa bis zum Kaukasus verbreitet, die Heimat des Waldbaumläufers erstreckt sich von Westeuropa bis Japan und Nordamerika.

STECKBRIEF

- ■ *12–13 cm*
- ■ *Oberseite braun, stark gestreift, unterseits weiß*
- ■ *feiner, gebogener Schnabel*
- ■ *spitz-steife Schwanzfedern*
- ▲ *Gartenbaumläufer: verwaschen braun am Bauch und Unterschwanz*
- *unter größeren Rindenspalten oder in besonderen Nistkästen*
- ♪ *Ruf: „tssiiet“; beim Gartenbaumläufer: kräftig „tit, tit“*

Eichelhäher

Garrulus glandarius

Scheu, weil stark bejagt, aber weit verbreitet und häufig ist der bunte Eichelhäher, der insbesondere durch seine blauweißschwarzen Flügelrandfedern auffällt. Im Wald reagiert er auf Störungen durch lautes Rätschen. Sein Flug ist langsam mit unregelmäßigen Flügelschlägen, dabei zeigen sich die weißen Flügelfelder. Vom kräftigen Schnabel aus zieht sich ein breiter, schwarzer Streifen zur Kehlseite.

J F M A M J J A S O N D

Eichelhäher bevorzugen Wälder und Parks. Im Herbst und Frühwinter ziehen sie manchmal in großer Zahl südwärts und suchen Städte und Dörfer auf – ein Zeichen, dass sich die Bestände in Nord- und Osteuropa zu stark vermehrt haben. Eichelhäher kommen auch an Futterstellen für Vögel und Wild. Sie betreiben „Vorratswirtschaft“: Im Herbst verstecken sie Eicheln und Bucheckern an leicht auffindbaren Stellen. Dennoch werden viele Depots vergessen, mit dem Ergebnis, dass dort Bäume keimen. Eicheln tragen die Vögel zu mehreren in ihrer weiten Kehle.

adult

STECKBRIEF

■ *33–36 cm*

■ *unverkennbar: blau-weiß-schwarz am Flügel; blassbraun oberseits*

mittelgroßer Nestnapf aus Zweigen in hohen Bäumen und Büschen

♪ *Stimme: laut rätschend*

Saatkrähe

Corvus frugilegus

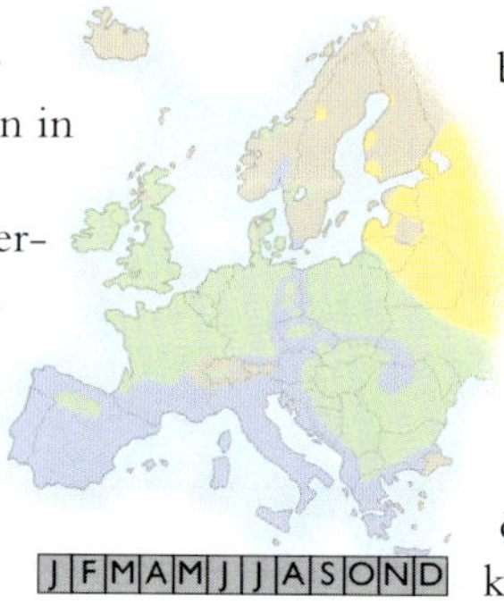

Saatkrähen brüten nur in geringer Zahl in weit verstreuten Kolonien in Mitteleuropa, kommen aber im Spätherbst in großen Scharen als Wintergäste aus dem Osten. Dann suchen sie, häufig gemeinsam mit Dohlen, auf den Feldern und in den Städten nach Nahrung. Die Altvögel sind an dem langen, am Ansatz grindiggrauen Schnabel und am Blauschiller im Gefieder zu erkennen. Das Bauchgefieder reicht hosenartig zu den Beinen hinunter. Jungvögeln fehlt der helle Schnabelgrund. Dann können sie mit den fast gleich großen Rabenkrähen verwechselt werden. Die Rabenkrähen (*C. corone corone*, 45–49 cm) sind Standvögel und leben das ganze Jahr über paarweise oder streifen in Nichtbrütergruppen umher. Ihr Schnabel ist kürzer und das Bauchgefieder liegt enger an als bei den Saatkrähen. Sie sind „Allesfresser". Ihre östlich der Elbe und Böhmens vorkommenden Vettern, die Nebelkrähen (*C. corone cornix*), sind auffällig weißgrau und schwarz gefärbt. Zwischen ihnen und den Rabenkrähen gibt es Mischlinge.

STECKBRIEF

- ■ *45–47 cm*
- ■ *schwarz mit langem Schnabel*
- ■ *adult: nackte Schnabelbasis*
- ■ *Jungvogel: Schnabelbasis befiedert*
- ▲ *Rabenkrähe: stets mit schwarzer Basis des kürzeren Schnabels*
- ▲ *Nebelkrähe: grauer „Mantel", Bauch und Nacken*
- *flaches Zweignest, meist in Baumkronen und in lockeren Kolonien*
- ♪ *Stimme: rau „kraaah"*

Buchfink

Fringilla coelebs

Einer der häufigsten Singvögel in lichten Wäldern, Parks und Gärten ist der Buchfink. Die Männchen sind am graublauen Oberkopf und den schwarzweißen Flügelbinden gut zu erkennen. Die Weibchen sind zwar nicht so farbig, haben aber auch die typischen Flügelbinden und dazu noch weiße Schwanzkanten. Da die meisten Weibchen im Winter in den Mittelmeerraum ziehen, die alten Männchen dagegen aber den Winter im Brutgebiet verbringen, erhielt die Art den wissenschaftlichen Namen *coelebs* = unbeweibt.

Buchfinken ernähren sich von Samen, Beeren, Knospen, Insekten und deren Larven. Das halbkugelige Nest aus Halmen und Moosen wird nur vom Weibchen gebaut.

Nah verwandt ist der invasionsartig im Herbst und Frühwinter aus dem Norden einfliegende Bergfink *(Fringilla montifringilla)*. Er hat die gleiche Größe, einen weißen Bürzel und Bauch sowie eine orangefarbene Brust. Männchen tragen im Brutkleid eine schwarze Kopfkappe bis zum Vorderrücken. Farbänderungen entstehen durch Abnutzung der Federn.

STECKBRIEF

■ *14,5–16 cm*

■ *Männchen: Brutkleid prächtig graublau-rostrot-weiß gefärbt*

■ *Männchen und Weibchen: Ruhekleid bräunlich-grünlich*

▲ *Bergfink: rostorangefarbene Brust, weißer Bauch und Bürzel*

Napf aus Halmen und Moos, ausgekleidet mit Federn und Haaren

♪ *Ruf: „pink, pink"; trillernder Gesang*

Grünling

Carduelis chloris

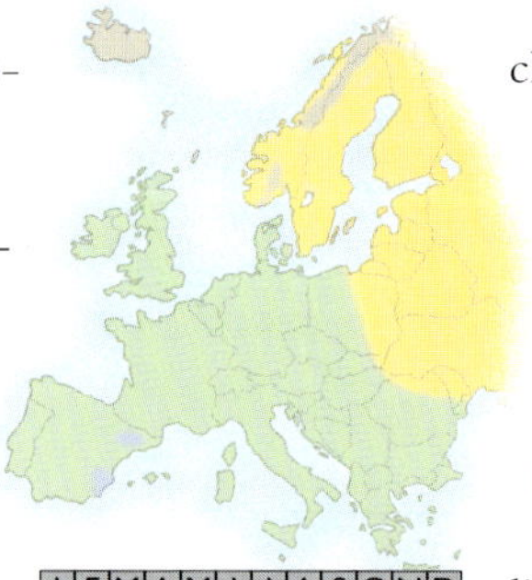

In Europa ist er der größte der gelbgrünen Finkenvögel; man erkennt ihn an den intensiv gelben Federn in Flügeln und Schwanz sowie am hellen, dickkegelförmigen Schnabel. Die Männchen zeigen, wie bei den meisten Finkenvögeln, leuchtendere und intensivere Farben als die Weibchen. Jungvögel ähneln den Weibchen, sie haben rücken- und bauchseits leichte Streifen.

Grünlinge sind weitgehend Standvögel, die im Winter gerne Futterhäuschen aufsuchen und im Sommer eher unauffällig bleiben. Sie leben in größeren Gärten, Parks und an Waldrändern oder in größeren Hecken. Im Frühjahr vollführen die Männchen schmetterlingsartige Singflüge. Dabei wird das Gelb im Gefieder besonders gut sichtbar.

Der dicke Schnabel verweist auf die Nahrung: harte Körner, sogar vom Hanf, oder Samen von Heckenrosen. Insekten werden an die Jungen verfüttert.

STECKBRIEF

- *14–15 cm*
- *großer, heller Schnabel*
- *grün mit gelben Feldern im Flügel und gelben Schwanzkanten*
- *lockerer Napf aus Halmen und Moos, innen mit Würzelchen ausgelegt*
- ♪ *Ruf: „dschwuid“ oder „di,di,di ...“; Gesang: kanarienartige Triller mit Pausen, gemischt mit nasalem „dswiie“*

Fichtenkreuzschnabel

Loxia curvirostra

J F M A M J J A S O N D

Kreuzschnäbel sind große, kräftige Finken, deren Schnabelspitzen sich in einzigartiger Weise überkreuzen. Damit können sie die Schuppen von Koniferenzapfen öffnen und die nahrhaften Samen herausholen. Das Gefieder der Männchen variiert stark von Grüngelb mit einigen rötlichen Federn bis zu intensivem Rot. Die Weibchen sind bräunlich grün mit gelblichem Bauch oder grau, die Jungvögel kräftig dunkel gestreift.

Die Brutstimmung wird von den reifenden Fichtenzapfen ausgelöst und kann schon im Februar beginnen. Die fast ausschließlich aus ölhaltigen Samen bestehende Nahrung zwingt die Kreuzschnäbel zu regelmäßigem Trinken. Man kann sie daher gut an Wasserstellen beobachten. In den Baumkronen fallen sie durch ihre harten, recht lauten „gip, gip, gip ...“-Rufe auf. Aus Skandinavien kommen sie in Jahren starker Vermehrung in großer Zahl nach Mitteleuropa. Dann können auch Kiefernkreuzschnäbel (*L. pytyopsittacus,* 16,5–17,5 cm) darunter sein. Ihr Schnabel ist kräftiger und ihr Kopf eckiger. Sie können die Zapfen abbrechen und mit einem Fuß zum Herausholen der Samen festhalten.

STECKBRIEF

■ *16–17 cm*

■ *Schnabelspitzen in einzigartiger Weise gekreuzt*

■ *Männchen: variabel von Grünlich bis Rot mit gelblicher Brust*

■ *Weibchen: grünlich, gelbgrüner Rumpf*

▲ *Kiefernkreuzschnabel mit großem Kopf und sehr kräftigem Schnabel*

Nestnapf, dick mit Rinde, Bast, Haaren oder Federn ausgelegt

♪ *Ruf: laut „gip, gip, gip ...“*

Gimpel, Dompfaff

Pyrrhula pyrrhula

J F M A M J J A S O N D

♂

Färbung, Zeichnung und die bullige Form machen das Gimpelmännchen unverkennbar. Männchen haben eine graue Brust. Weibchen und Jungvögel sind schwächer gefärbt, letzteren fehlt das Schwarz am Kopf. Beide haben wie das Männchen einen dicken, breiten Schnabel und die rundliche Kopfform. Kennzeichnend sind auch die breite weiße Flügelbinde und der weiße Bürzel im Flug.

Melodische, tiefe „djü"-Pfiffe verraten die Gimpel im Geäst. Im Winter kommen sie gerne an Futterhäuschen. Gimpel ernähren sich von Pflanzensamen, Knospen und Beeren. Sie leben in größeren Gärten, Parks und an Waldrändern. Noch erheblich größer und mit einem klobigen Schnabel ausgestattet ist der Kernbeißer (*Coccothraustes coccothraustes*, 17–18 cm). Sein Schnabel ist zur Brutzeit stahlgrau und im Winter gelblich, er eignet sich sogar zum Knacken von Kirschkernen. Der Kehllatz fehlt bei den Jungvögeln. Kernbeißer sind weit verbreitet, aber nicht häufig. Man findet sie in großen Obstgärten und Auwäldern.

♀

STECKBRIEF

■ *14–16 cm*

■ *Männchen: Kopf oberseits schwarz, grauer Rücken, rötliche Brustseite*

■ *Weibchen: oberseits braungrau, blasser*

▲ *Kernbeißer: viel größer, mit sehr massigem Schnabel*

flacher Napf aus Ästchen, mit Haaren und Wurzeln ausgekleidet

♪ *Ruf: weich und tief „djü"*

Gimpel ♂

Feld und Flur

HECKEN sind besonders wertvolle Lebensraumelemente der offenen Flur. Hier findet man Grasmücken, Feldsperlinge, Goldammern, Neuntöter und sogar den Steinkauz.

GRÜNLAND bietet wichtige Nahrung für Gänse, Störche und Drosseln, vor allem wenn es als Weideland genutzt wird. Falken und Weihen suchen dort nach Beute.

VIEHWEIDEN werden von Schafstelzen, Feldlerchen, mitunter auch von Uferschnepfen und den anderen Arten des Graslandes genutzt.

WEGRÄNDER Ungeteerte Feldwege sind wichtig. Dort finden die Vögel die notwendigen Magensteinchen und können staubbaden oder in Pfützen baden.

Feld und Flur

Wiesen, Dünen, Äcker, Niedermoore

Die Bezeichnung „Feld und Flur" umfasst eine ganze Reihe unterschiedlicher Lebensräume und so sind die betreffenden Gebiete auch entsprechend artenreich. Zumindest war das der Fall, bevor durch die Intensivlandwirtschaft viele wichtige Strukturen, wie Hecken, Feldgehölze, Hohlwege, Feuchtstellen oder trockene Triften und Ackerraine, zerstört wurden und die Vielfalt der Lebensbedingungen einer weitgehenden Vereinheitlichung Platz machen musste.

Vor allem Hecken und Raine gingen im letzten halben Jahrhundert in großem Umfang verloren – und mit ihnen viele Arten frei lebender Tiere und Pflanzen. Die Vielfalt der Flur ist der einseitigen Nutzung durch moderne Massenproduktion gewichen und ihr Verlust wird auch im Hinblick auf das Landschaftsbild beklagt.

Stellen, an denen noch Lerchengesänge die Frühlingsmorgen erfüllen, wo Rebhühner fliegen und solch bunte Kostbarkeiten wie der Wiedehopf oder die Blauracke vorkommen, gibt es kaum noch irgendwo in Mitteleuropa. Die freie Flur ist hier von einem Einheitsgrün überzogen, das keine bunten Blumen und prächtig gefärbten Schmetterlinge mehr zulässt.

In keinem anderen Lebensraum sind bei so vielen Arten so starke Verluste festzustellen wie in der Flur. Es gibt nur noch wenige Vogelarten, deren Fortbestand hier nicht gefährdet ist. Typische Arten, wie das Rebhuhn, die Grauammer oder die Wachtel, sind weithin verschwunden. Von Uferschnepfen und Brachvögeln brüten nur noch letzte Reste im Binnenland und sogar die Feldlerchen werden fast überall in Mitteleuropa seltener. Besonders kritisch ist die Lage beim Wachtelkönig. Nur wenn man in der Landwirtschaft umdenkt und sich erneut auf das Miteinander mit frei lebenden Tieren und Pflanzen einstellt, wird sich die natürliche Vielfalt der Fluren wiederherstellen lassen.

ÄCKER, frisch gepflügt, ziehen Möwen, Kiebitze und Krähenschwärme an. Im Winter finden sich darauf mitunter auch Goldregenpfeifer nahe der Küste und verschiedene Kleinvögel ein.

ZÄUNE werden von vielen Vogelarten als Ansitzwarten genutzt. Auch Schwalben und Neuntöter, Stare und Uferschnepfen oder Bekassinen sitzen hier um ein Sonnenbad zu nehmen oder einfach besseren Ausguck zu haben.

VOGELBEOBACHTUNG in FELD und FLUR

Das Offenland bietet gute Voraussetzungen für die Beobachtung zahlreicher Vogelarten – vom Greifvogel, der auf einem Pfosten sitzt, bis zur Lerche, die am Boden nach Nahrung sucht.

Es mag etwas befremdlich klingen, aber beim Beobachten von Vögeln im offenen Gelände ist ein Auto sehr von Nutzen. Zahlreiche Arten fühlen sich von einem stehenden Fahrzeug nicht gestört und kommen nahe heran. Der Vogelbeobachter sieht auf diese Weise mehr als bei einem Beobachtungsgang zu Fuß.

Vom Auto aus oder unterwegs im Gelände sollte man stets Zäune, Pfosten oder über Land führende Leitungen im Auge behalten, viele Arten nutzen solche exponierten Stellen als Ausguck. Grauammern z. B. singen dort, wo sie noch vorkommen, gerne von Leitungsdrähten herab und insbesondere im Winter trifft man Greifvögel auf Pfosten und Masten im Ansitz an. Sogar als Brutplätze werden Masten benutzt, so von den Fischadlern in Ostdeutschland oder anderswo von Kolkraben und Störchen. Masten ersetzen in der offenen Flur die Bäume. Viel zu beobachten gibt es an frisch gepflügten Äckern. Die freigelegten Würmer, Engerlinge und anderen Insektenlarven

IM FREIEN *Nebel hebt sich gerade über der Feuchtwiese, einem Lebensraum mit einigen besonderen Vögeln, wie Bekassine oder Brachvogel. Der rufende Rebhahn (ganz oben) lässt sich abends am besten beobachten. Der Kiebitz (oben Mitte), auch ein Wiesenbrüter, lenkt ein Schaf von seinem Gelege ab. Hochinteressante Studiengebiete für fortgeschrittene Vogelbeobachter sind die arktische Tundra oder auch Hochgebirgsmatten (oben).*

sind für zahlreiche Vögel eine willkommene Beute. Sogar Lerchen und Pieper sehen nach, ob für sie etwas zu finden ist. Am stärksten interessieren sich aber Möwen, Krähen und Störche für das Nahrungsangebot in der aufgeworfenen Erde. Deshalb folgen sie gelegentlich auch direkt dem Pflug.

Oft schließen sich Vögel in Feld und Flur zu Gruppen oder Schwärmen zusammen, so sind sie dann sicherer vor Feinden. Solche Schwärme können mehrere Arten umfassen. Gern lassen sich die Vögel auf einzelnen Bäumen in Hecken oder Feldgehölzen nieder.

Jahreszeitlicher Wechsel

Im Herbst und Winter trifft man auf den abgeernteten Feldern eine große Zahl von Vögeln an. Auch solche, die in Städten oder in Wäldern genistet haben, nutzen jetzt hier das Nahrungsangebot, zumal die Flur offener und zugänglicher geworden ist. Die besten Zeiten zum Beobachten in Feld und Flur sind daher der Herbst und der Winter. Der Beobachter kann nun sogar seltene Pieper, Ammern und Finken oder besondere Arten von Greifvögeln entdecken. An der Häufigkeit der Vögel im Herbst lässt sich auch ablesen, wie gut und günstig die Brutsaison verlaufen ist.

Beobachtungstaktik

Der freie Blick übers Grasland hat eindeutige Vorteile, doch nicht in Bezug auf alle Vogelarten und auch nicht das ganze Jahr über. So sind die Männchen typischer Brutvogelarten der Fluren im Frühjahr und Frühsommer, wenn sie singen und ihr Revier anzeigen, viel leichter auszumachen als im Herbst und Winter bei ihrer unauffälligen Nahrungssuche am Boden. Das gilt vor allem für die manchmal schwer zu bestimmenden Ammern- und Pieperarten. Zwei Beobachter haben es hier leichter. Fliegt ein unscheinbarer Vogel auf, der bestimmt werden soll, kann sich der eine Vogelfreund die Stelle merken, an der er wieder gelandet ist, während der zweite vorsichtig darauf zugeht.

Deckung ausnutzen

Hecken und Waldränder bieten oft relativ gute Deckung. Auch halten sich dort besonders viele Vögel auf. Im Schutz des Gehölzes kann sich der Beobachter den Vögeln des angrenzenden freien Geländes besser nähern, gleichzeitig aber auch die Vögel im Gesträuch beobachten.

Ausrüstung

Unentbehrlich ist bei der Vogelbeobachtung das Fernglas. Zur „Überbrückung" der Fluchtdistanz mancher Arten im freien Gelände kann auch ein Fernrohr eingesetzt werden. Es ermöglicht störungsfreies Beobachten. Für motorisierte Beobachter gibt es sogar ein spezielles Stativ, mit dem sich das Fernrohr am Autofenster fixieren lässt (S. 62–65). So werden die Vorteile von „Autoversteck" und Fernrohr kombiniert.

IN OFFENER FLUR *lassen sich die meisten Arten aus der Ferne gut beobachten, nahe heranzukommen ist dagegen schwierig. Arten wie die Feldlerche (oben) setzen sich gerne auch auf Weidezaunpfosten.*

Kuhreiher

Bubulcus ibis

Von Südwesteuropa sich ausbreitend hat dieser kleine Reiher gerade den westlichen Randbereich Mitteleuropas erreicht. Er wirkt gedrungen, kurzhalsig und folgt häufig dem Weidevieh um aufgescheuchte Insekten zu fangen. Manche Kuhreiherschwärme haben auch gelernt zu diesem Zweck den Traktoren zu folgen. In lockeren Gruppen fliegen sie abends zum gemeinsamen Schlafplatz.

Den größten Teil des Jahres haben die Kuhreiher ein fast weißes Gefieder. Der Schnabel ist gelb, die Beine sind dunkel. Zu Beginn der Brutzeit entwickeln sich dann goldbraune Schmuckfedern an Kopf, Brust und Rücken, der Schnabel wird rötlich, die Beine verfärben sich orange.

Kuhreiher haben erst vor gut 100 Jahren Amerika besiedelt. Von Afrika aus überflogen sie den Südatlantik und breiteten sich über fast ganz Südamerika bis nach Nordamerika aus. Heute sind sie bereits die häufigsten Reiher Amerikas. Vor allem Jungreiher streifen im Herbst weit umher. Gelegentlich kommen sie nach Deutschland und in die angrenzenden Gebiete.

adult, Winterkleid

STECKBRIEF

- 45–54 cm
- klein und untersetzt
- dicke „Kinnbacken“
- Brutkleid: goldbraune Federn an Oberkopf, Brust und Rücken
- lockere Plattform aus Zweigen in niedrigen Bäumen oder im Schilf
- Ruf: kurz und dumpf „arg“

Weißstorch

Ciconia ciconia

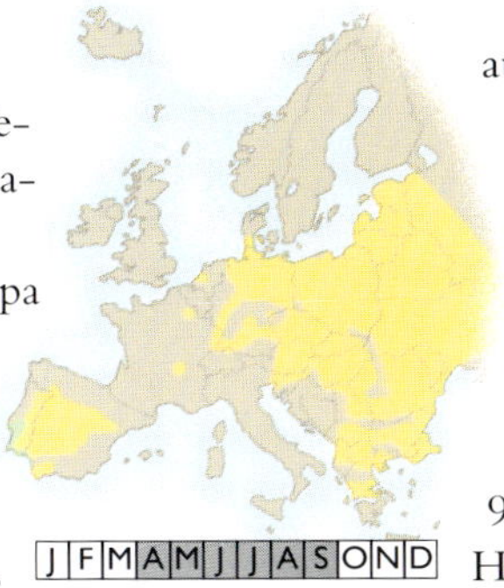

Der große, weiße Schreitvogel mit den schwarzen Schwungfedern, dem langen, roten Schnabel und den roten Stelzbeinen kommt von Nordwestafrika über Südwesteuropa bis Osteuropa und Westasien vor. Weißstörche besiedeln offene Landschaften mit Feuchtgebieten. Dort suchen sie mit weit ausholenden Schritten nach Mäusen, Großinsekten, Fröschen und anderen Kleintieren. Ihr großes Nest bauen sie in Dörfern auf Türmen, Bäumen und Dächern. Sie benutzen es viele Jahre. Obwohl durch künstliche Nisthilfen gefördert, gingen die Weißstorchbestände in weiten Teilen West- und Mitteleuropas zurück. Hauptursache dafür war wohl die Umstellung von der Weide- auf die Stallviehhaltung. Da die westeuropäischen Weißstörche in Afrika überwintern und ihre langen Zugwege am Tag im Segelflug zurücklegen, erleiden sie hohe Verluste.

Statt des Weißstorchs breitet sich der hier seltenere, in Waldgebieten brütende Schwarzstorch (*C.nigra*, 90–100 cm) jetzt kontinuierlich aus. Heute brütet er mit Ausnahme von Baden-Württemberg in allen Teilen Deutschlands. Beide Storcharten sammeln sich auf dem Zug am Bosporus und bei Gibraltar in großen Mengen zum Flug nach Asien bzw. Afrika.

STECKBRIEF

- *100–115 cm*
- *weiß mit schwarzen Schwungfedern*
- ▲ *Schwarzstorch: oberseits schwarz schillernd, Bauch weiß; kleiner*
- *großer Nestbau aus Zweigen und Knüppeln*
- ♪ *kennzeichnendes Schnabelklappern*

Singschwan

Cygnus cygnus

J F M A M J J A S O N D

Laute, trompetende Rufe verkünden die Ankunft der Singschwäne in ihren Winterquartieren, den Niederungen in Norddeutschland und entlang den Küsten von Nord- und Ostsee. Ins tiefere Binnenland ziehen sie nur in geringer Zahl. Sie kommen im Spätherbst aus ihren Brutgebieten in der arktischen Tundra an und fliegen im Frühjahr wieder zurück. Singschwäne sind fast so groß wie Höckerschwäne, aber anders als diese halten sie den Hals meist fast gerade und ihre Schnäbel sind schwarzgelb. Das Gelb der Schnabelwurzel reicht seitlich spitz nach vorn und endet nicht stumpf wie beim Zwergschwan *(C. columbianus bewickii)*. Schon beim noch rosaschwarz gefärbten Schnabel der jungen Singschwäne lässt sich das Muster der Alten erkennen.

Die Jungen sind einheitlich graubraun und oft noch im Familienverband, wenn sie im Winterquartier ankommen.

Der seltenere Zwergschwan (116–128 cm) ist erheblich kleiner als der Singschwan. Beide Arten suchen Wiesen in Flussniederungen und an der Küste auf, in der kalten Jahreszeit ernähren sie sich von Wintersaaten.

Singschwan Jungvogel & adult

Zwergschwan adult

STECKBRIEF

- 145–160 cm
- langer Hals, gestreckter Kopf
- adult: weiß, Schnabel schwarzgelb
- Jungvogel: graubraun, Schnabel rosa
- ▲ Zwergschwan: kleiner, kürzerer Hals, mehr Schwarz am Schnabel
- großes Schilfnest im Flachwasser, Röhricht oder auf kleinen Inseln
- ♪ Flugruf: wohlklingend „anghö", nasal, trompetend

Sing schwa

Zwergschwäne

Kurzschnabelgans

Anser brachyrhynchus

Kurzschnabelgänse, die in Grönland und Island brüten, überwintern auf den britischen Inseln; die kleinere Brutpopulation aus Spitzbergen verbringt den Winter an der südlichen Nordseeküste. Ins mitteleuropäische Binnenland gelangen diese kurzschnäbligen, durch einen rosa Farbton auf dem Schnabel und an den Beinen gekennzeichneten Verwandten der deutlich größeren und viel weiter verbreiteten Saatgans (*A. fabalis,* 70–89 cm) nur selten. Wie die Saatgänse grasen sie auf Wintersaaten und Wiesen, die nicht vom Schnee bedeckt sind. Die Saatgänse brüten in Moorgebieten und Flussniederungen der Taigazone Nordeuropas (Taigasaatgans) bzw. in der nordrussischen Tundra (Tundrasaatgans). In großen Scharen kommen sie im Winter ins mittlere und südöstliche Mitteleuropa – in neuerer Zeit in zunehmendem Maße, da sie nicht mehr so intensiv wie früher bejagt werden.

Saatgänse haben einen längeren Schnabel, orangefarbene Beine und einen deutlich längeren Hals. Besonders viele sammeln sich am Niederrhein und stellenweise in Ostdeutschland sowie am Neusiedler See in Österreich. In Keilformation, oft zu mehreren hintereinander gestaffelt, fliegen sie tagsüber, vornehmlich aber abends ihre Rastplätze auf Seen und Stauseen an.

STECKBRIEF

■ *61–76 cm*

■ *mittlere Gänsegröße, rosa Beinfarbe*

■ *dunkelbrauner Kopf und Hals*

■ *schwarzrötlicher Schnabel*

▲ *Taigasaatgans: größer, großer orangefarbener Schnabel, Beine orange*

reichlich mit Daunen ausgepolsterte Nestmulde in der Tundra

♪ *Ruf: hoch, bellend „ai-qii"*

Blessgans

Anser albifrons

Tausende von Blessgänsen bieten zusammen mit Saatgänsen im Winter am Niederrhein oder in der ungarischen Tiefebene ein großartiges Schauspiel, wenn sie laut rufend auffliegen. Altvögel sind von Saatgänsen leicht am weißen Ring um die Schnabelwurzel und an den schwarzen Querbändern auf dem Bauch zu unterscheiden. Bei den Jungvögeln fehlen diese Kennzeichen ganz oder noch weitgehend. Es kommen zwei Unterarten vor. Die eine hat einen orangefarbenen Schnabel und überwintert, aus Grönland kommend, vornehmlich auf den Britischen Inseln. Die andere – mit rosafarbenem Schnabel – fliegt von Sibirien zum Überwintern an die Nordsee und nach Südosteuropa. Blessgänse kommen in Familiengruppen an, die Bindungen lösen sich jedoch im Lauf des Winters. Die Männchen sind größer und wachsamer als die Weibchen. Nachbarn halten sie mit einer besonderen, nach unten gerichteten Kopfbewegung auf Distanz. Mit dem Wirksamwerden jagdlicher Beschränkungen stiegen die Überwinterungszahlen der Blessgänse kräftig an, vor allem in Norddeutschland und den Niederlanden.

Blessgänse sind kleiner als die ähnlichen Saatgänse, jedoch größer als die Zwerggänse *(A. erythropus)*, deren Weiß sich auf der Stirn bis übers Auge hochzieht.

STECKBRIEF

- 65–77 cm
- graubraun, weißer Schnabelring
- adult: kräftige schwarze Bänderung auf dem Bauch
- Jungvogel: Bänder und weißer Schnabelring fehlen
- Nestmulde in der Tundra, mit Daunenfedern ausgelegt
- ♪ Ruf: hoch „kiau-liau" wie das Kläffen kleiner Hunde

Weißwangengans

Branta leucopsis

Diese kleine, schwarzweiße Gans aus der Hocharktis ist an ihrem charakteristischen weißen Gesicht zu erkennen. Sie überwintert an den Küsten um die südliche Nordsee und kommt sehr selten ins Binnenland. Jede Population der verschiedenen arktischen Regionen hat ihr eigenes Winterquartier. So überwintern die Weißwangengänse aus Grönland in Irland und Schottland sowie in Nordengland, während die sibirischen nach Norddeutschland und in die Niederlande kommen. Das weiße Gesicht unterscheidet diese Art von der auf Entfernung ähnlich wirkenden, dunkleren Ringelgans (S. 237). Dazu kommt der scharfe Kontrast zwischen schwarzer Brust und hellgrauem Bauch. Weißwan-gengänse grasen in dicht gedrängten Scharen im Küstengrünland und auf Salzwiesen. Ihre Aktivität richtet sich nach den Mondphasen. Während sie normalerweise tagsüber Nahrung suchen, verlegen sie bei Vollmond diese Tätigkeit in die Nacht. Auch der Gezeitenrhythmus nimmt bei den Weißwangengänsen Einfluss auf den Wechsel zwischen Ruhen und Grasen.

STECKBRIEF

- *58–69 cm*
- *Hals und Brust schwarz, Gesicht weiß*
- *Bauch blassgrau, gewölkt, Rückenseite grau gebändert*
- *Nest in Mulden auf Klippen, mit Daunen ausgelegt*
- *♪ Ruf: bellend „rak-rak“*

Familie mit aggressivem ♂

Pfeifente

Anas penelope

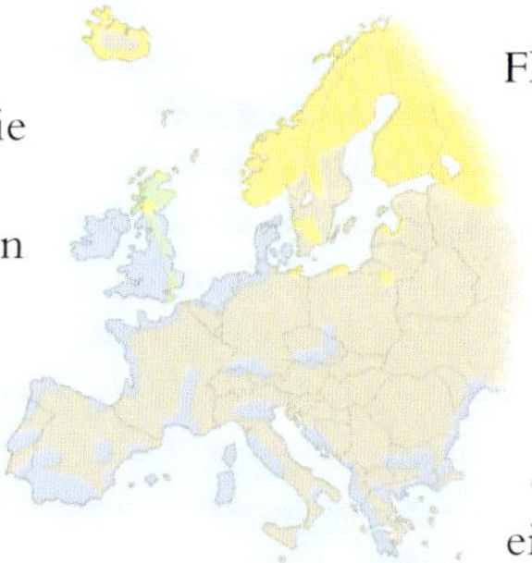

J F M A M J J A S O N D

Auf küstennahen Feuchtwiesen und in Flussniederungen sind die wie kleine Gänse grasenden Pfeifenten ein vertrautes Bild. Sie gehen in eng zusammenhaltenden Gruppen über die kurzrasigen Flächen oder die Salzwiesen und rupfen mit ihrem kurzen, gedrungenen Schnabel die Spitzen der Gräser ab. Wie andere Enten suchen die Pfeifenten aber auch im Flachwasser nach Nahrung. Die Zugvögel aus den nordischen Brutgebieten treffen im September/Oktober ein, kleinere Gruppen wandern bis tief ins Binnenland. Adulte wie Jungvögel befinden sich in dieser Zeit in allen Stadien des Gefiederwechsels. Man erkennt jedoch die alten Männchen im Flug stets an den großen, weißen Flügelfeldern. Sonst sehen sie den Weibchen im Ruhekleid ähnlich. Doch schon im Spätherbst kommt ihr Prachtkleid wieder hervor und dann fällt vor allem die hellgelbe Stirn auf. Dieses Merkmal teilen sie mit den Kolbenentenmännchen (*Netta rufina*, 53–57 cm), die jedoch einen lackroten Schnabel und ein ganz anderes Färbungsmuster besitzen. Weibchen und Jungvögel der Pfeifenten sind graubraun bis rötlich braun und von allen anderen Entenarten am kurzen, blaugrauen Schnabel zu unterscheiden.

STECKBRIEF

■ *44–49 cm*

■ *Männchen: Körper grau gefärbt, Schwanz schwarz, Kopf kastanienbraun mit hellgelber Stirn, Brust hellbraun; auffälliges weißes Flügelfeld*

■ *Weibchen: einförmig graubraun oder rötlich braun*

Bodennest, mit feinen Halmen ausgekleidet

♪ *Männchen pfeifen kennzeichnend Weibchen: „karr, karr"*

Rebhuhn

Perdix perdix

Das rundliche, kurzschwänzige Rebhuhn, früher ein sehr häufiger Hühnervogel in Feld und Flur, ist vielerorts recht selten geworden, da es kaum noch offene, wildkräuterreiche, von einem Netzwerk von Rainen durchzogene Felder gibt. Dort fand es Sämereien und für das erfolgreiche Gedeihen der Jungen Kleininsekten in ausreichenden Mengen.

Rebhühner leben einen Großteil des Jahres in Gruppen, meist Familienverbänden mit bis über 20 Vögeln, so genannte „Ketten". Im Frühjahr werden die Hähne territorial und rufen laut und weithin vernehmbar „kirr-eck". Die Hennen nisten an geschützten, aber übersichtlichen Stellen, gerne auf Ackerrainen, an Grabenrändern und in Hecken und führen ihre Jungenschar in Deckung zum Sonnenbaden oder zum Staubbad. Aufgescheucht fliegen die Rebhühner laut purrend mit sichelförmig nach unten gehaltenen Schwingen ab. Ketten, die im Winter größere Gruppen bilden, stieben nach allen Seiten auseinander. Ähnlich, aber zu einer anderen Gattung gehörig, ist das in England und Südwesteuropa vorkommende farbig wirkende Rothuhn (*Alectoris rufa*, 33–35 cm) mit rotem Schnabel. Vom Steinhuhn *(A. graeca)* unterscheidet es sich durch ein gestreiftes, nicht scharf gezeichnetes Band um die weiße Kehle. Das Steinhuhn kommt in Mitteleuropa im Alpenraum vor.

Rothuhn

Rebhuhn

STECKBRIEF

■ *29–31 cm*

■ *oberseits braun, unterseits grau*

■ *rostgelbes Gesicht, grauer Schnabel*

■ *schwarzer Brust-/Bauchfleck*

▲ *Rothuhn: oberseits grau, Schnabel und Beine rot, braunweiße Flankenbänderung*

Bodennest in Mulde, reichlich ausgekleidet

♪ *Balzruf: „kirrr-eck", wiederholt*

Wachtelkönig

Crex crex

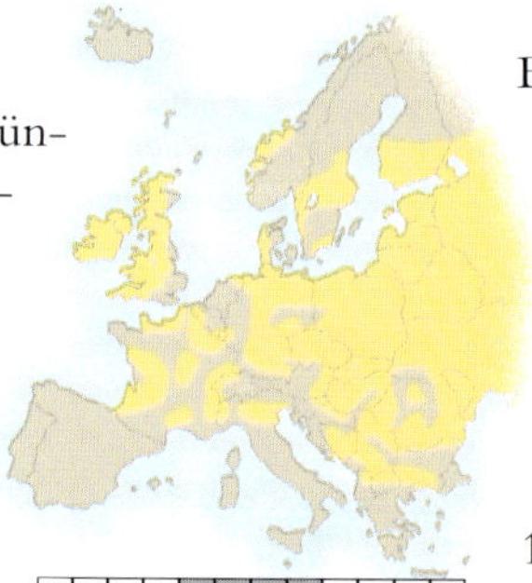

J F M A M J J A S O N D

Der Wachtelkönig hält sich in Mähwiesen und feuchtem Grünland auf. Die Rufe der Männchen, ein trockenes, hölzernes „rrrep-rrrep", sind insbesondere in warmen Frühsommernächten zu hören. Wachtelkönige überwintern in den Savannen Ostafrikas. Sie kommen immer noch ziemlich häufig in den Flussniederungen Osteuropas vor, aber in Mittel- und Westeuropa sind sie sehr selten geworden. Zu frühe Mähtermine, zu dicht aufwachsendes Grünland und Maschinenarbeit auf den Fluren haben die Bestände dezimiert.

Bedeutende Vorkommen in Mitteleuropa gibt es noch in Ostpolen, in Deutschland bestehen nur noch kärgliche Restvorkommen.

Der Wachtelkönig gehört zur großen Familie der Rallen, ähnelt aber einem kleinen Hühnervogel, der Wachtel (*Coturnix coturnix*, 16–18 cm), die auch ähnliche Lebensräume besiedelt. Sie leidet unter denselben Veränderungen in der Landwirtschaft. Im Flug kann man sie vom Wachtelkönig an den rundlicheren Flügeln und den nicht sichtbaren Beinen leicht unterscheiden, die beim Wachtelkönig auffallend nach hinten gerichtet „hängen".

Wachtelkönig ♂

Wachtel

STECKBRIEF

■ *27–30 cm*

■ *lange, rötlich braune Flügel*

■ *im Flug herabbaumelnde Beine*

■ *kurzer, rötlich gelber Schnabel*

■ *sehr schlanke Gestalt*

▲ *Wachtel: kleiner, rundlicher, braun*

Nestnapf, im Gras verborgen

♪ *Ruf: monoton und anhaltend „rrrep-rrrep"*

Wachtel: „pick-wer-ick" („Bück den Rück")

Goldregenpfeifer

Pluvialis apricaria

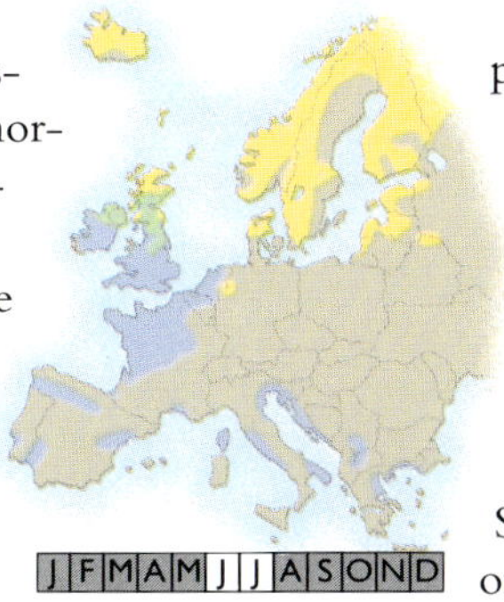

Schon im August kommen die ersten Goldregenpfeifer von ihren nordischen Brutplätzen nach Mitteleuropa. Die Altvögel sind oberseits schuppig goldbraun und von der Kehle bis zum Bauch mehr oder weniger schwarz. Ein weißes Band zieht sich von der Stirn über die Hals- und Brustseiten bis zu den Flanken. Mit fortschreitender Mauser werden für das Winterkleid die schwarzen Federn durch grauweiße ersetzt. Dann können sie mit jungen Kiebitzregenpfeifern (S. 255) verwechselt werden, diese haben jedoch einen im Flug gut sichtbaren schwarzen Achselfleck und einen helleren Bürzel.

Bei der Nahrungssuche halten die Goldregenpfeifer manchmal inne um plötzlich blitzschnell zuzufassen. Dann laufen sie ein Stück weiter. Dabei werden sie oftmals von Lachmöwen begleitet, die ihnen reizvolle Beutestücke (z. B. Regenwürmer) abzujagen versuchen. Im Binnenland bilden sie im Spätherbst gemischte Trupps mit Kiebitzen. An der Küste sind sie sehr häufig, im Binnenland selten. In den nordwestdeutschen Mooren brüten nur noch kleine Restbestände der südlichen Unterart *P. a. apricaria*.

STECKBRIEF

■ *27–29 cm*

■ *kurzschnäblig, rundlich, Beine lang und grau*

■ *Sommer: goldbraun, schuppig, Gesicht und Bauch schwarz*

■ *Winter- und Jugendkleid: unterseits weißlich, oberseits schwach goldbraun*

flaches Bodennest in der arktischen Tundra und in Hochmooren

♪ *Ruf: weich „flüh"*

Kiebitz

Vanellus vanellus

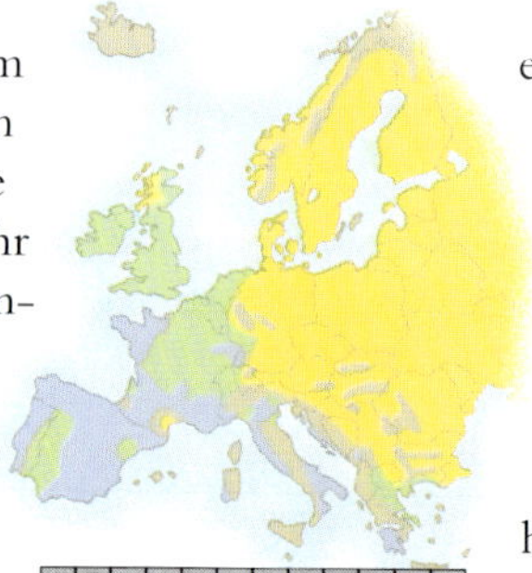

J F M A M J J A S O N D

Kiebitze sind weit verbreitete, im Binnenland wie an den Küsten vorkommende, unverkennbare Vögel. Auffällig sind ihr Schopf und ihr meist geselliges Auftreten. Das Rückengefieder schimmert metallisch grün. Im Flug zeigen sich die schwarzweißen, gerundeten Flügel, die schnelle Wendungen ermöglichen, aber keine hohen Fluggeschwindigkeiten. Der Kiebitzflug wirkt daher etwas schwankend, im Balzflug sogar höchst akrobatisch. Beim heftigen „Wuchteln“ erzeugen die Männchen ein summendes Fluggeräusch. Kiebitze brüten auf Gelände mit niedriger Vegetation. Die Jungen können kurz nach dem Schlüpfen schon gut laufen. Ihre tarnende Zeichnung macht sie praktisch unsichtbar. Für die Kiebitze wird es immer schwieriger Junge großzuziehen, da die gedüngten Wiesen zu schnell und zu dicht aufwachsen und sich die Jungen dann nicht fortbewegen können. Auch bieten Maisäcker zu wenig Nahrung. Deshalb sind vielerorts in Mitteleuropa die Kiebitzbestände stark rückläufig geworden. Während Kiebitze an den milden Küstenbereichen auch überwintern, ziehen sie im Binnenland nach Südwesten ab und kommen Ende Februar/Anfang März wieder zurück.

Kiebitzküken

STECKBRIEF

- *29–31 cm*
- *Rücken glänzend grün, Bauchseite weiß mit rostroten Unterschwanzdecken, auffällige Haube*
- *Männchen: Kehle schwarz*
- *Weibchen: Kehlfleck kleiner, verwaschener, Haube kürzer*
- *flache Nistmulde*
- ♪ *Ruf: schrill und nasal „kie-wit“*

♂ Brutkleid

Uferschnepfe

Limosa limosa

Langbeiniger, sehr langschnäbliger Schnepfenvogel mit fast geradem Schnabel und breiter, weißer Flügelbinde. Das Brutkleid ist rostbraun mit kräftig schwarzer Schuppung der Rückenfedern. Bauch und Flanken sind dicht dunkel gebändert. Das Winterkleid ist verwaschen grau mit dunklerem Rücken. Uferschnepfen suchen im feuchten Grünland oder Flachwasser nach Würmern, Insektenlarven und anderen Kleintieren. Mit ihren weit seitlich am Kopf sitzenden Augen können sie dabei auch nach hinten oben sehen, wenn der Schnabel ins Gras versenkt wird.

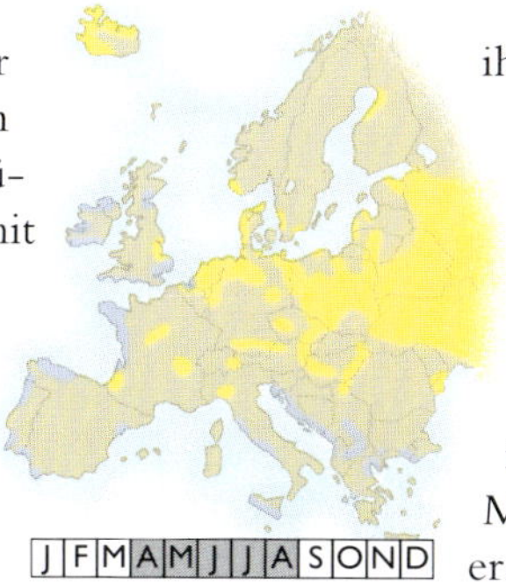

Pfuhlschnepfe Brutkleid

Mit ihren langen, spitzen Flügeln erreichen sie hohe Fluggeschwindigkeiten. Sie überwintern in afrikanischen (Küsten-)Feuchtgebieten. In Mitteleuropa ist die Uferschnepfe in den küstennahen Tiefländern stellenweise weit verbreitet, im Binnenland dagegen kommt sie nur noch sehr lückenhaft vor.

Ähnlich ist die an der Küste zur Zugzeit häufige Pfuhlschnepfe (*Limosa lapponica*, 34–41 cm) der arktischen Tundra. Sie unterscheidet sich von der Uferschnepfe durch den nach oben gebogenen Schnabel, die fehlende weiße Flügelbinde und die zur Brutzeit beim Männchen intensivere Rostbraunfärbung.

STECKBRIEF

- ■ *37–44 cm*
- ■ *Beine lang, weiße Flügel- und schwarze Schwanzendbinde*
- ■ *Brutkleid: rostbraun in unterschiedlichem Ausmaß an Brust und Hals*
- ■ *Winterkleid: oberseits grau, unterseits weiß*
- ▲ *Pfuhlschnepfe: Schnabel kürzer, aufwärts gebogen; keine Flügel- und Schwanzendbinde*
- *Bodenvertiefung mit Halmen*
- ♪ *Balzruf: „grittä, grittä ...“*

Uferschnepfe Brutkleid

Schleiereule

Tyto alba

Eine der am weitesten verbreiteten Vogelarten der Erde ist die Schleiereule. Sie kommt an Dorfrändern und auf Viehweideflächen mit Feldscheunen vor, ist aber stellenweise in Mitteleuropa selten bis sehr selten geworden. Gelegentlich kann man sie in der späten Dämmerung sehen, wie sie in niedrigem Jagdflug nach Mäusen sucht, wobei sie oft Opfer des Straßenverkehrs wird. Auffällig sind der helle, herzförmige Gesichtsschleier und die in Mitteleuropa goldbraune bis rein weiße Unterseite. Zusammen mit dem weichen, durch Rütteln unterbrochenen Flug verstärkt sie den Eindruck des „Geisterns“. Durch Anbringen von Nistkästen auf Kirchtürmen und in Feldscheunen ist es z. T. gelungen, den Bestand wieder zu verbessern. Wirklich halten kann sich die Schleiereule aber nur dort, wo es reichlich Kleinsäuger gibt. Sie kann diese, dank ihres guten Gehörs, auch in völliger Finsternis orten und fangen. Schleiereulen gehören in eine eigene Familie, deren Mitglieder sich von anderen Eulen auch darin unterscheiden, dass sie an der Kralle der Mittelzehe einen Putzkamm tragen und das daunige Jugendgefieder direkt ins Erwachsenenkleid gemausert wird.

„helle Rasse“
Tyto a. alba

STECKBRIEF

- 33–37 cm
- Unterseite weiß oder rostgelb
- herzförmiger Gesichtsschleier
- Nistplätze in Höhlen, Turmnischen oder Nistkästen
- ♪ kreischende Laute wie „chrüüch“

Steinkauz

Athene noctua

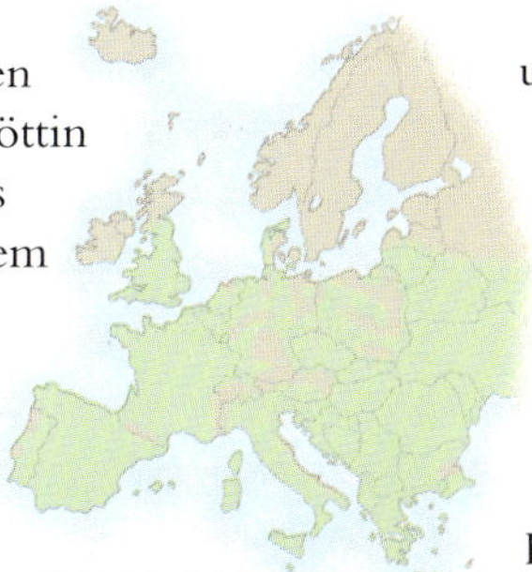

J F M A M J J A S O N D

Die alten Griechen ordneten den Steinkauz der griechischen Göttin Pallas Athene, der Tochter des Zeus, zu. Der Steinkauz wurde zu ihrem Symbol. Er ist nicht nur in Griechenland, sondern auch im übrigen Europa weit verbreitet, aber gebietsweise in Mitteleuropa recht selten geworden. Nur wenige Plätze gibt es hier noch, wo man tagsüber den Steinkauz auf Telegrafenmasten, Feldscheunen oder Zaunpfosten sitzen sehen kann. Aufgestört blickt er zunächst mit seinen grellgelben Augen starr oder knicksend auf den Störenfried um dann mit raschen Flügelschlägen abzufliegen. Dabei gleitet er dicht über den Boden und schwingt sich zu einem neuen Sitzplatz hoch oder sucht sein Versteck auf. Ihn kennzeichnen die im Gegensatz zu anderen Eulenarten flache Kopfform und die tropfenförmige Fleckung des fahl bräunlichen Gefieders. Steinkäuze sind weitgehend Standvögel, die sich von Insekten und kleinen Säugetieren ernähren. Harte Winter verursachen große Verluste und oft mangelt es in der modernen Kulturlandschaft an Nahrung und an geeigneten Brutmöglichkeiten.

Steinkauz am Nistplatz

STECKBRIEF

- *21–23 cm*
- *klein, flachköpfig, kurzschwänzig*
- *graubraun mit weißlicher Fleckung*
- *große, gelbe Augen*
- *in Baumhöhlen, Nischen*
- ♪ *schrill „kju"*

Sumpfohreule

Asio flammeus

In Größe und Gestalt entspricht die Sumpfohreule der Waldohreule (S. 132), sie hat jedoch nur kurze, kaum erkennbare Federohren, längere Flügel und gelbe Augen. Außerdem besitzt sie hellere Unterflügel. Im Gegensatz zur Waldohreule kommt die Sumpfohreule in Mitteleuropa sehr selten vor. Die Sumpfohreule fliegt gern am Tag über ausgedehnte Moorflächen und Feuchtwiesen auf der Jagd nach Mäusen. Dabei hält sie ihre Flügel in sehr kennzeichnender Weise recht steif V-förmig und bewegt sie ruckartig. Beeindruckend ist ihr eleganter, kreisender Gleitflug. Im Frühjahr bietet sie dem Beobachter akrobatische Balzflüge, wobei die Flügelspitzen oft beim Abschlag unter dem Bauch deutlich hörbar aneinander klatschen.

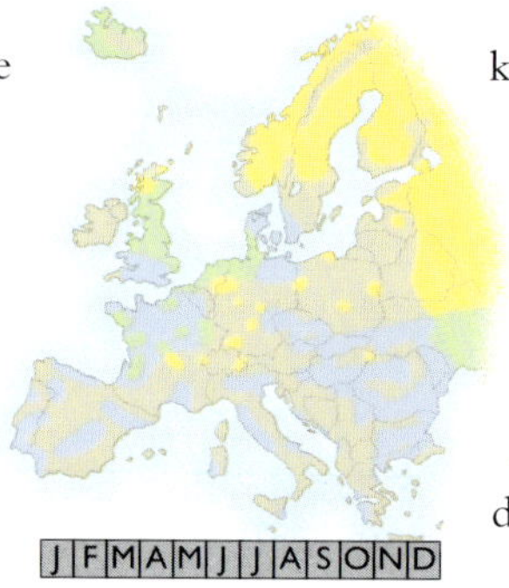

Als einzige der europäischen Eulen baut die Sumpfohreule ein Bodennest im Gras oder Buschwerk. Wo sie häufiger vorkommt, schwanken ihre Bestände mit den Wühlmauszyklen, die alle drei bis vier Jahre einen Höchststand erreichen. Brutvögel aus Skandinavien wandern regelmäßig südwärts und sammeln sich manchmal auf Fluren mit hoher Mäusedichte.

Waldohreule

Sumpfohreule

STECKBRIEF

■ *35–41 cm*

■ *braun gestreift*

■ *weiße Unterflügel, schwarzer „Handgelenksfleck" auf der weißen Flügelunterseite*

locker gefügtes Bodennest aus Pflanzenmaterial

♪ *Männchen im Balzflug „buu-buu-buu-buu"*

Sumpfohreule typische Sitzhaltung am Boden

Bienenfresser

Merops apiaster

Der tropisch bunte Bienenfresser ist mit keiner anderen europäischen Vogelart zu verwechseln: die Kehle leuchtend gelb, Kopf, Nacken und Schultern sowie Teile des Flügels kastanienbraun und gelb, die restlichen Gefiederpartien bläulich grün bis blau. Im Flugbild, das schwalbenartig wirkt, ragen bei den Altvögeln in der Schwanzmitte verlängerte Spieße hervor, die den viel blasser gefärbten Jungvögeln fehlen.

Bienenfresser sind Brutvögel im Mittelmeerraum und in Südosteuropa, den Winter verbringen sie in Afrika. In Mitteleuropa brüten sie nur an wenigen Stellen regelmäßig und in größerer Zahl, vor allem am Kaiserstuhl und im Neusiedlersee-Gebiet in Österreich. Meist leben sie in Gruppen. In Deutschland kommen aber auch Einzelbruten fast jährlich vor, da hier das Verbreitungsgebiet endet. Bienenfresser graben Bruthöhlen in Steilwände aus Löss. In elegantem Flug erbeuten sie Insekten, vor allem Bienen und Wespen. Die Stachel werden durch Schläge und Reiben auf einer Unterlage entfernt.

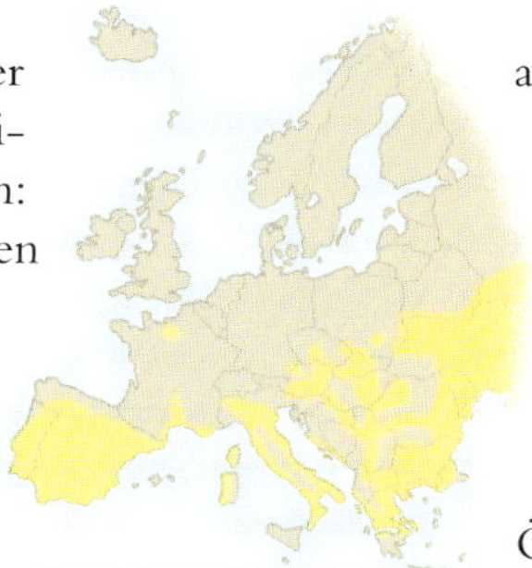

J F M A M J J A S O N D

STECKBRIEF

- *27–29 cm*
- *leuchtend bunte Färbung*
- *blau bis blaugrün unterseits, Kehle gelb, kastanienbraun an Kopf und Rücken, verlängerte Schwanzspieße*
- *Jungvögel oberseits blassgrünlich*
- *selbst gegrabene Nisthöhle in Steilwand oder im Boden*
- *laut und wohltönend „prrüh"*

Wiedehopf

Upupa epops

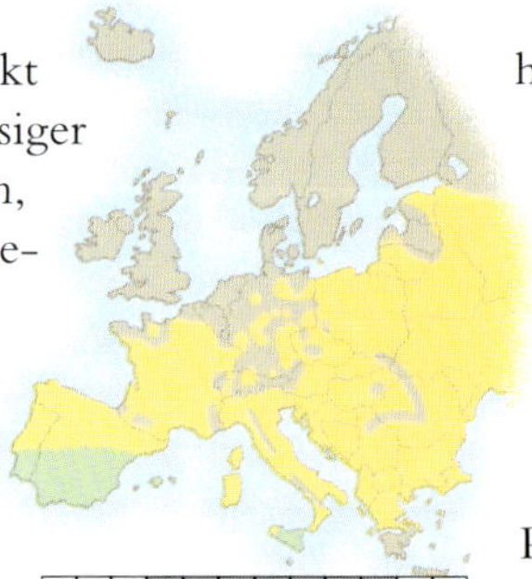

Ein auffliegender Wiedehopf wirkt auf den ersten Blick wie ein riesiger Schmetterling. Seine rundlichen, höchst markant schwarzweiß gezeichneten Flügel und der schwarze Schwanz mit der weißen Binde kommen bei dem schmetterlingsartigen Flug besonders zur Geltung. Am Boden ist der Wiedehopf jedoch erstaunlich unauffällig. Mit seinem langen, gebogenen Schnabel stochert er nach Insekten in weicher Erde oder in Kuhfladen. Den Federschopf richtet er nur in Erregung auf. In Süd- und Südosteuropa ist der Wiedehopf verbreitet und nicht selten. In Mitteleuropa wurde er aufgrund des Rückgangs der Weidewirtschaft eine große Seltenheit. Die Bezeichnung Wiedehopf enthält zur Hälfte das Wort „Weide“, die andere Hälfte weist auf den kennzeichnenden Ruf, ein dumpfes, aber weit tragendes, dreisilbiges „hup-pup-pup“ hin. Baumhöhlen und Nischen sind seine Brutplätze und wo der Wiedehopf brütet, zeigt sich an weißlichen Kotspritzern und einem unangenehmen Geruch. Das Weibchen wird während des Brütens vom Männchen gefüttert.

Federhaube v
aufgerichte

Wiedehopf füttert Junges in einer Nistspalte

STECKBRIEF

- 26–28 cm
- *unverkennbar schwarzweiß und sandgelb*
- *Kopf mit aufrichtbarer Federhaube mit schwarzen Spitzen*
- *Flug schmetterlingsartig*
- *Brutplätze in Baumhöhlen und Nischen oder Steilwänden*
- ♪ *Balzruf: „hup-pup-pup“*

Feldlerche

Alauda arvensis

So auffällig die Feldlerchenmännchen sind, wenn sie im Singflug hochsteigen und nicht außer Atem zu kommen scheinen, so unauffällig sind diese Vögel am Boden. Gefiederfärbung und -zeichnung tarnen die Feldlerchen vorzüglich. Aufgescheucht fliegen sie in wellenförmigem Flug und mit „tschirrup"-Rufen ab. Die Männchen singen nicht nur im Flug, sondern auch von Zaunpfählen oder vom Boden aus, dann ist ihr Gesang aber wesentlich kürzer. Dabei spreizen sie die Oberkopffedern häubchenartig auf.

Feldlerchen sind zwar immer noch über fast ganz Europa verbreitet, aber viel seltener geworden. Die intensive Landwirtschaft lässt durch starke Düngung das Pflanzenkleid der Fluren zu schnell und zu dicht aufwachsen. Den Lerchen bleibt kein freier Boden mehr und sie haben zunehmend Schwierigkeiten Kleininsekten für ihre Jungen zu finden. Zur Brutzeit territorial, schließen sie sich im Herbst zu größeren Schwärmen zusammen um ins südeuropäische Winterquartier zu ziehen. Dabei ziehen sie tagsüber, im Gegensatz zu vielen anderen Singvögeln. Von der ähnlichen Heidelerche (S. 136) unterscheidet sich die Feldlerche durch bedeutendere Größe und die andersartige Stimme.

Singflug

Gruppe im Herbst bei der Nahrungssuche

STECKBRIEF

■ *17–18,5 cm*

■ *kurzer, spitzer Schnabel*

■ *kräftig gestreift, braune Flügel, weiße Schwanzkanten*

Napfnest aus Halmen am Boden

♪ *Flugruf: „trü-e" oder „tschirrup"; Gesang: anhaltend und wohltönend mit hohen Trillern und Pfeiftönen*

Wiesenpieper

Anthus pratensis

Pieper sind schwierig zu bestimmende, lerchenähnliche Vögel. Der am weitesten verbreitete und stellenweise noch recht häufige Wiesenpieper ist kräftig gestreift, hat aber, anders als die Feldlerche, einen feinen, spitzen Schnabel. Er ist kleiner und schlanker als die Lerchen und hat eine ganz andersartige Stimme.

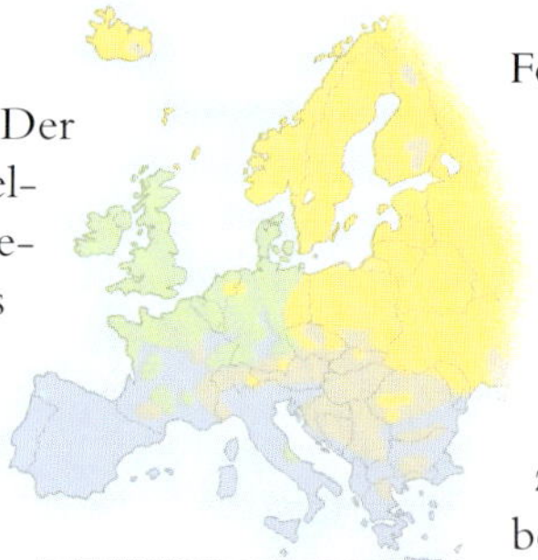

J F M A M J J A S O N D

Wiesenpieper ernähren sich vor allem von Insekten, anderen Kleintieren und Samen. Ihre Brutgebiete liegen in Mooren, Feuchtwiesen, Heiden und Bergwiesen. Im Gegensatz zum sehr ähnlichen Baumpieper (*A. trivialis*, 14,5–16,5 cm) hat der Wiesenpieper eine mehr olivgrünlich getönte Brust und eine kräftige Brust- und Flankenstreifung, bestehend aus zahlreichen kleinen Stricheln. Die besten Unterscheidungsmerkmale sind aber die Stimme und zur Brutzeit der Lebensraum sowie die Art des Singfluges, der beim Wiesenpieper am Boden beginnt, während der Baumpieper meist von einem Bäumchen aus startet und Schrauben dreht. Der Strandpieper kommt im Küstenbereich und seine Zwillingsart, der Bergpieper, auf alpinem Grasland vor. Wiesenpieper sind im Süden Mitteleuropas nur stellenweise verbreitet.

STECKBRIEF

- 14–15 cm
- klein, oberseits braun gestreift, weiße äußere Schwanzfedern
- Schnabel fein, Beine rötlich
- Brust und Flanken kräftig gestreift
- ▲ Baumpieper: sehr ähnlich Ruf: „psieh"
- ▲ Strandpieper: dunkler, dunkle Beine Ruf: scharf „psiet"
- Nestnapf aus Halmen am Boden
- ♪ Ruf: scharf „ist, ist"

Schafstelze

Motacilla flava

J F M A M J J A S O N D

In typischer Stelzenart mit dem Schwanz wippend begleiten die Schafstelzen gerne das Weidevieh und fangen die von Rindern oder Schafen aufgestöberten Insekten. Schafstelzen sind gelbgrün bis gelb gefärbt. Ausmaß und Intensität der Gelbfärbung sowie Kopffarbe und -zeichnung variieren bei den verschiedenen geografischen Rassen stark. Das Foto zeigt eine zentraleuropäische Rasse. Skandinavische Schafstelzen *(M. f. thunbergi)* haben einen dunkelgrauen Kopf und schwarze Wangen. Die den Balkan und die Schwarzmeerregion bewohnende *M. f. feldegg* zeigt einen ganz schwarzen, scharf abgesetzten Kopf. Weitere Rassen kommen vor und mit Ausbreitung der Zitronenstelze (*M. citreola,* Kopf, Brust und Bauch gelb, Nacken schwarz) von Sibirien nach Mitteleuropa ist die Bestimmungssituation bei den „gelben Stelzen" noch komplizierter geworden. Im Frühjahr können in zusammen ziehenden Schafstelzengruppen mehrere Rassen gemeinsam auftreten. Als Brutvogel tritt in Mitteleuropa nur die „Kontinentalrasse" *M. f. flava* auf. Schafstelzen überwintern im tropischen Afrika.

♀

STECKBRIEF

■ *16–17 cm*

■ *Männchen (Kontinentalrasse): Kopf grau mit weißem Überaugenstreif, Bauch gelb, Rücken graubraun*

■ *Weibchen: bei allen Rassen unterseits gelblich, oberseits gelblich braun „verwaschen"*

▲ *skandinavische Rasse: Männchen mit dunkelgrauem Oberkopf und schwarzen Wangen*

Nestnapf aus Halmen und Blättern am Boden

♪ *Ruf: melodisch „pssüih" (zweisilbig)*

M. f. flava
♂

Britische Rasse
M. f. flavissima
♂

Braunkehlchen

Saxicola rubetra

Braunkehlchen sind selten gewordene Sommervögel. Sie überwintern in Afrika südlich der Sahara und kehren im April zurück. Dann singen die Männchen von Hochstauden oder kleinen Büschen in feuchtem Wiesengelände. Die zu den Schmätzern gehörenden Vögel besitzen einen feinen Schnabel und einen recht kurzen Schwanz. Stets halten sie sich ziemlich aufrecht, am Boden wie auf einer Sitzwarte. Das Männchen hat zur Brutzeit eine intensiv orangebraune Brust und einen schwarzweiß gezeichneten Kopf. Weibchen und Jungvögel sind blasser. Nur beim Auffliegen werden die weißen Schultern und die weiße Schwanzwurzel sichtbar.

Ähnlich ist das schwarzköpfige, an Brust und Bauch intensiver orangebraun gefärbte Schwarzkehlchen (*S. torquata*, 12–13 cm), dessen Männchen stets eine schwarze, das Weibchen eine schuppig schiefergraue Kehle aufweist. Weibchen und Jungvögel sind dunkler gefärbt. Beim Männchen fällt ein weißer Halsfleck auf. Schwarzkehlchen kommen auf trockenerem, felsigem Gelände im Küstenbereich und in Mittelgebirgen vor und sind auf Heideland typisch (gewesen).

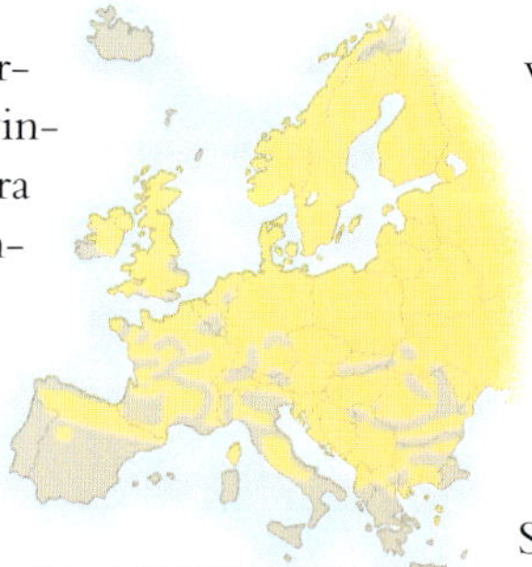

J F M A M J J A S O N D

Schwarzkehlchen ♂ & ♀

Braunkehlchen ♀

STECKBRIEF

■ *12–13 cm*

■ *Männchen, Brutkleid: orangebraune Brust, weißer Überaugenstreif, Rückenseite graubraun schuppig*

■ *Weibchen, Brutkleid: orange-ockerfarbene Brust, blasser Überaugenstreif, oberseits gestreift bräunlich*

▲ *Schwarzkehlchen, Männchen: Kopf schwarz, Kehle schwarz, weißer Halsfleck*

Nestnapf aus Gräsern am Boden

♪ *Alarmruf: „wie-teck-teck"*

Steinschmätzer

Oenanthe oenanthe

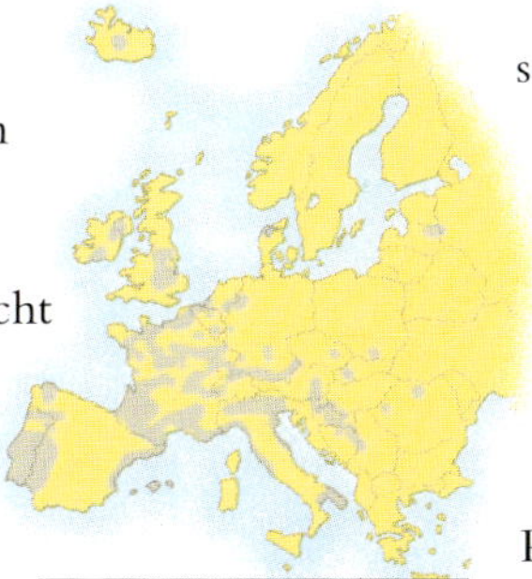

J F M A M J J A S O N D

In Mittel-, Nord- und Westeuropa ist er der einzige Vertreter der nach Osten und Süden artenreichen Gruppe der Schmätzer. Die kleinen, drosselähnlichen, sich am Boden aufrecht haltenden Vögel haben eine charakteristische Schwanzzeichnung: Endbinde und Mittelstück bilden ein schwarzes T im weißen Schwanzansatz. Bei der blassen Gefiederzeichnung wirkt ein im Dünengelände herumfliegender Steinschmätzer daher wie ein bewegter weißer Fleck. Männchen tragen einen rein grauen Oberkopf und Rücken sowie eine gelblich braune Kehle und eine scharf abgegrenzte, schwarze Gesichtsmaske sowie schwarze Flügel. Die Weibchen sind blasser bräunlich ohne Kopfzeichnung. Nach der Mauser im Sommer ähneln auch die Männchen den Weibchen und Jungvögeln.

♀

Steinschmätzer überwintern in den afrikanischen Savannen. Die Populationen aus Grönland oder Ostkanada erreichen nach spektakulären Wanderflügen über den Nordatlantik ihr Winterquartier und treffen dort auf Steinschmätzer aus Ostsibirien, die ihren Weg über Asien nehmen.

♂ vor dem Eingang zum Nest in einem Kaninchenbau

STECKBRIEF

- *14–16 cm*
- *weißer Bürzel, im Flug sichtbar*
- *Männchen, Brutkleid: grau, schwarz, ocker, schwarze Gesichtsmaske*
- *Weibchen: oberseits graubraun, ohne Maske*
- *Nest in Höhlung an Steinen oder in Kaninchenbauten*
- ♪ *Alarmruf: „tschack, tschack“ oder „fid-tk, tk, tk“, Gesang: gepresstes Schwätzen*

Dorngrasmücke

Sylvia communis

Sie ist ein typischer Vertreter der in der Alten Welt weit verbreiteten und artenreichen Gattung der Grasmücken. Der kleine, unauffällige, von Insekten lebende Vogel überwintert in Afrika in der Sahelzone. Die Männchen haben einen grauen Kopf, eine weiße Kehle, eine rosa schimmernde Brust sowie rostrote Ränder an den Flügelfedern. Wenn sich beim Singen die Kehlfedern sträuben, wird die weiße Kehle noch deutlicher. Weibchen und Jungvögel sind dunkler gefärbt, aber stets an den rostfarbenen Flügelfederrändern zu erkennen.

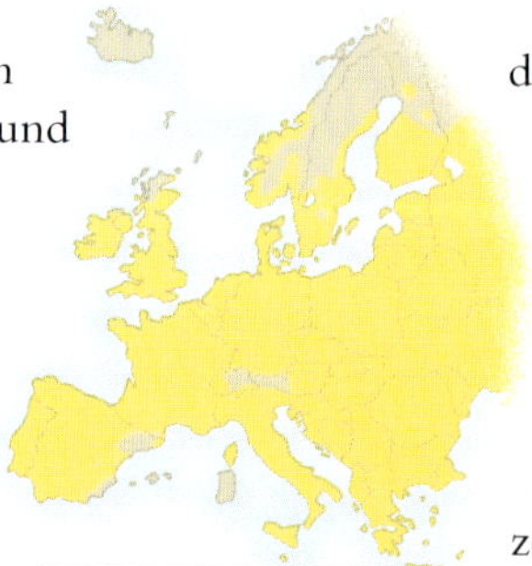

J F M A M J J A S O N D

Dorngrasmücken bewohnen Buschland, Waldränder und Hecken, aber ihre „woid, woid, woid"-Rufe sind nur noch selten zu hören. Dürrejahre in der Sahelzone und die Flurbereinigung mit der Entfernung niederen Buschwerks in Europa haben ihre Lebensräume verkleinert. Häufiger noch, da auch in Gärten vorkommend, ist die etwas kleinere Klappergrasmücke (*S. curruca*, 13–14 cm). Die Männchen haben eine dunklere, zur Kehle hin abgesetzte Kopfkappe und fast graue Flügel. Kennzeichnend ist ihr Gesang, ein eintöniges „Klappern". Die Beine der Klappergrasmücken sind schwarz.

STECKBRIEF

- *13–15 cm*
- *rotbraune Flügelfederränder, Weiß im Schwanz*
- *Männchen im Brutkleid: weiße Kehle, graubrauner Kopf*
- *Weibchen und Herbstgefieder: graubraun oberseits, Flügel mit rotbraunen Federrändern*

▲ *Klappergrasmücke: graue Kappe, schwärzliche Wange, dunkle Beine*

lockerer Nestnapf im Dickicht

♪ *Warnruf: scharf „tek, tek" oder nasal „woid, woid, woid"*

Goldammer

Emberiza citrinella

Die Goldammer ist eine der häufigsten Kleinvogelarten in Feld und Flur. Die Männchen fallen durch ihren gelben Kopf und die oft schon Anfang März vorgetragenen einfachen, aber sehr kennzeichnenden Gesänge auf („tsi, tsi, tsi, tsi-ihzieh"). Männchen und Weibchen sind stets am rostbraunen Bürzel zu erkennen. Die ausgeprägte Streifung, der für Ammern typische stärkere Unterschnabel und die Gelbfärbung an Kopf und Bauch kennzeichnen die Goldammer und unterscheiden sie, zusammen mit der an den Boden gedrückten Fortbewegungsweise, von Sperlingen oder Lerchen. Verwechslung ist in Südwesteuropa möglich mit der Zaunammer (*Emberiza cirlus*, 15,5–16,5 cm). Deren Weibchen ähneln den Goldammerweibchen, ihr Bürzel ist jedoch graugrün. Zaunammermännchen tragen eine schwarze Gesichtsmaske.

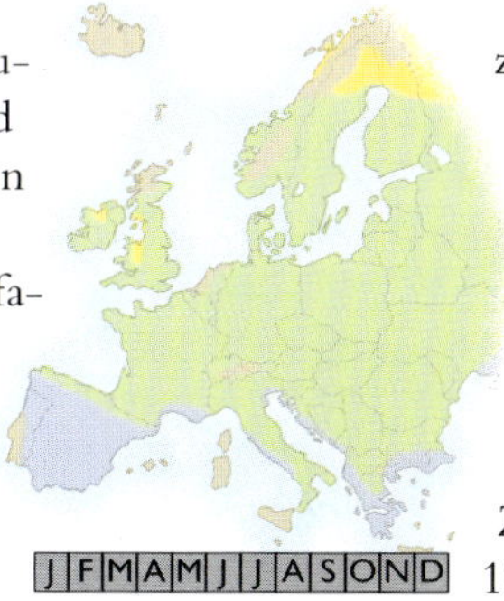

Zaunammer

Weitere Ammernarten, z. B. die Kappenammer *(E. melanocephala)* mit schwarzer Kappe, kommen am Rande Mitteleuropas vor. Die schwarzweiße Schneeammer *(Plectrophenax nivalis)* ist ein im Binnenland seltener, an der Küste häufigerer Wintergast. Goldammern streifen außerhalb der Brutzeit in Schwärmen umher und suchen oft im Winter für Fasane und Rebhühner eingerichtete Futterstellen auf.

STECKBRIEF

- ■ *16–17 cm*
- ■ *Bürzel rostbraun*
- ■ *Männchen, Brutkleid: gelber Kopf und Gelb am Bauch*
- ■ *Weibchen: verwaschen gelblich*
- ▲ *Zaunammer: Männchen mit schwarzer Maske, Bürzel graugrün, auch beim Weibchen*
- *Nestnapf aus Halmen im Dickicht nahe am Boden*
- ♪ *Ruf: metallisch „tsik" oder „zürr"*

Goldammer singendes ♂

Grauammer

Miliaria calandra

Diese größte der mitteleuropäischen Ammernarten ist durch den dicken Schnabel leicht von ähnlich gefärbten und gezeichneten Lerchen zu unterscheiden. Außerdem hat sie kein Weiß im Schwanz. Grauammern waren früher häufige und typische Vögel der Ackerlandschaften. Mit ihrem „zick-zick-zick-schnirps“, das am Schluss wie das Klirren eines Schlüsselbundes klingt und weithin schallt, gehörten sie zur Flur wie Feldlerche und Rebhuhn. Doch in den letzten Jahrzehnten sind die Grauammern fast überall in Mittel- und Westeuropa selten bis sehr selten geworden. Die moderne Landwirtschaft hat ihnen die Lebensgrundlage in der Flur entzogen. Häufiger kommen sie noch im östlichen Mitteleuropa und in Osteuropa vor, wo die Landwirtschaft weiter bäuerlich betrieben wird. Die gedrungen wirkende Grauammer ist an ihrer Größe leicht zu erkennen, aber wegen ihrer tarnenden Färbung und Zeichnung nicht leicht zu entdecken, wenn sie am Boden nach Art der Ammern Nahrung sucht. Mit ihrem dicken Schnabel kann sie auch harte Samen von Ackerwildkräutern knacken. Die Männchen sind oft polygam mit mehreren Weibchen verpaart.

Grauammer singendes ♂

STECKBRIEF

- *17–18 cm*
- *groß, gedrungen und plump wirkend*
- *kräftiger Schnabel, kein Weiß im Schwanz*
- *ober- und unterseits kräftig gestreift*
- *nur Männchen singen (Frühling)*
- *Nestnapf aus Halmen am Boden*
- *Ruf: laut und hart „tik“ oder „tsik“*

Feuchtgebiete

TIEFES WASSER Mehrere Entenarten, z. B. die Reiher- und die Tafelente, tauchen im Freiwasser nach Nahrung, und zwar oft in großen Gruppen. Auch Seetaucher und Haubentaucher sind hier zu finden.

ÜBER DEM WASSER holen sich Möwen- und Seeschwalben (oben: Trauerseeschwalben) im Flug Nahrung von der Wasseroberfläche. Gänse (im Hintergrund) fliegen in V-Formation.

FLACHWASSER zieht sehr viele Vogelarten an, darunter Besonderheiten wie den Löffler. Auf unterschiedliche Weise suchen die Vögel dort nach Nahrung.

RÖHRICHTE bieten Wasserrallen, Rohrdommeln und anderen Arten Schutz und Brutplätze. Werden sie nicht gestört, kann man sie bei der Nahrungssuche am Schilfrand beobachten. Im Röhricht leben und nisten Rohrsänger und Rohrammern und viele Zugvögel übernachten hier.

SCHLICKFLÄCHEN servieren geradezu die Nahrung. Hier „grasen“ u. a. Flussuferläufer (unten), Bekassinen (links), Krickenten, Kampfläufer und Brachvögel (rechts).

FEUCHTGEBIETE

Seen, Sümpfe, Stauseen, Flüsse und Moore

Für Vögel attraktive Feuchtgebiete müssen nicht groß sein. Schon ein Gartenteich erfüllt eine wichtige Funktion und ist ein interessanter Beobachtungsposten. Die Bezeichnung „Feuchtgebiet" wird meist auf Süßwasser-Lebensräume beschränkt. Gleiche Arten siedeln jedoch oft dort genauso häufig im Marschland und Watt an der Küste.

Je nachdem ob sie tauchen, gründeln oder mit langem bzw. kurzem Schnabel nach Nahrung suchen, nutzen die verschiedenen Wasservögel unterschiedliche Bereiche des Lebensraums Feuchtgebiet. Ausschlaggebend ist dabei die Wassertiefe. Ob Gewässer für Vögel attraktiv sind, hängt dann vom Nahrungsangebot und vom Ausmaß der Störungen oder Verfolgungen ab. So kommen an den nährstoffarmen Seen im Hochgebirge oder in Skandinavien nur wenige, aber besonders spezialisierte Vogelarten vor, während die nahrungsreichen Seen im Voralpenbereich oder die Altwässer an den mitteleuropäischen Strömen eine Vielzahl von Wasservögeln anziehen. An den fischreichen Seen des Balkans oder an den Küstenlagunen des Mittelmeers gibt es viele Reiher, an einigen sogar Pelikane und Flamingos. Viele Feuchtgebiete erfüllen in Mitteleuropa die wichtige Funktion eines Zwischenrastplatzes beim Vogelzug. Sie sind gewissermaßen „Tankstellen" auf dem Weg in die Winterquartiere oder in die nordischen Brutgebiete. Dem Schutz der Feuchtgebiete, die heute oft durch Gifte belastet oder durch Trockenlegung bedroht sind, kommt daher eine besondere Bedeutung zu. In Europa sind es vor allem die „Feuchtgebiete von internationaler Bedeutung" oder die so genannten „Europareservate".

VOGELBEOBACHTUNG in FEUCHTGEBIETEN

Nicht nur eine Vielzahl interessanter Arten sind hier zu erwarten, sondern oft auch Seltenheiten, die von weit her gekommen sind.

Vom freien Ufer oder von Dämmen und Stegen aus bietet sich ein guter Blick auf diesen Lebensraum. Da gibt es Taucher und Reiher, Schwäne, Gänse und Enten, Möwen, Strand- und Wasserläufer, Rallen und gebietsweise auch den eleganten Fisch- und den mächtigen Seeadler. Und fast jeden Tag ist etwas Neues zu entdecken.

Schwimmvögel lassen sich leichter zählen als die Vögel auf den Fluren oder gar im Wald. Die Internationale Wasservogelzählung hat im vergangenen halben Jahrhundert ein immenses Material für fast ganz Europa zusammengetragen, das uns auch erlaubt die Häufigkeitsveränderungen vieler Arten genau zu verfolgen. Genaue Zählungen, meist mit Fernrohren, werden praktisch an jedem größeren Gewässer zumindest im Winterhalbjahr durchgeführt. Es lohnt sich Kontakt zu den „Wasservogelzählern" aufzunehmen.

ZUG UND RAST

Viele Feuchtgebiete stellen Zwischenrast- oder Überwinterungsgebiete für Wasservögel dar, die von weit her, bis aus Sibirien und Nordskandinavien kommen. Watvögel aus der Tundra treffen oft schon Ende Juli ein. Sie sind die Vorboten eines Zustroms, der bis zum Winterbeginn anhalten kann und meistens im Oktober/November den Höhepunkt erreicht. Friert das Gewässer nicht zu und ist es nahrungsreich und störungsarm, bleiben viele Wasservögel den Winter über. Die anderen ziehen bis Südeuropa und Nordwestafrika weiter, kommen aber schon im zeitigen Frühjahr zu den ihnen vertrauten Rastplätzen zurück. Die letzten Wanderer in den hohen Norden ziehen manchmal erst Ende Mai/Anfang Juni ab. Es lohnt sich in dieser Zeit die täglichen Zugbewegungen festzuhalten: Bei stürmischer und kalter Wetterlage können bei uns Hochseevögel und Vögel aus der Arktis beobachtet werden, während im Frühjahr manche süd- und südosteuropäischen Wasservögel bei ihrem Rückflug aus den Winterquartieren „übers Ziel hinausschießen" und bis Mitteleuropa kommen.

KOEXISTENZ

Da die Feuchtgebiete deutlich nach Wassertiefe oder Vegetationszusammensetzung strukturiert sind, lässt sich hier be-

SCHUTZGEBIETE *sind für unsere Wasservögel unentbehrlich. Dort können sie ungestört Nahrung suchen oder rasten, wie die Gründelenten (unten) oder die Reiher- und Tafelenten (rechts).*

SENSATIONEN *gibt es an Feuchtgebieten immer wieder, so wie die Ansammlung von Kranichen (rechts) vor dem Abflug ins Winterquartier. Sie ziehen Vogelbeobachter aus nah und fern an (oben).*

sonders gut beobachten, wie verschiedene Vogelarten nahe nebeneinander leben und miteinander auskommen ohne sich allzu starke Konkurrenz zu machen.

So suchen die kurzbeinigen und kurzschnäbeligen, kleinen Regenpfeifer und Strandläufer auf dem offenen Schlick oder in ganz flachem Wasser nach Nahrung. Die langbeinigeren Wasserläufer gehen je nach Größe und Schnabellänge tiefer hinein oder benutzen wie der Säbelschnäbler eine ausgefeilte Schnabeltechnik zum Beutefang. Reiher warten am Ufer auf Beute, Taucher schwimmen den Fischen oder größeren Wasserinsekten nach. Manche Enten tauchen tief hinab bis zum Bodenschlamm, andere gründeln nur im Flachwasser oder picken treibende Insekten von der Wasseroberfläche auf. Trauerseeschwalben und Zwergmöwen greifen sich aus dem Flug heraus Nahrung von der Wasseroberfläche, während Flussseeschwalben und der Eisvogel stoßtauchend kleine Fische fangen. Wasserrallen schlüpfen mit ihrem schlanken Körper durchs Dickicht der Rohrhalme, in dem Zwergdommeln mit langen Zehen und sicherem Griff herumsteigen. Bartmeisen turnen an den Röhrichthalmen und Schwalben oder Mauersegler erhaschen im Flug die aufsteigenden Kleininsekten.

Auf Beobachtungstour

Manche Feuchtgebiete, z. B. Stauseen, lassen sich über die Dämme leicht erreichen, andere dagegen sind schwer zugänglich und oft auch geschützt. Die Benutzung von Booten oder das Betreten der Ufer ist nicht gestattet. Das hat gute Gründe, weil viele Wasservögel, vor allem im Mittelmeerraum, aber auch bei uns, stark bejagt werden und deshalb sehr scheu sind.

Bestimmte Zugänge bleiben jedoch meist für den Vogelbeobachter frei, der sich mit leistungsstarken Ferngläsern und Fernrohren gut behelfen kann. Die Verordnungen für die Naturschutzgebiete sind in jedem Fall genau zu studieren um Störungen zu vermeiden. Übrigens gibt es vom Frühsommer an in vielen Feuchtgebieten Mücken, Bremsen und andere blutsaugende Insekten. Schutzmittel sind daher empfehlenswert.

FEUCHTGEBIETE *sind das Ziel vieler Besucher. Deren Ansturm muss gelenkt werden, z. B. über Stege, an die sich die Vögel rasch gewöhnen, oder mithilfe von geführten Bootsexkursionen.*

Zwergtaucher

Tachybaptus ruficollis

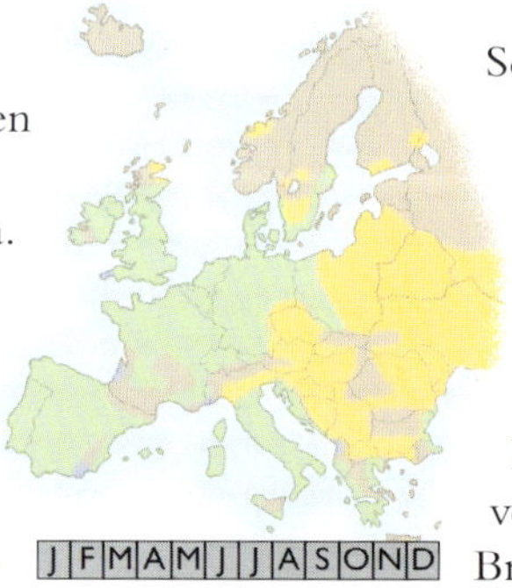

Duckentchen nennt der Volksmund den seltener gewordenen Zwergtaucher, den kleinsten Vertreter der Lappentaucher in Europa. Der geschickt wegtauchende Wasservogel fällt oft gar nicht auf, nur der hohe, im Duett von Männchen und Weibchen vorgetragene Triller verrät seine Anwesenheit im lockeren Röhricht oder am dicht bewachsenen Ufer kleiner Flüsse. Bevorzugt brütet der Zwergtaucher auf kleinen, wasserpflanzenreichen Teichen. Dort taucht er wendig zwischen den Unterwasserpflanzen und sucht nach Insektenlarven oder Kleinfischen. Am „hohen Heck" ist er auch im Winterkleid vom nur wenig größeren Schwarzhalstaucher zu unterscheiden. Zur Brutzeit zeigen die Altvögel eine rostbraune Kehl- und Halsfärbung sowie einen hellgelben Fleck an der Schnabelwurzel. Ihre zunächst winzig wirkenden Jungen tragen sie manchmal auf dem Rücken. Im Herbst und Winter verlassen viele Zwergtaucher ihre Brutplätze und sammeln sich in lockeren Gruppen auf Flachwasserbereichen von Seen.

adult
im Brutkleid

STECKBRIEF

- *25–29 cm*
- *rundlich, kurzhalsig, oft mit aufgeplusterten Federn am Hinterende*
- *Brutkleid: Kehle und Hals kastanien- bis rotbraun*
- *Winterkleid: unscheinbar graubraun, am Rücken dunkler*

schwimmende Plattform aus Wasserpflanzen am oder im Röhricht

♪ *Stimme: hoher, anhaltender Duett-Triller*

Haubentaucher

Podiceps cristatus

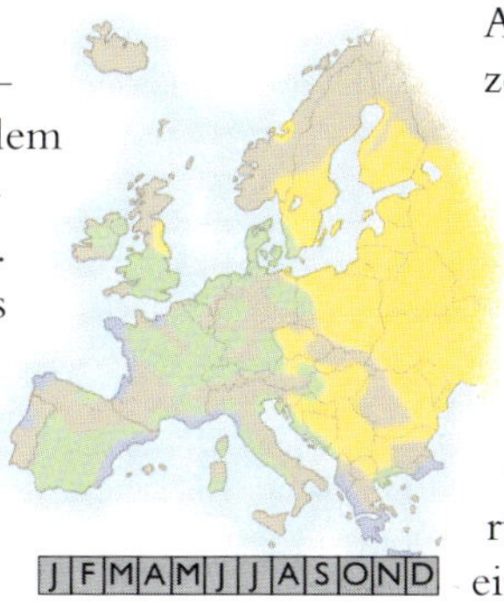

Die eleganten Vögel mit schlankem Hals und langem, schmalem Schnabel fangen mit beachtlicher Schwimmgeschwindigkeit Fische. Jungvögel haben einen gestreiften Hals und Kopf. Die Kleinen werden oft auf dem Rücken der Altvögel getragen und dort auch gefüttert. Lappentaucher verzehren in größeren Mengen Federn. Diese bilden im Magen einen weichen Klumpen, der möglicherweise gegen die spitzen Knochen mancher Fische schützt.

Am Brutplatz zeigen die Haubentaucher ihre eindrucksvolle Balzzeremonie: Die voneinander weg schwimmenden Partner rufen sich mit einem Kontaktruf zurück und schwimmen dann aufeinander zu. Dabei richten sie sich im Wasser fast senkrecht auf und wenden ihre Köpfe nach beiden Seiten. Haubentaucher sind verbreitete Brutvögel auf größeren Teichen und Seen. Seltener ist in Mitteleuropa der kleinere, weißwangige Rothalstaucher (*Podiceps grisegena*, 40–50 cm), der nur in Nordostdeutschland regelmäßig brütet.

STECKBRIEF

- ■ *46–61 cm*
- ■ *Brutkleid: schwarze „Ohrbüschel", rostrot-schwarze Halskrause*
- ■ *Winterkleid: verlängerte Kopffedern fehlen, insgesamt viel heller*
- ▲ *Rothalstaucher: rostbrauner Hals, grauweiße Wangen, Schnabel schwarz mit gelber Basis*
- *schwimmende Plattform aus Wasserpflanzen*
- ♪ *laut „harrrr"*

Schwarzhalstaucher

Podiceps nigricollis

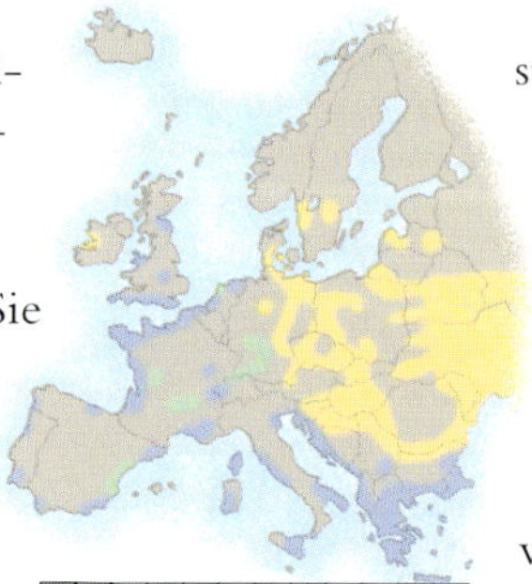

J F M A M J J A S O N D

Auf flachen, nährstoffreichen Teichen und Seen brüten die zierlichen Schwarzhalstaucher in lockeren Kolonien, oft in Gesellschaft von Lachmöwen oder Seeschwalben. Sie sind in Mitteleuropa selten und unregelmäßig. Wie andere Lappentaucher auch balzen sie tanzartig und auffällig und schütteln dazu ihre im Brutkleid goldgelben Ohrfederbüschel. Gleichzeitig pfeifen und trillern sie.

Schwarzhalstaucher ernähren sich zur Brutzeit fast ausschließlich von Wasserinsekten, schnappen aber mit ihrem dünnen, leicht aufwärts gerichteten Schnabel auch nach solchen, die von der Wasseroberfläche abfliegen. Nach der Brutzeit ziehen sie zu flachen Lagunen an der Küste, wo sie im brackigen Wasser nach Kleinkrebsen suchen, manchmal gemeinsam mit dem noch selteneren Ohrentaucher (*P. auritus*, 31–38 cm). Er ist etwas größer, hat eine andere Kopfform und im Winterkleid rein weiße Wangen sowie einen geraden, dickeren Schnabel. Ohrentaucher brüten weiter nördlich als die Schwarzhalstaucher und halten sich oft auch an den Küsten auf. Im Binnenland sind sie sehr seltene Gäste.

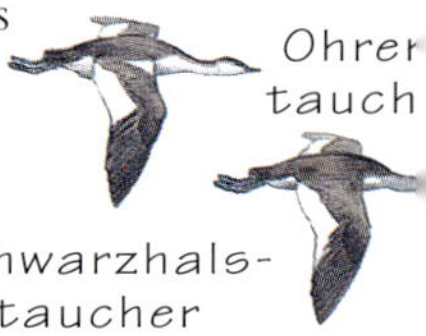

STECKBRIEF

- ■ *28–34 cm*
- ■ *Kopf und Hals schwarz, goldgelbe Ohrfederbüschel*
- ■ *feiner, aufwärts gerichteter Schnabel*
- ■ *Winter: grau und weiß, ohne Ohrbüschel*
- ▲ *Ohrentaucher: Hals im Brutkleid kastanienbraun, Schnabel gerade*
- *schwimmende Plattform aus Wasserpflanzen*
- ♪ *Ruf: fein „huit“ oder „psiie-chie“*

Rohrdommel

Botaurus stellaris

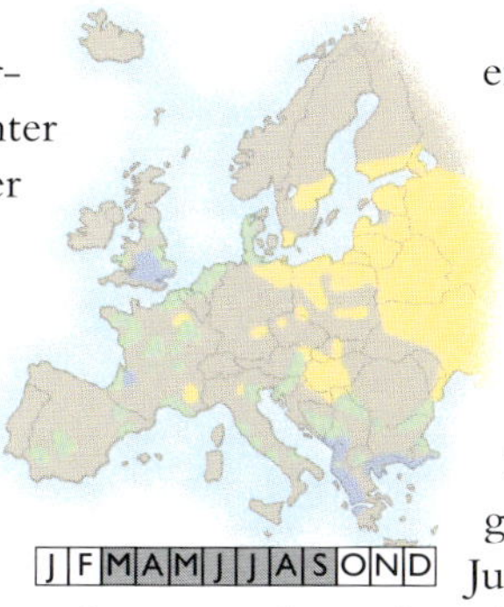

Die Rohrdommel ist ein verborgen lebender Vogel ausgedehnter Röhrichte und ein Meister der Tarnung. Nähert man sich ihr, nimmt sie bis auf geringe Distanz die so genannten Pfahlstellung mit senkrecht nach oben gerichtetem Kopf und Schnabel ein und schwankt wie das Schilf im Wind, ihre Längsstreifen wirken wie einzelne Halme.

Im Frühjahr geben die Männchen dumpfe Balzrufe von sich, die kilometerweit zu hören sind und der Rohrdommel früher die Bezeichnung „Moorochse" eingetragen hatten. Die Männchen sind polygam und verpaaren sich, wo die Bestände groß genug sind, mit mehreren Weibchen. Größere Rohrdommel-Vorkommen gibt es am Neusiedler See in Österreich. In neuerer Zeit nimmt die Zahl in Deutschland überwinternder Rohrdommeln wieder zu. Sehr selten geworden ist dagegen die Zwergdommel (*Ixobrychus minutus*, 27–36 cm), die im Flug durch die großen, hellen Flügeldecken auffällt. Jungvögel und Weibchen ähneln stark der viel größeren Rohrdommel. Zwergdommeln klettern mit ihren langen Zehen geschickt im Röhricht. Für ihre Flugweise sind schnelle Flügelschläge, die mit Gleitstrecken abwechseln, bezeichnend. Ihre Winterquartiere liegen im tropischen Afrika (Sahelzone).

Meister der Tarnung

STECKBRIEF

■ *64–80 cm*

■ *gelblich braun mit schwärzlichen Streifen und Bändern*

■ *Schnabel gelblich, Beine grün*

▲ *Zwergdommel: viel kleiner, gelblich weiße Flügelfelder*

Plattform aus Rohrhalmen im dichten Röhricht

♪ *Ruf: laut, dumpf: „üh-prump"*

Nachtreiher

Nycticorax nycticorax

Wie der Name schon andeutet, ist der Nachtreiher vorwiegend dämmerungs- und nachtaktiv. Er lässt sich aber auch am Tag bei der Nahrungssuche beobachten, wenn er sich mit seinen langen Zehen an ins Wasser hängenden Weidenästen festklammert. Die Ruhe- und Schlafplätze befinden sich fast immer auf Büschen und Bäumen am Ufer. Dort werden auch die Brutkolonien angelegt, in Mitteleuropa allerdings nur an sehr wenigen Stellen. Abends und nachts verraten laute und dumpfe „kwock"-Rufe die Anwesenheit dieses kleinen Reihers, dessen Hals kaum sichtbar ist, wenn er ihn zwischen die Schultern gezogen hält. Sein ziemlich dicker und kurzer Schnabel ermöglicht es ihm, eine Vielzahl von Beutetieren zu ergreifen. Er ernährt sich von großen Wasserinsekten, Fröschen, kleinen Fischen und sogar von jungen Sumpfvögeln und Entenküken. Nachtreiher ziehen früh im Jahr wieder ab, da sie im tropischen Afrika überwintern. Sie haben sich in neuerer Zeit vor allem in Ost- und Mittelosteuropa ausgebreitet.

Kolon

adult, Brutkleid

Jungvogel

STECKBRIEF

- *56–65 cm*
- *kompakt und untersetzt, Adulte mit grauen Flügeln, schwarzem Rücken und schwarzer Kopfkappe*
- *zur Brutzeit mit langen Schmuckfedern am Hinterkopf*
- *Jungvögel: dunkelbräunlich und gestreift, einer Rohrdommel ähnlich, aber mit tropfenförmiger Zeichnung*
- *Plattform aus Zweigen oder Schilf*
- ♪ *laut und dumpf „kwock"*

Seidenreiher

Egretta garzetta

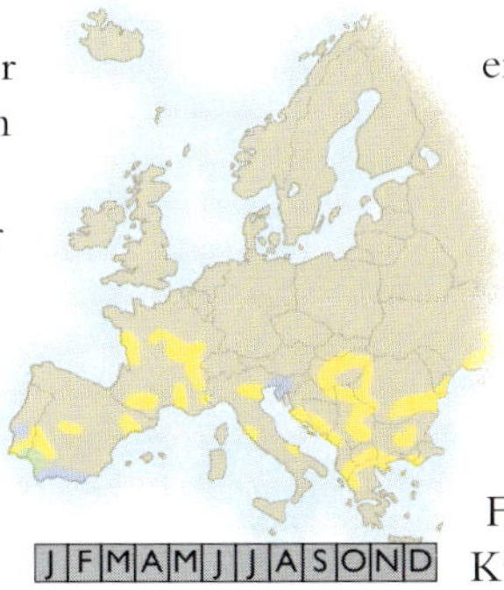

Von den weißen Reihern ist der Seidenreiher der in Europa am weitesten verbreitete und in Süd- und Südosteuropa auch meist der häufigste. Die gelben Zehen an den schwarzen Beinen, die geringe Größe und die zur Brutzeit verlängerten Schmuckfedern am Kopf unterscheiden ihn deutlich von anderen kleinen Reihern sowie vom viel größeren Silberreiher (*E. alba*, 85–104 cm), der einen gelblichen Schnabel, gelblich grüne Beine und schwarze Zehen hat. Aber zur Brutzeit wird auch der Schnabel des Silberreihers schwärzlich und die Beine sind dunkler. Silberreiher kommen in größeren Kolonien am Neusiedler See und an den südosteuropäischen Flachseen und Küstenlagunen vor, während die Seidenreiher auch Fischteichgebiete, ausgedehnte Auwälder mit Altwässern und Reisfelder bewohnen. Die Silberreiher entwickeln zur Brutzeit lange Kopf- und Schulterfedern, die im 19. Jh. in der Damenhutmode verwendet wurden.

Seidenreiher fischend Ruhekleid

STECKBRIEF

■ 55–65 cm
■ *Gefieder ganz weiß*
■ *Beine schwarz, Zehen gelb*
■ *schlanker, schwarzer Schnabel*
■ *Brutzeit: Schmuckfedern am Kopf*
▲ *Silberreiher: viel größer, außerhalb der Brutzeit mit gelblichem Schnabel und hellen Beinen; Schnabel massiger*
Plattform aus Rohrhalmen und Zweigen auf Büschen, Bäumen oder im Röhricht
♪ *grunzend „rrahk“ oder „quock“, nasal „ksiie“*

Silberreiher Brutkleid

Seidenreiher Brutkleid

Graureiher

Ardea cinerea

Der Graureiher ist die in Europa am weitesten verbreitete und häufigste Reiherart. Man trifft ihn fast an jedem Gewässertyp an, aber auch auf Wiesen und Feldern bei der Mäusejagd. Graureiher sind Meister des Ansitzens. Unbeweglich, den Hals stoßbereit S-förmig angezogen, stehen und lauern sie im Flachwasser, am Ufer oder im Sumpf, bis die Beute – Fische, Frösche und andere Wassertiere passender Größe – nahe genug herangekommen ist. Sie brüten in Kolonien oder einzeln, meist auf größeren Bäumen und mitunter sogar in Städten. Die Brutzeit beginnt manchmal schon im Februar, sodass im Mai die ersten Jungen im Nest sein können und durch ihr keckerndes Betteln auf sich aufmerksam machen.

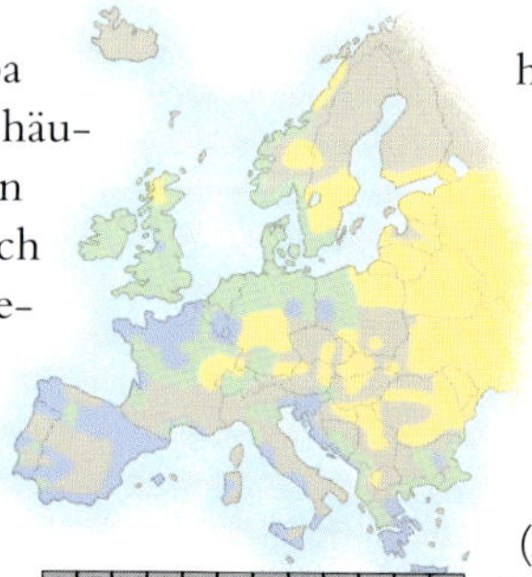

J F M A M J J A S O N D

In milden Regionen Europas sind die Graureiher Standvögel, in den übrigen Strich- oder Zugvögel, je nach Ausmaß der Winterkälte. Der Flug der Graureiher ist schwer und wuchtig. Auf einige Entfernung recht ähnlich ist der etwas kleinere, schlankere und buntere Purpurreiher (*A. purpurea*, 78–90 cm), der vor allem in Südost- und Südeuropa vorkommt und in Deutschland nur in geringer Zahl und unregelmäßig brütet. Er überwintert im tropischen Afrika.

Purpurreihe
adult, Brutkl

Graureiher
adult, Brutkle

Purpurreiher
adult, Brutkleid

STECKBRIEF

■ 90–98 cm

■ *adult: Gesicht weiß mit schwarzem Überaugenstreif, Rückenseite blaugrau*

■ *fliegt mit eingezogenem Hals und nach unten gebogenen Schwingen*

■ *Jungvögel: ohne Kopfzeichnung*

▲ *Purpurreiher: dunkler*

kräftige Plattform aus Ästen und Zweigen in Bäumen oder im Schilf

♪ *rau „kräiik"*

Löffler

Platalea leucorodia

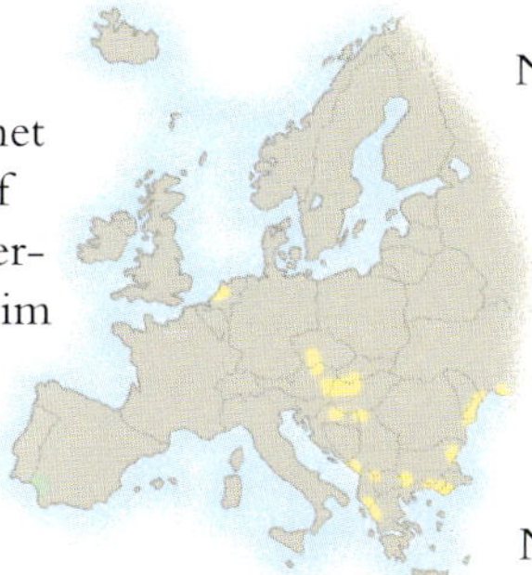

J F M A M J J A S O N D

Der lange, vorn löffelartig verbreiterte Schnabel kennzeichnet den Löffler und macht ihn auf den ersten Blick vom Silberreiher unterscheidbar. Dieser Schnabel dient dazu im Flachwasser Kleinkrebse, kleine Fische und große Wasserinsekten aufzuspüren und zu erfassen. Dazu vollführt der Löffler halbkreisförmige Bewegungen mit dem Kopf – ein gleichfalls sehr kennzeichnendes Verhalten. Oft jagen die Löffler zu mehreren gemeinsam und wenn sie Beute erfasst haben, werfen sie ruckartig den Kopf zurück und befördern so den Fang von der Schnabelspitze in den Schlund. Löffler brüten in mehr oder weniger großen Kolonien, selten auch einzeln, an den großen Binnenseen Südosteuropas und in geringerem Maße auch an der südlichen Nordseeküste. Die nächsten größeren Brutvorkommen mit der Möglichkeit Löffler und ihr Verhalten zu beobachten befinden sich am Neusiedler See. In der Nähe der Kolonien kann man auch bettelnde, aber schon flügge Jungvögel antreffen, die den Alten folgen. Außerhalb der Brutzeit streifen die Löffler einzeln oder in kleinen Gruppen umher und können an jedem Flachgewässer in Mitteleuropa vorkommen. Sie überwintern in Afrika.

STECKBRIEF

■ 80–90 cm

■ weiß mit schwarzem, vorne löffelförmig verbreitertem Schnabel, Spitze gelb

■ Brutkleid: Schopffedern am Hinterkopf und gelbliches Halsband

■ Beine schwarz

■ fliegt mit ausgestrecktem Hals

Schilfnest im Röhricht oder Plattform aus Ästchen in Bäumen

Rosaflamingo

Phoenicopterus ruber

Kennzeichnend für diese Vögel sind die extrem langen, dünnen Beine, der sehr lange Hals, ein kurzer, gewinkelter Schnabel sowie die rosa bis rote Tönung von Gefieder und Beinen. Flamingos treten in mehreren Arten als Zooflüchtlinge an Flachgewässern auf.

In Südeuropa brütet nur der Rosaflamingo, in Deutschland haben im Freien vereinzelt auch die an den roten Gelenken und den bis zum Schnabelknick schwarzen Schnäbeln kenntlichen Chileflamingos *(P. chilensis)* gebrütet. Auch die fast gänzlich intensiv roten, deutlich kleineren Zwergflamingos *(Phoeniconaias minor)* treten als Zooflüchtlinge auf.

Aus flachen, salzhaltigen Lagunen filtern Flamingos Kleinkrebse und Wasserinsektenlarven. Dazu seihen sie mithilfe der Zunge das Wasser durch den mit Hornlamellen besetzten Schnabel. Aus der Nahrung stammt der rosa Farbstoff ihres Gefieders.

Brutkolonien gibt es in der Camargue in Südfrankreich sowie an einigen Stellen der spanischen Küste. Sie können mehrere Tausend gleichzeitig brütender Flamingos umfassen. Die Kolonien stehen mit denen in Afrika und Vorderasien im Austausch.

adult, Brutkleid

Jungvogel

STECKBRIEF

■ *120–145 cm*

■ *unverkennbar: Hals und Beine sehr lang, Gefieder rosarot*

■ *Nahrungsaufnahme mit ins Wasser eingetauchtem Kopf*

stumpfkegelförmige Schlammnester in Kolonien

♪ *gänseartiges Schnattern und Trompeten*

Graugans

Anser anser

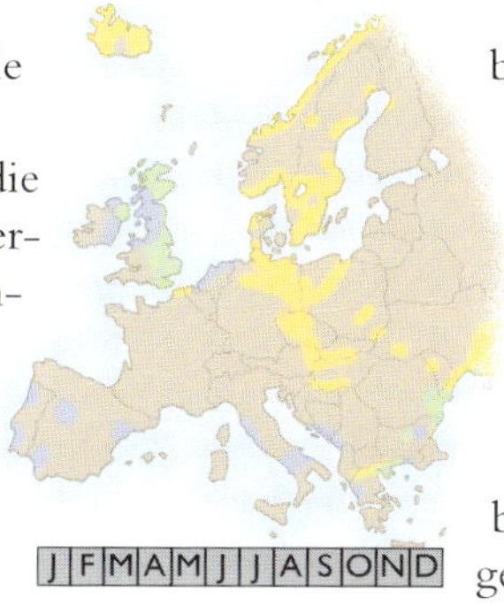

Unter den grauen Gänsen ist die Graugans – Stammform der domestizierten Hausgänse – die in Europa am weitesten nach Süden verbreitete Art. Sie brütet bis weit ins Binnenland, und recht häufig gibt es Bestände, die ständig im städtischen Raum leben. Ihr Gefieder ist ziemlich einheitlich bräunlich grau. Von allen anderen Gänsearten lässt sie sich aber sehr gut am einheitlich blassrötlich orangefarbenen Schnabel und an den rötlichen Beinen unterscheiden. Abgesehen von den Vorkommen an städtischen Gewässern brüten Graugänse im lockeren Röhricht an Seeufern und suchen auf dem Grünland nach Nahrung. Die Partner bleiben lebenslang verpaart und halten auch in Graugansschwärmen gut erkennbar zusammen. Flügge Junge bleiben noch bis zum nächsten Frühjahr bei der Familie und ziehen gemeinsam mit ihr ins Winterquartier und zurück. Sie halten sich in der Nähe der brütenden Eltern auf, brüten zwar selbst noch nicht, beteiligen sich aber hin und wieder an der Verteidigung des Brutreviers und ihrer jüngeren Geschwister.

Nachdem die Graugänse nicht mehr so stark bejagt werden, haben sich ihre Bestände in vielen Gebieten Europas wieder erholt.

STECKBRIEF

- *76–89 cm*
- *Schnabel orangefarben*
- *Vorderflügel hellgrau*
- *im Flug V-Formationen*

Plattform aus Röhrichthalmen und Gräsern; Nestnapf mit Daunen ausgepolstert

♪ Flugruf: gackernd „ang, ang, ang"

adultes Paar

Schnatterente

Anas strepera

Die Schnatterente ist eine typische Schwimmente an flachen Gewässern im Tiefland mit ausgedehnter Ufervegetation und an verlandenden Stauseen. Schnatterenten können nicht tauchen und suchen demgemäß gründelnd im Flachwasser nach ihrer überwiegend pflanzlichen Nahrung oder sie parasitieren bei Blesshühnern und Höckerschwänen, denen sie aus tieferem Wasser heraufgeholte Pflanzen geschickt wegnehmen. Schnatterentenweibchen sind von den Weibchen der etwas größeren Stockente schwer zu unterscheiden, es sei denn, sie zeigen den weißen Flügelspiegel, der bei der Stockente blau ist. Die Männchen entwickeln nur ein vergleichsweise bescheidenes Prachtkleid mit auffällig schwarzem „Heck" und einem kastanienbraunen Streifen auf dem Armteil des Flügels. Ihre Gesellschaftsbalz findet bereits gleich nach der Brutzeit im August statt. Im Herbst und Winter halten die Schnatterenten dann schon paarweise zusammen. Sie überwintern in kleineren Gruppen auf eisfreien, mitteleuropäischen Gewässern und sind gebietsweise schon häufiger als die Stockente geworden.

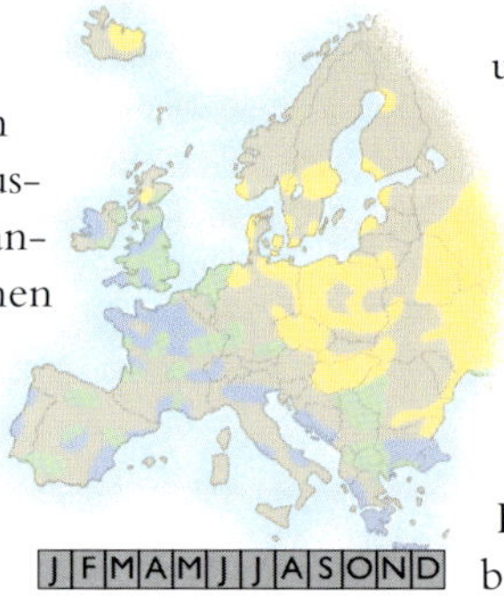

♂ im Flug

STECKBRIEF

■ *46–58 cm*

■ *Männchen: grau, Schnabel fast schwarz, schwarzes „Heck"*

■ *Weibchen: der Stockente ähnlich, aber kleiner, orangegelb gerandeter Schnabel, weiße Flügelspiegel*

flaches Bodennest aus Halmen

♪ *Männchen: knarrend „trräb", Weibchen: quakende, abfallende Lautfolge*

Schnatterentenpaar

Krickente

Anas crecca

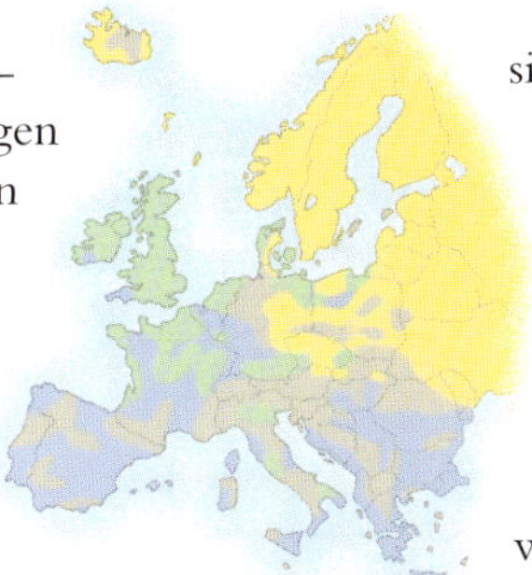

J F M A M J J A S O N D

Bei dieser kleinen, weit verbreiteten, aber nur stellenweise häufigen Gründelente sind die Männchen im Prachtkleid am dreiecksförmigen gelben „Heck" erkennbar. Die Weibchen ähneln dagegen stark jenen der Knäkente *(A. querquedula)*, die durch hellblaugraue Vorderflügel beim Abflug gekennzeichnet sind. Das Männchen der Knäkente hat im Prachtkleid einen kräftigen weißen Augenstreif, der bogenförmig bis zum Nacken reicht, und blaugraue, leicht verlängerte Schmuckfedern, die sich über die angelegten Flügel bis zu den Flanken erstrecken. Ihr Ruf klingt wie ein hölzernes „rrrrp". Die Knäkente überwintert in Afrika südlich der Sahara und kehrt zwischen Anfang März und Mitte April zurück, während die Krickente entweder in Mitteleuropa überwintert oder nur der schlimmsten Kälte ausweicht. Beide Arten bilden außerhalb der Brutzeit an flachen Ufern und Lagunen Schwärme. Die häufigere Krickente ernährt sich mehr von Kleintieren aus dem Bodenschlamm, die Knäkente bevorzugt Wasserpflanzen im Flachwasser. In Mitteleuropa sind beide Arten ziemlich seltene Brutvögel.

STECKBRIEF

■ *34–38 cm*

■ *Männchen: Kopf braun und grün*

■ *Weibchen: Kopf einfarbig graubraun, grüner Flügelspiegel*

▲ *Knäkente: Männchen: weißer Augenstreif, blaugraue Vorderflügel; Weibchen: der Krickente ähnlich, aber blassgraue Schultern*

Bodennest in dichter Vegetation

♪ *Männchen: hohes „krrick" oder „prrüp"; Weibchen: Quaken*

Spießente

Anas acuta

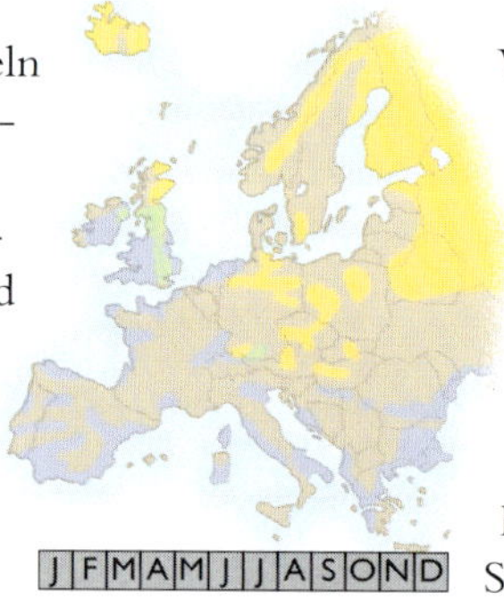

Mit ihrem langen Hals gründeln die Spießenten nach Wasserpflanzen und verschiedenen Kleintieren des Bodenschlamms - vorwiegend in der Abenddämmerung und nachts, während sie am Tage ruhen. Dabei bevorzugen sie offene Flachgewässer. Sie brüten in nassen Wiesen und auch an sumpfigen und unbewaldeten Flussufern des Tieflandes. Aus den nordöstlichen Brutgebieten kommen im Herbst große Scharen nach Mittel- und Westeuropa um an Flussmündungen oder auf Küstenlagunen zu überwintern. Im Prachtkleid sind die Männchen leicht an ihren verlängerten Schwanzspießen und am braunen Kopf mit dem sich zum Hinterkopf hochziehenden weißen Streifen zu erkennen. Weibchen sind blasser und grauer als andere Gründelenten und fallen durch den längeren, spitzeren Schwanz und ihren langen Hals auf. Am charakteristischen Flugbild und dem weiß gerandeten, braunen Spiegel sind Spießenten leicht zu erkennen. In Mitteleuropa sind sie als Brutvögel selten.

STECKBRIEF

- *51–66 cm*
- *schlank und elegant*
- *langer, schlanker Hals*
- *Männchen: brauner Kopf mit weißem Seitenstreif, langer, spitzer Schwanz*
- *Weibchen: Beine grau, langer Hals*
- *Bodennest aus Halmen, mit Daunen ausgelegt*
- ♪ *Männchen: pfeifendes „prüüp, prüüp"; Weibchen: abfallendes Quaken*

Löffelente

Anas clypeata

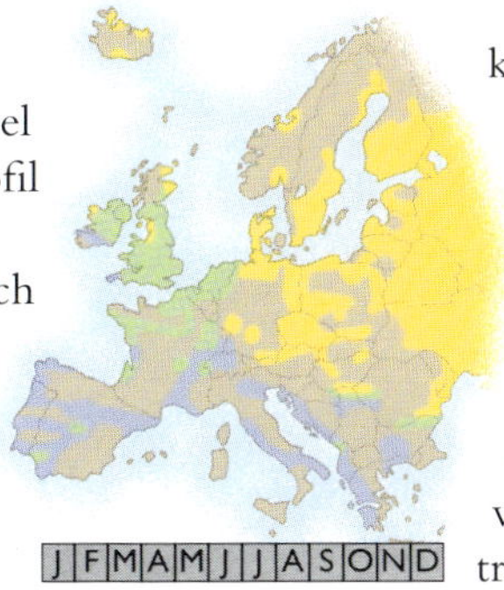

Der mehr als kopflange, vorn löffelartig verbreiterte Schnabel verleiht der Löffelente im Profil ein unverkennbares Erscheinungsbild. Im Flug wirkt sie kopflastig, zumal auch der Schwanz recht kurz ist. Die Flügel scheinen daher zu weit hinten anzusetzen. Bei der Nahrungssuche im Flachwasser wird der Kopf flach vorwärts gestreckt und mit dem Hals führt die Löffelente seitlich schwingende Bewegungen aus. Mit den kleinen, kammförmig angeordneten „Zähnchen“ am Schnabelrand kann sie auch sehr kleine Lebewesen, wie Kleinkrebse, aus dem Flachwasser seihen. Im Schlichtkleid sehen die Männchen den Weibchen recht ähnlich, aber das Gefieder ist deutlich kontrastreicher gefärbt. Von September bis November vermausern die Männchen in ein Zwischenkleid, das auch die Jungvögel desselben Jahres tragen.

Im Winter wird das Prachtkleid mit grün schillerndem Kopf und kastanienbraunem Bauch angelegt. Löffelenten sind in weiten Bereichen Mitteleuropas seltene Brutvögel und kommen nur in den flachen Flussniederungen des Nordostens häufiger vor.

STECKBRIEF

- *44–52 cm*
- *großer, löffelartiger Schnabel*
- *Männchen, Prachtkleid: dunkelgrüner Kopf, weiße Brust, brauner Bauch*
- *Weibchen: braun gefleckt*
- *Bodennest in Vertiefungen, mit Gras und Federn ausgekleidet*
- ♪ *Männchen: „tack, tack“; Weibchen: tiefes Quaken*

Reiherente

Aythya fuligula

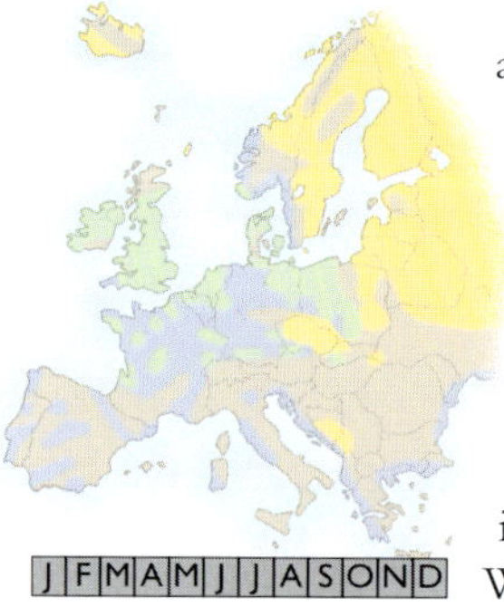

Mittelgroße, im Schlichtkleid dunkle Tauchente, deren Männchen im Prachtkleid durch den scharf abgesetzten weißen Bauch weithin zu erkennen sind. Die Augen sind gelb, der Schnabel blaugrau mit schwarzer Spitze. Bei alten Weibchen kann ein heller Ring am Schnabelansatz ausgebildet sein und zu Verwechslungen mit der Bergente *(A. marila)* führen, deren Weibchen einen breiten weißen Ring um die Schnabelbasis aufweisen. Im Herbst und Winter bilden die Reiherenten auf Seen des Binnenlandes an einzelnen Stellen große Schwärme. In neuerer Zeit haben sie sich als Brutvögel ausgebreitet.

Besonders profitieren sie von der Einschleppung der Wandermuschel in die Seen des Voralpenlandes. Die Weibchen der Reiherente sind deutlich dunkler und kleiner als die der Tafelente (*A. ferina*, 42–58 cm). Tafelenten-Männchen haben einen braunen Kopf, einen grauen Rücken und eine schwarze Brust. Beide Arten tauchen nach Kleinmuscheln, Schlammröhrenwürmern und Larven von Wasserinsekten. Tafelenten zählen im Binnenland zu den häufigsten Entenarten.

STECKBRIEF

- *40–47 cm*
- *Männchen: schwarz mit weißen Seiten*
- *Weibchen: dunkelbraun, gelbes Auge*
- *hängender Schopf am Hinterkopf, beim Weibchen nur angedeutet*

Bodennest aus Gräsern, mit Daunen ausgelegt, meist am Uferrand

♪ *balzende Männchen bringen feine Pfiffe, wie „pi-yip-piip-pyiep“, Weibchen knarrt tief*

Gänsesäger

Mergus merganser

Säger sind Entenvögel mit Schnäbeln, deren Ränder feine Zähne aus Horn tragen. Damit wird die schlüpfrige, zappelnde Beute, meist Fische, die die Säger unter Wasser jagen, festgehalten. Es gibt drei Sägerarten in Mitteleuropa, der größte und häufigste ist der Gänsesäger. Er brütet an den klaren Seen im Nordosten und an den Flüssen des Alpenvorlandes. Nordische Säger kommen im Winter als Gäste, vornehmlich an die großen Seen und Stauseen.

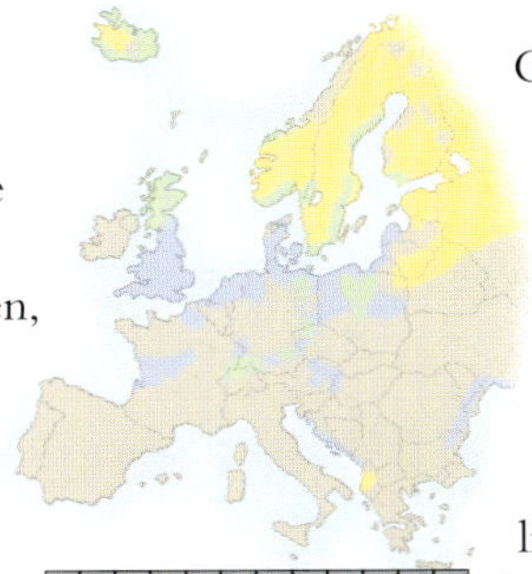

J F M A M J J A S O N D

Der deutlich kleinere und schlankere Mittelsäger (*M. serrator*, 52–58 cm) hält sich außerhalb der Brutzeit mehr an den Küsten auf. Beide Geschlechter zeichnen sich durch eine feine Haube aus. Auffälliges Merkmal ist der sehr dünne, lange Schnabel.

Viel kleiner und eher entenartig ist der hochnordische Zwergsäger (*M. albellus*, 35–44 cm); das Männchen unverkennbar weiß mit schwarzen Streifen, das Weibchen weißbraun. Zwergsäger sind vergleichsweise seltene Wintergäste in Mitteleuropa.

STECKBRIEF

- 58–66 cm
- groß, tief im Wasser liegend
- Männchen: Brust und Flanken cremeweiß bis lachsfarben
- Weibchen: Kopf braun, Kehle weiß, struppige Federhaube

▲ Mittelsäger, Männchen: schwarz-weißbraun; Weibchen: graubraun; beide Geschlechter mit Federhaube

Nest in großen Baumhöhlen oder Türmen

♪ Ruf, Männchen: leise und froschartig „quorr-quorr“

Rohrweihe

Circus aeruginosus

Weihen sind im Flug an der flach V-förmigen Flügelhaltung und ihrem meist niedrigen Gleitflug zu erkennen. Die Rohrweihe lebt an größeren Binnengewässern, jagt aber auch über der Feldflur. Die Weibchen sind größer und dunkelbraun mit semmelgelben Bereichen an Kopf, Kehle und Schultern, die kleineren Männchen weisen blaugraue Felder im Flügel auf. Aus ihrem Jagdflug lassen sich die Weihen plötzlich fallen um nach Beute zu greifen. In der Brutzeit vollführen Männchen und Weibchen regelrechte Schauflüge, die auch der Reviermarkierung dienen.

Bringt das Männchen Beute, so fliegt ihm das Weibchen entgegen und ergreift sie mit einer Rückenrolle aus der Luft. Rohrweihen brüten wieder weit verbreitet in Nordost- und Süddeutschland und den angrenzenden Gebieten. Viel seltener ist die kleinere Kornweihe (*C. cyaneus,* 43–52 cm). Das Männchen ist graublau, das Weibchen braun gebändert, beide mit einem weißen Bürzel. Sehr ähnlich sieht ihr die schlankere Wiesenweihe (*C. pygargus*), bei der nur das Weibchen einen weißen Bürzel hat.

J F M A M J J A S O N D

Rohrweihe ♂ Kornweihe ♀

Rohrweihe ♂

STECKBRIEF

■ *48–56 cm*

■ *segelt und kreist mit leicht V-förmig gehaltenen Schwingen*

■ *Männchen: Schwanz grau, graue Felder auf den Flügeln*

■ *Weibchen: dunkel bis mittelbraun, gelbliche Stirn, Kehle und Schultern*

▲ *Kornweihe, Männchen: graublau mit schwarzen Flügelspitzen*

Plattform aus Rohr und Zweigen

♪ *Ruf: schrill „kiie-ju"*

Kornweihe adultes ♂

Kornweihe, Jungvogel ♀

Rohrweihe ♀

Fischadler

Pandion haliaetus

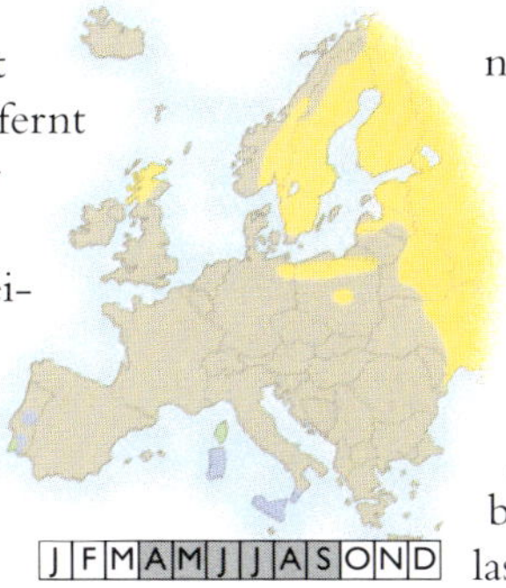

Fast weltweit verbreitet ist der mit den eigentlichen Adlern nur entfernt verwandte Fischadler. Mit seiner nahezu weißen Unter- und dunklen Oberseite, dem breiten schwarzen Streifen vom Auge zum Hinterkopf und den im Flug deutlich gewinkelten, schmalen Flügeln ist er unverkennbar. Wenn er aus dem Rüttelflug ins Wasser stürzt um einen Fisch zu ergreifen, gibt es keinen Zweifel, dass es sich um einen Fischadler handelt. Bis gut 1 kg schwere Fische sind seine Beute. Er erfasst sie mit seinen sehr stark gekrümmten Krallen und trägt sie zum Horst oder zu einem erhöhten Platz um zu „kröpfen".

Manchmal taucht er beim Zustoßen ganz ins Wasser ein. Als die Fischbestände stark mit Umweltgiften belastet waren, gingen die Fischadlervorkommen weltweit zurück. Gegenwärtig breiten sich die Fischadler wieder aus. Vor allem in Ostdeutschland leben gut 250 Brutpaare (1995), von denen viele ihre Nester auf Hochspannungsmasten errichtet haben. Dort sind sie sicherer vor Feinden und Nesträubern. Fischadler sind Zugvögel, die in den Tropen überwintern. Nach Mitteleuropa kommen sie meist im April zurück und ziehen im Spätsommer wieder ab. Wo sie nicht verfolgt werden, sind sie nicht scheu.

STECKBRIEF

- *55–68 cm*
- *oberseits dunkelbraun, unterseits weiß mit dunklen Flecken am Flügelgelenk; Weibchen mit dunklem Brustband*
- *Kopf weiß mit dunkelbraunem Streifen durchs Auge zum Hinterkopf*
- *Flügel lang und ziemlich schmal, möwenartig gewinkelt*
- *Horst: ein mächtiger Bau aus Ästen oder Tang (Küste)*
- ♪ *langsame Reihe abfallender Pfeiflaute*

Wasserralle

Rallus aquaticus

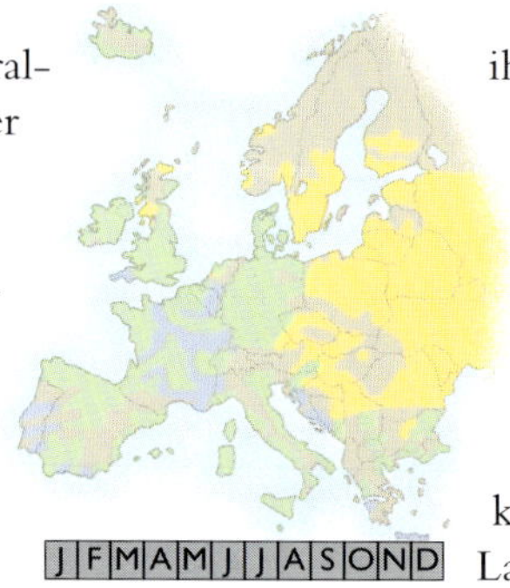

Die versteckt lebenden Wasserrallen sind schwer zu sehen, aber oftmals nicht zu überhören, wenn sie im Röhricht wie Ferkel quieken und grunzen. Mitunter kommen sie doch aus der Deckung und suchen, flink zwischen den Halmen laufend, an der Grenze zwischen Röhricht und Wasser oder Schlickflächen nach Nahrung. Dabei zeigen sie die weißliche Unterseite ihres hochgestellt getragenen Schwanzes. Der lange Schnabel ist vor allem an der Basis rötlich. Mit ihm stochern die Rallen im Schlamm nach Würmern und anderer tierischer Nahrung oder sie töten damit blitzschnell Frösche. Auch Jungvögel gehören zu ihrer Beute. Aufgescheucht fliegen sie mit hängenden Beinen meist nur kurze Strecken und fallen gleich wieder im Röhricht ein. Die langen Zehen verhindern ein Einsinken im Morast und ermöglichen das Laufen auf schwimmendem Pflanzenbewuchs. Ihre kurzen, rundlichen Flügel weisen sie zwar als schwache Flieger aus, aber dennoch legen sie zur Zugzeit weite Strecken zurück. Einige Wasserrallen überwintern auch bei uns an eisfreien Seeufern. Die Dunenjungen sind von einem ganz schwarzen Flaum bedeckt.

STECKBRIEF

- *22–29 cm*
- *langer, leicht gekrümmter Schnabel, kräftige Beine, kurze Flügel*
- *weißliche Unterschwanzdecken*
- *kräftig gebänderte Flanken*
- *Nestnapf in dichter Röhricht- und Ufervegetation*
- ♪ *Ruf: grunzende und quiekende Laute*

Kranich (Graukranich)

Grus grus

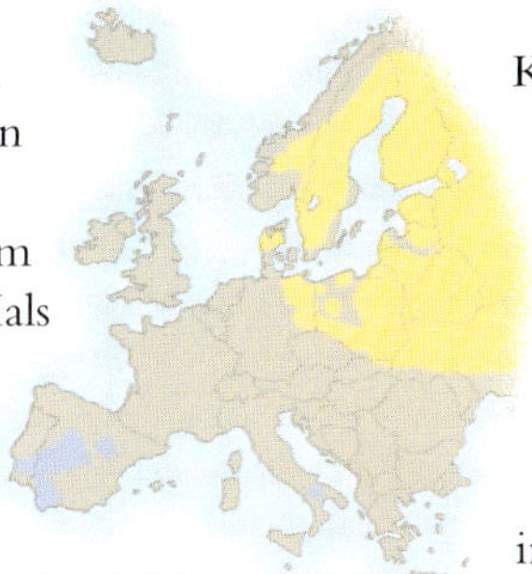

J F M A M J J A S O N D

Laute, trompetende Rufe künden oft schon von Weitem das Nahen einer Schar Kraniche an. Diese großen, reiherartigen Vögel mit kurzem Schnabel fliegen mit ausgestrecktem Hals in ausdauerndem Kraftflug, auch nachts. Die Brutvögel Skandinaviens und Mitteleuropas überqueren auf ihrer Flugroute in die spanischen und nordwestafrikanischen Winterquartiere regelmäßig das Rheinland und Frankreich.

Erwachsene sind von den Jungvögeln leicht an der schwarzweißen Kopf- und Halszeichnung und dem roten Abzeichen am Hinterkopf zu unterscheiden. Die Schmuckfedern am Körperende geben den aufrecht stehenden Kranichen ein unverwechselbares Aussehen.

Im Frühjahr und nahe den Brutplätzen vollführen sie Balztänze, die mit Sprüngen und Verbeugungen sehr graziös wirken. Dazu trompeten sie laut. Kraniche brüten in schwer zugänglichen Waldsümpfen und Hochmooren. Dort ernähren sie sich und die Jungen von Kleintieren und Fischen, die sie im Flachwasser erbeuten. Zur Zugzeit und im Winterquartier nutzen sie pflanzliche Nahrung, wie Maiskörner, Kartoffeln und Eicheln.

balzendes Kranichpaar

STECKBRIEF

- *114–130 cm*
- *sehr groß, langer Hals, lange Beine*
- *schwarzweiß an Kopf und Hals, roter Hautfleck am Hinterkopf*
- *verlängerte Federn, die sich über dem Schwanz herabsenken*
- *Flug oft in V-Formation*
- *flache Plattform aus Gräsern im Sumpf*
- *trompetende Rufe wie „krrrü“*

Kampfläufer

Philomachus pugnax

Unter den europäischen Watvögeln ist der Kampfläufer sicher der absonderlichste. Im Mai und Juni sammeln sich die Männchen, die ein mehrfarbiges Prachtkleid tragen, zur „Gesellschaftsbalz“. Die verlängerten Halsfedern werden gespreizt, die Kopffedern aufgerichtet und mit gesenktem Kopf und vorgestrecktem Schnabel gehen die Hähne dann aufeinander los und vollführen Luftsprünge – alles nur um die scheinbar uninteressierten Weibchen zu beeindrucken. Männchen, die auf einem zentralen Balzplatz ihre Pracht und Kondition zeigen, werden von den Weibchen bevorzugt gewählt. Nach der Paarung kümmern sich die Weibchen alleine um Gelege und Jungenaufzucht. Im Juni/Juli verlieren die Männchen ihr Balzgefieder und sehen dann den deutlich kleineren Weibchen ähnlich. Im Herbst ziehen die Kampfläufer Nordeuropas und weiter Bereiche Sibiriens mit längeren Verweildauern an Zwischenrastplätzen nach Westafrika zum Überwintern. In Deutschland gibt es nur noch sehr wenige Kampfläufer-Brutplätze.

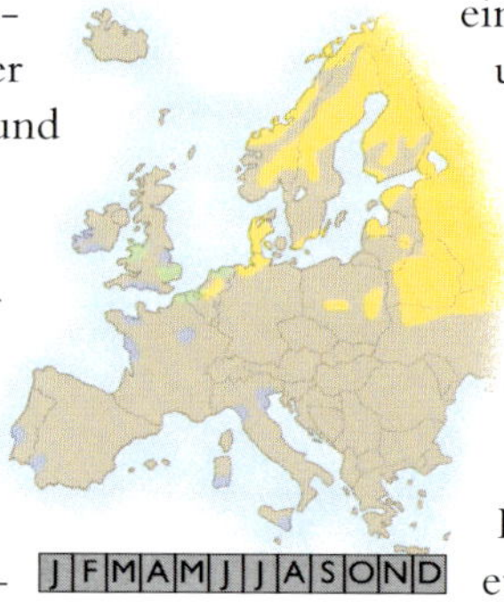

STECKBRIEF

- ♂: 26–32 cm, ♀: 20–25 cm
- Ruhekleid: grau; rötliche bis orangefarbene Beine, Schnabel mittellang
- Balzkleid, Männchen: bunte Halskrausen und Ohrbüschel; einige Weibchen haben rein weiße Halskrausen
- Brutkleid, Weibchen: Oberseite „geschuppt“, Unterseite bräunlich

Nestmulde auf Feuchtwiesen mit Grasbüscheln und in arktischer Tundra

♪ *meist „stumm“, selten leise „wik-wik-wik“- oder „ku-ku“-Rufe*

♂ auf einer Balzarena

♀

Bekassine

Gallinago gallinago

Bräunlicher, kurzhalsig wirkender Schnepfenvogel mit sehr langem, geradem Schnabel und ausgeprägter Kopfzeichnung. Die Männchen vollführen im Frühjahr einen charakteristischen Balzflug. Sie steigen mit raschen Flügelschlägen empor und lassen sich dann in steilem Sturzflug niedergehen, bei dem die äußeren Schwanzfedern ein kennzeichnendes „Meckern" erzeugen („Himmelsziege"). Der Gesang zur Brutzeit ist ein wiederholtes monotones „tick-a, tick-a", das beide Geschlechter auch von erhöhten Warten herab vortragen. Am Boden sind Bekassinen dank ihrer außerordentlichen Tarnfärbung kaum zu entdecken.

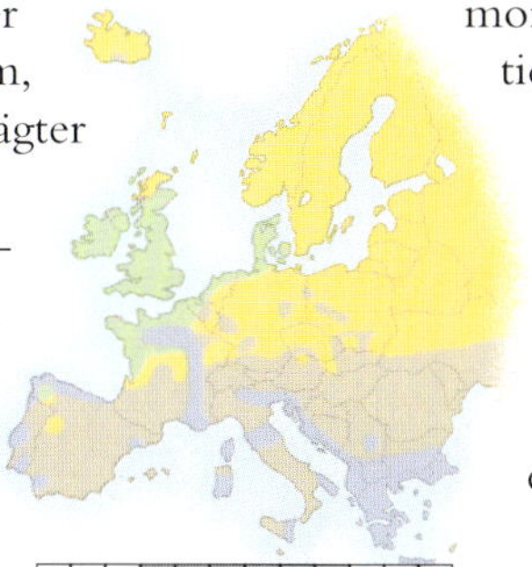

J F M A M J J A S O N D

balz-
rufend

Aufgestöbert fliegen sie im Zickzackflug ab und lassen sich meist schnell wieder in die Vegetation hinabfallen. Als Brutvögel sind Bekassinen selten geworden. Ihren Lebensraum bilden Feuchtwiesen und Moore; zu den Zugzeiten finden sie sich auch an Schlickufern von Seen, Teichen und Stauseen ein. Die mitteleuropäischen Brutvögel überwintern in Afrika. Ähnlich sind die größere Doppelschnepfe *(G. media)* und die kleinere Zwergschnepfe *(Lymnocryptes minimus)*.

STECKBRIEF

- *25–27 cm*
- *langer, gerader Schnabel*
- *markante Kopf-Rückenzeichnung*
- ▲ *Doppelschnepfe: weiße Schwanzkanten, größer*
  Zwergschnepfe: kleiner, kurzschnäbelig
- *Bodennest in Moor und Sumpfwiesen*
- ♪ *beim Abflug ein raues „ätsch"*

Großer Brachvogel

Numenius arquata

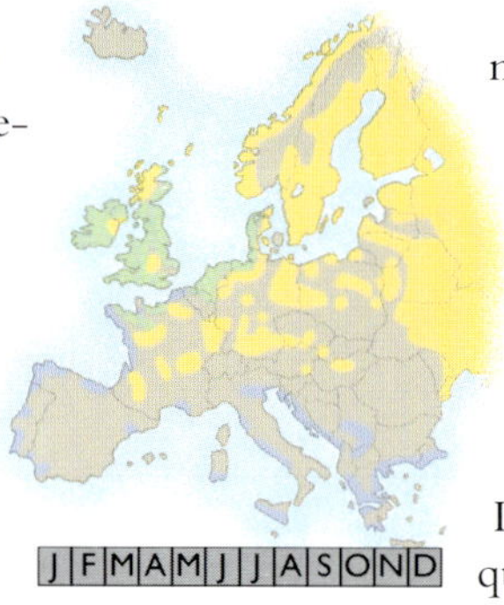

Brachvögel sind große Watvögel mit langem, nach unten gebogenem Schnabel. Sie brüten in Hochmooren, Feuchtwiesen und der Tundra. Gebietsweise, z. B. an den Küsten und in den Niederungen großer Flüsse, nisten sie auch im Wirtschaftsgrünland, aber mit abnehmendem Bruterfolg. Im Frühjahr markieren die Männchen des Großen Brachvogels ihr Revier mit weithin hörbaren an- und abschwellenden Trillern aus dem Flug heraus. Auf dem Zug und im Winterquartier halten sich die Brachvögel im Schlickwatt der Küsten und an Flussmündungen auf. Kleinere Gruppen überwintern jedoch auch im Binnenland an Bächen und an Seeufern. Mit ihrem langen Schnabel stochern sie nach Würmern und Larven großer Insekten im weichen Boden oder im Flachwasser. Im Binnenland sehr selten, aber an Küsten häufiger ist der kleinere Regenbrachvogel *(N. phaeopus)*. Er hat einen kürzeren Schnabel und eine deutliche Streifenzeichnung am Kopf. Im Winterquartier an der westafrikanischen Küste ernährt er sich vornehmlich von Winkerkrabben. Brachvögel haben lange, spitze Flügel. Sie fliegen schnell und ausdauernd, sind aber nicht sehr wendig.

Brachvögel am Schlafplatz

STECKBRIEF

■ *50–60 cm*
■ *Schnabel lang, nach unten gebogen*
■ *Gefieder braun, keine auffälligen Körperstreifen*
■ *Weibchen größer als Männchen*
▲ *Regenbrachvogel: kleiner (40–46 cm), Ruf: „tütütütütü ...“*
Napf am Boden im Moor oder in Feuchtwiesen
♪ *Ruf: laut „prü-lip“, auch gereiht*

Rotschenkel

Tringa totanus

Im Binnenland ist dieser Wasservogel als Brutvogel selten, an der Küste dagegen häufig. Dort tritt er in großen Scharen auf. Kennzeichnend sind neben den orangeroten Beinen der weiße Bürzel und der im Flug sichtbare breite, weiße Flügelhinterrand, außerdem die klagenden, klangvollen Rufe. Im Brutkleid sind Rotschenkel kräftiger gefärbt und dunkler gefleckt als im Winterkleid, das hell mit ungestreift weißlicher Unterseite ist. Der Ruf klingt wie „tjü-dü"; zur Brutzeit jodeln die Männchen regelrecht. Der nahe verwandte Dunkelwasserläufer *(T. erythropus)* ist größer (29–32 cm), hat einen viel längeren Schnabel und zur Brutzeit ein schwärzliches, mit weißen Tupfen übersätes Gefieder. Im Winter- und Jugendkleid ist er sehr hell, hat dunkle, rote Beine, der weiße Flügelhinterrand fehlt. Während beim Dunkelwasserläufer der dünne Schnabel fast gerade ist, krümmt er sich beim Grünschenkel *(T. nebularia)* deutlich nach oben. Mit 30–35 cm ist dieser größer und wirkt kompakter. Im Flug ruft er laut und ähnlich wie ein Grünspecht „kjükückkück".

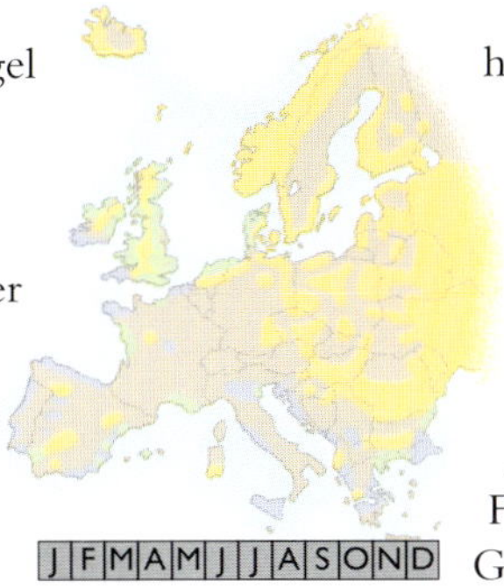

STECKBRIEF

■ 27–29 cm

■ Beine orangerot, Bauch/Bürzel weiß; weißer Flügelhinterrand, der im Flug keilförmig erscheinen kann

▲ Dunkelwasserläufer: Schnabel lang, kein Weiß im Flügel; Grünschenkel:Schnabel aufwärts gebogen, Beine grünlich

flache Nestmulde in Feuchtwiesen und in der Tundra

♪ flötend „lü-ü" und „tjü-dü-dü"

Flussuferläufer

Actitis hypoleucos

Flussuferläufer sind in Europa weit verbreitet, kommen aber nirgends häufig vor. Sie fallen meist auf, wenn sie mit schrillem „hi-di-di-di" irgendwo am Ufer abfliegen und dicht über der Wasseroberfläche abwechselnd gleiten, wobei sie die Flügel steif nach unten gebogen halten oder ein Stück mit schnellen, flachen Flügelschlägen fliegen. In geringer Zahl brüten Flussuferläufer auf kiesig sandigem Untergrund an Alpenflüssen. Zu den Zugzeiten treten sie jedoch in Gruppen mit bis zu 50 Vögeln an nahrungsreichen Ufern von Seen und Stauseen auf. Sogar an völlig betonierten Ufern von Kanälen sind sie gelegentlich zu finden. Sie halten sich meist abseits von anderen Watvogelarten. Beim Balzflug zieht das Männchen seine Kreise niedrig über dem Ufer oder über Kiesinseln. Der Wegzug beginnt schon Ende Juli; die meisten Flussuferläufer überwintern im südlichen Afrika. An ihrem charakteristischen Verhalten, den kennzeichnenden Rufen und an den dunklen, scharf abgesetzten Seiten der Vorderbrust lassen sie sich gut von ähnlichen Arten unterscheiden.

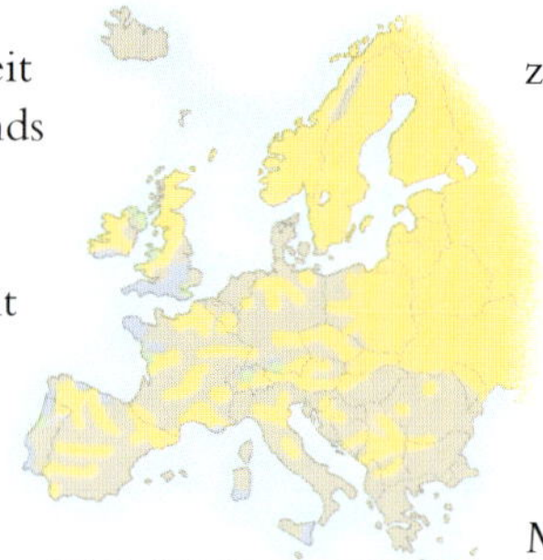

J F M A M J J A S O N D

STECKBRIEF

- *19–21 cm*
- *oberseits graubraun, unterseits weiß*
- *kurzer Schnabel, Beine grünlich, ziemlich kurz*
- *kennzeichnendes Schwanzwippen*
- *versteckte Nest in Nischen und unter Grasbüscheln am Ufer*
- *schrilles, pfeifendes „hi-di-di-di"*

bei der Nahrungssuche

Trauerseeschwalbe

Chlidonias niger

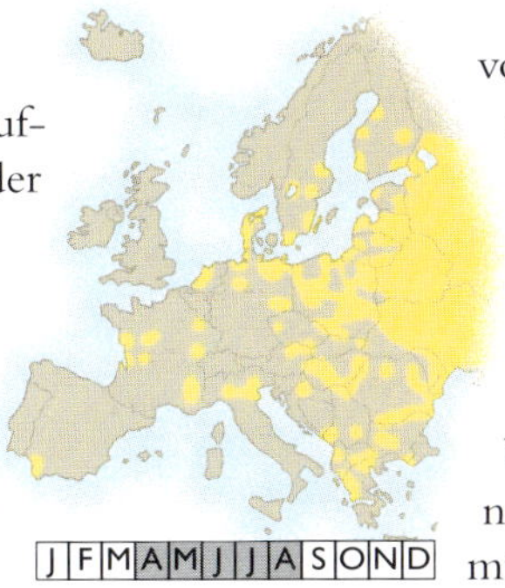

Die Trauerseeschwalbe ist die häufigste der drei in Europa auftretenden Arten der Gruppe der Sumpfseeschwalben. Im Brutkleid ist diese kleine Seeschwalbe rußschwarz, Flügel und Schwanz sind heller. Sie nistet an nahrungsreichen Flachseen und in Überschwemmungsgebieten auf treibenden Wasserpflanzen, die bei Wind den Wellenschlag dämpfen.

Zur Brutzeit holen Trauerseeschwalben hauptsächlich Wasserinsekten von der Wasseroberfläche, die sie in elegantem Schwenkflug von der Oberfläche wegpicken ohne zu wassern. Im August und September sammeln sich riesige Mengen von Trauerseeschwalben in den Niederlanden und im norddeutschen Küstengebiet (Elbmündung) um vor dem Wegzug nach Afrika zu mausern. Die Jungvögel des betreffenden Jahres bleiben bis zum übernächsten Jahr in Afrika. Erst dann sind sie fortpflanzungsfähig und kehren in ihre Brutheimat zurück.

auf schwimmendem Nest mit Jungen

Die nahe verwandten Weißflügel- *(C. leucopterus)* und Weißbartseeschwalben *(C. hybrida)* kommen im Sommerhalbjahr in wechselnder Häufigkeit als Gäste nach Mitteleuropa.

STECKBRIEF

- *22–24 cm*
- *Brutkleid: rußschwarz, Flügel und Schwanz grau*
- *Winter: schwarze Hinterkopfkappe, oberseits grau, unterseits weiß*
- *Schwanz nur schwach gegabelt*
- *flaches Nest auf schwimmender bzw. treibender Vegetation*
- ♪ *verschiedene schrille Rufe, wie „kjiak“, „kji-ek“ oder kurz „kick, kick“*

Eisvogel

Alcedo atthis

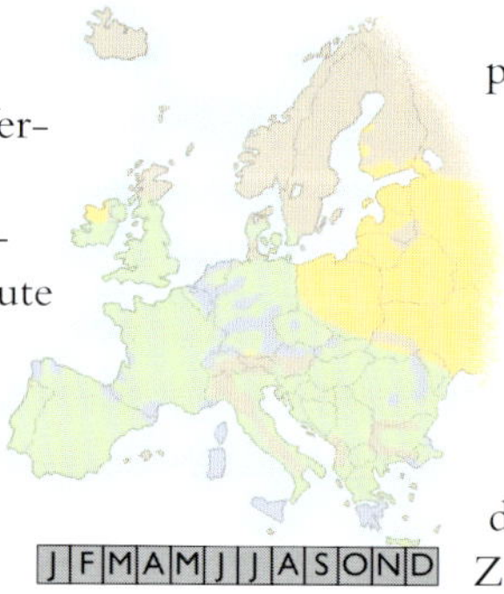

Ohne Zweifel ist der prächtige Eisvogel, dessen zahlreiche Verwandte in den Tropen leben, einer der schönsten unter den europäischen Vögeln. Auf der Suche nach Beute fliegt er mit scharfem Pfiff über Bäche oder Flüsse, verharrt plötzlich im Rüttelflug in der Luft um sich Bruchteile von Sekunden darauf pfeilschnell ins Wasser zu stürzen. Beim Eintauchen bleiben die Augen geöffnet und nur durch die durchsichtige Nickhaut geschützt. So kann er die Beute sehen.

Unter Wasser öffnet er die im Sturzflug angelegten Flügel und rudert zur Oberfläche zurück um dann mit einem zappelnden Fisch im Schnabel aufzufliegen. Auf einem Sitzplatz am Ufer tötet er das Fischlein durch Schläge auf die Unterlage. Der Eisvogel brütet in selbst gegrabenen Nisthöhlen an Steilufern. Da diese an unseren regulierten Flüssen kaum mehr zu finden sind, ist er selten geworden. Zudem fordern kalte Winter einen hohen Tribut. Um dem Eisvogel das Brüten wieder zu ermöglichen wurden in manchen Gebieten künstliche Brutwände errichtet.

im Schwirrflug überm Wasser

♂ hält nach Fischen Ausschau

STECKBRIEF

■ *15–17 cm*

■ *rundlich, mit kräftigem, dolchförmigem Schnabel und kurzem Schwanz*

■ *oberseits blaugrüntürkis; unterseits kastanienbraun, weißer Nackenfleck*

■ *Flug schnell, geradlinig oder schwirrend, meist dicht über dem Wasser*

Nistplätze in selbst gegrabenen Höhlen in sandigem Lehm an Steilufern am Ende waagrechter Röhren

♪ *schrille Pfiffe, oft mehrfach*

Uferschwalbe

Riparia riparia

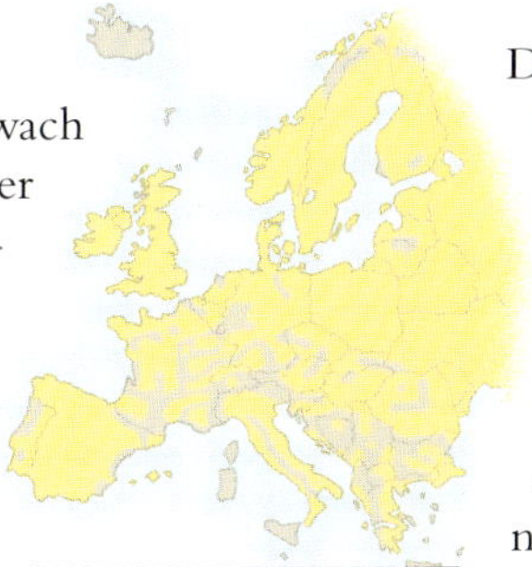

J F M A M J J A S O N D

Diese kleine, oberseits dunkelbraune Schwalbe mit nur schwach gegabeltem Schwanz fängt über Gewässern und Uferwiesen Fluginsekten und nistet in mehr oder weniger großen Kolonien in steilen Lehmwänden. Die Kolonien können Hunderte von Brutpaaren umfassen. Von unten betrachtet kennzeichnet ein braunes Band über der Vorderbrust die Uferschwalben. An diesem Merkmal sind sie gut von den ähnlich kleinen Mehlschwalben zu unterscheiden, aber auch von den noch ähnlicheren Felsenschwalben, die an Felswänden im Gebirge nisten.

Die Männchen veranstalten vor den Eingängen zu den selbst gegrabenen Niströhren Balzflüge um Weibchen anzulocken. Nach dem Ausfliegen kehren die Jungen immer wieder in ihre Röhre zurück, bis sie in Jugendschwärmen umherstreifen. Auch in diesen Schwärmen erkennen die Eltern ihre Jungen und füttern sie noch eine Zeit lang weiter. Uferschwalben kommen im April und Mai aus dem afrikanischen Winterquartier zurück.

Uferschwalben im Flug

Altvögel am Höhleneingang

STECKBRIEF

■ *11,5–12,5 cm*

■ *oberseits braun, unterseits weiß*

■ *braunes Brustband*

■ *Schwanz schwach gegabelt*

Nesthöhle in selbst gegrabener Röhre in lehmigen Steilufern

♪ *rau und trocken „tschrrr“*

Blaukehlchen

Luscinia svecica

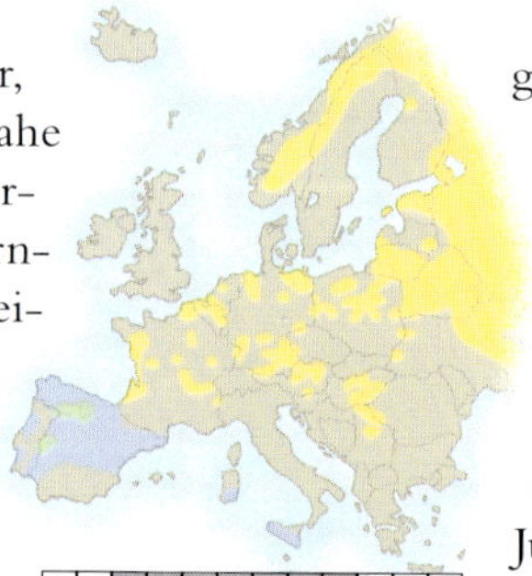

J F M A M J J A S O N D

♀

Das Blaukehlchen ist ein kleiner, wenig auffälliger Vogel und nahe mit der Nachtigall (S. 139) verwandt. Die Männchen tragen eine kornblumenblaue Kehle, die von einem breiten, rostbraunen Band zum Bauch hin begrenzt wird. Bei der als „Weißsterniges Blaukehlchen“ bezeichneten Unterart, die in Mitteleuropa als Brutvogel in Flussauen und in Kiesgrubengelände mit Flachwasserseen und schütterem Pflanzenbewuchs vorkommt, sitzt inmitten der blauen Kehle ein weißer Stern. Bei der nordischen Unterart ist dieser Kehlstern rot („Rotsterniges Blaukehlchen“). Bei den Weibchen und Jungvögeln sind Kehlfarben nur schwach angedeutet oder fehlen ganz; beide tragen aber eine charakteristische Streifenzeichnung, die Jungvögel eine tropfenfleckige Brust. Blaukehlchen sind gute Sänger. Von erhöhten Sitzwarten aus tragen sie ihre abwechslungsreichen Gesänge vor, die Imitationen der Gesänge anderer Arten mit einschließen. Ähnlich, aber klangvoller, singt der Sumpfrohrsänger (S. 224). Blaukehlchen machen auch kurze Singflüge. Rotsternige Blaukehlchen kommen als seltene Durchzügler zu den Zugzeiten in Mitteleuropa vor; einige wenige Paare brüten in hoch gelegenen Tälern der Zentralalpen.

singendes ♂

STECKBRIEF

■ *13,5–14,5 cm*

■ *oberseits graubraun, weißlicher Überaugenstreif*

■ *Männchen, Brutkleid: blaue, weiß- oder rotsternige Kehle mit schwarzer und rostbrauner Begrenzung*

■ *Schwanzseiten rostrot*

■ *Jungvögel: dunkelbraun, blassgelb und hellbraun fleckenstreifig*

Bodennest aus Hälmchen/Moos

♪ *Ruf: „tschack, tschack“ oder „tsi-tschack-tschack“*

Jungvogel

Schilfrohrsänger

Acrocephalus schoenobaenus

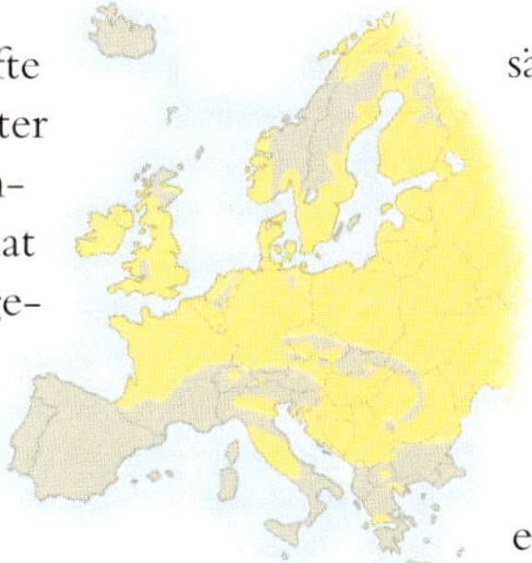

J F M A M J J A S O N D

In Mitteleuropa kommen ungestreifte und gestreifte Rohrsänger vor. Unter den gestreiften ist der Schilfrohrsänger die am weitesten verbreitete Art, hat jedoch in manchen Gebieten stark abgenommen. Ein breiter, heller Streifen zieht sich fast gerade übers Auge nach hinten, oberseits scharf abgegrenzt durch eine dunkle Kante der gestreiften Kopfplatte. Gestreift ist auch der Rücken. Der Schilfrohrsänger lebt vor allem in lockeren Beständen von Jungweiden, hohen Seggen oder lichten Rohrkolbengruppen. Seine Bestimmung ist aus der Nähe kein Problem. Im Uferdickicht herumschlüpfende Rohrsänger lassen sich jedoch nicht so leicht beobachten. Kennzeichnender ist ihr Gesang, der sich beim Schilfrohrsänger einfach aufbaut und in dem kanarienvogelartige Triller mit trockenem „schrrr-schrr“-Schwirren abwechseln.

Schilfrohrsänger sind in Mitteleuropa weithin seltene Brutvögel. Im April kommen sie aus dem afrikanischen Winterquartier zurück, im August ziehen sie wieder ab. Vor dem Wegzug fressen sie sich mit den Blattläusen der Schilfgürtel Fettvorräte an.

STECKBRIEF

■ *12–13 cm*

■ *gestreifter Rücken*

■ *gelblich weißer Überaugenstreif*

■ *dunkler Augenstreif*

Nestnapf zwischen Halmen im Röhricht oder Jungwuchs

♪ *hartes „tscheck“, trockenes „schrrr“*

Teichrohrsänger

Acrocephalus scirpaceus

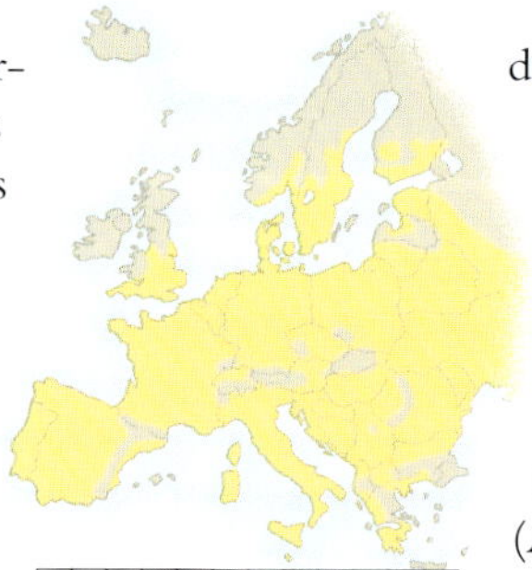

J F M A M J J A S O N D

Dieser ungestreifte, kleine Rohrsänger singt sein ausdauerndes Lied während der Brutzeit aus jedem größeren oder kleineren Röhricht. Er ist der weitest verbreitete europäische Rohrsänger und baut kunstvolle, tiefe Napfnester zwischen die Schilfhalme. Ist das Gewässer insektenreich, können die Reviere der Teichrohrsänger recht klein sein (knapp 100 m²). Teichrohrsänger sind häufig Kuckuckswirte.

Dem Teichrohrsänger sehr ähnlich ist der Sumpfrohrsänger (*A. palustris*, 12–13 cm), der aber mehr in buschigen Uferbereichen und in Brennnesselfluren, sogar in ufernahen Getreidefeldern vorkommt. Sein Gesang ist ein abwechslungsreiches Flöten, in dem sich Motive anderer Vögel wieder finden. Unverkennbar ist dagegen der viel größere Drosselrohrsänger (*A. arundinaceus*, 18–20 cm). Er besiedelt die Schilfbestände an Seeufern und Stauseen. Sein „karre-karre-kiek-kiek" übertönt sogar das Rauschen der Schilfrohre im Wind.

Sumpfrohrsäng

singender Drosselrohrsänger

STECKBRIEF

- ■ *12–13 cm*
- ■ *oberseits ungestreift olivbraun*
- ■ *einfarbiger Kopf*
- ■ *Schwanz gerundet, Beine graubraun*
- ▲ *Sumpfrohrsänger: sehr ähnlich, aber kennzeichnender Gesang*
- ▲ *Drosselrohrsänger: viel größer, breiter Überaugenstreif*
- *tiefer Napf, meist zwischen drei Schilfhalme eingeflochten*
- ♪ *Ruf: rau „tschäk" oder „krreck"*

Bartmeise

Panurus biarmicus

Laute, nasale „tschin-tschin"-Rufe verraten die Anwesenheit von Bartmeisen im Schilf. Wenn sie, meist in Gruppen, übers Röhricht fliegen, fällt der lange, sehr bewegliche Schwanz auf. Im Frühjahr und Sommer, also auch zur Brutzeit, ernähren sich die nicht zu den Meisen gehörenden Vögel von den Insekten im Schilf. Im Herbst und Winter nutzen sie die reifen Schilfsamen als Nahrungsquelle. Dabei verändert sich sogar der Magen! Hat er sich im Frühjahr wieder auf Insektennahrung umgestellt und kommt es zu einem verspäteten Wintereinbruch, geraten die Bartmeisen in ernste Schwierigkeiten. Dafür vermehren sich die Bestände in guten Jahren sehr stark, denn sie können drei bis vier Bruten in einem Jahr großziehen. Dies kann zu großflächigen Ausbreitungen führen.

So wuchs die Population im niederländischen Ijsselmeer von 1965 bis in die 70er-Jahre so stark an, dass es von dort aus zu vermehrten Einflügen in West- und Mitteleuropa mit vielen lokalen Brutansiedlungen kam. Nach einer Folge von Kältewintern gingen die Bestände in den Niederlanden wieder zurück. Am sichersten findet man die Vögel am Neusiedler See.

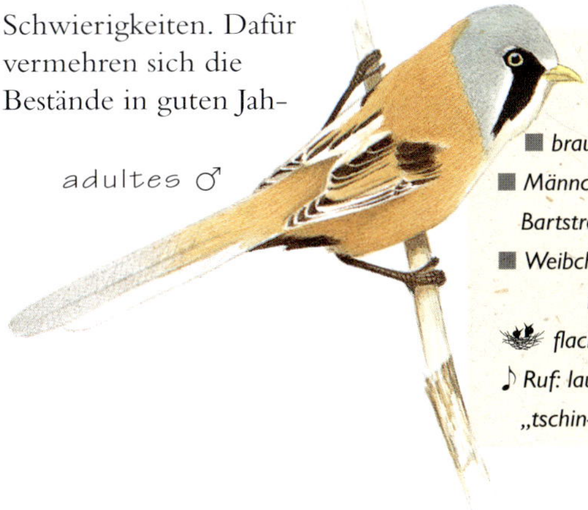

STECKBRIEF

- *16–17 cm*
- *braun mit langem Schwanz*
- *Männchen: Kopf grau, schwarzer Bartstreif, Schnabel orangegelb*
- *Weibchen: einfarbig sandbrauner Kopf und Rücken*
- *flacher Napf aus Schilfblättern*
- *Ruf: laut „tschin-tschin"; Gesang: „tschin-dschik-tschrä" (3-silbig)*

Rohrammer

Emberiza schoeniclus

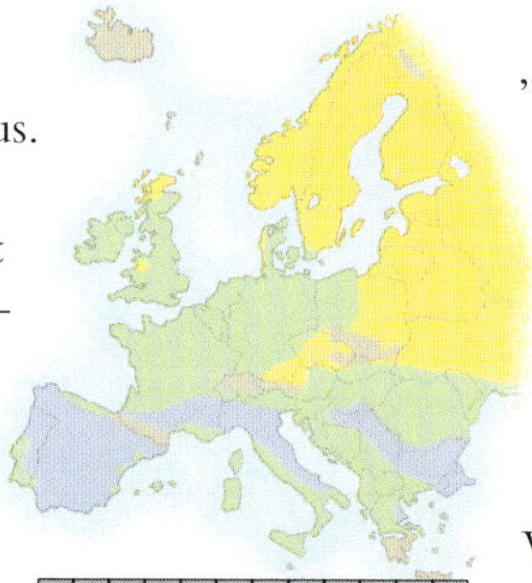

J F M A M J J A S O N D

Auf den ersten Blick sehen die Rohrammern wie Sperlinge aus. Sie sind Bewohner des Röhrichts an See- und Flussufern und weit verbreitet, aber vielerorts selten geworden. Die Männchen kennzeichnet zur Brutzeit ein schwarzer Kopf mit weißen Nackenseiten; die unscheinbaren Weibchen lassen sich mit anderen Ammernarten verwechseln. Nach der Mauser im Herbst sehen die Männchen den Weibchen ähnlich, weil noch bräunliche Spitzen und Ränder die schwarzen Teile der Kopffedern überdecken. Im Spätwinter und Frühjahr kommt dann die charakteristische Kopfzeichnung zutage. Das einfache „zjatit-tai-zisiss“ ihres Gesangs kann regional verschieden klingen.

Die Rohrammern sind in Nordeuropa und Teilen Mitteleuropas Zugvögel, im südlichen Mitteleuropa aber Standvögel. Einzelne überwintern in Überlappungsgebieten, je nach Verlauf der Winterwitterung. Im Herbst und Winter bilden Schilfsamen und andere Samen von Wasser- und Uferpflanzen ihre Hauptnahrung. Zur Brutzeit ergänzen Insekten die Nahrung. Auch die Jungen werden damit gefüttert.

♂ im Winter

♀

singendes ♂ zur Brutzeit

STECKBRIEF

- *14–16 cm*
- *Unterseite hell, Oberseite dunkel gestreift, äußere Schwanzfedern weiß*
- *Brutkleid: Kopf schwarz, Hals weiß*
- *Weibchen: braun, auf der Brust gestreift, Kopfzeichnung*
- *Nestnapf in Bodennähe*
- *Ruf: ungedehntes „zieh“*

Küsten

SANDSTRÄNDE werden gerne von Seeschwalben zum Rasten genutzt, wenn sie vom Fischfang zurückkehren, Sanderlinge und andere Strandvögel suchen am Spülsaum der Wellen nach Nahrung und Möwen patrouillieren auf der Suche nach Kadavern.

FLUSSMÜNDUNGEN und SALZMARSCHEN Viele Watvögel, wie z. B. der Alpenstrandläufer, bevorzugen bei Ebbe nahrungsreiche Schlickbänke an den Flussmündungen. Bei Flut ziehen sie sich oft ins Marschland oder auf die Salzwiesen zurück.

KLIPPEN und STEILUFER nutzen viele Seevogelarten als Nistplätze, darunter Papageitaucher, Alken und Lummen.

Küsten

Strände, Dünen, Meeresklippen, Flussmündungen und Salzmarschen

Küsten – die Nahtstellen von Meer und Land – bilden verschiedenartigste, fest umrissene Grenzlebensräume. Die Vielfalt europäischer Küsten reicht von den eisigen Winterstränden Skandinaviens bis zu subtropisch heißen Felsklippen im Mittelmeer, von sturmumtosten Inseln im Nordatlantik bis zu abgeschiedenen, malerischen Stillwasserbuchten. Dazu kommt die einzigartige Wattenmeerküste an der Nordsee, der amphibische Lebensraum zwischen Wasser und Land. Vielen Vögeln bieten die Küsten Brutplätze oder Rast- und Nahrungsraum. Die wichtigsten Lebensraumtypen sind hier Strände und Klippen sowie Flussmündungen und Salzwiesen. Manche Vogelarten brauchen besondere Gegebenheiten, wie die an Klippen lebenden Krähenscharben und Dreizehenmöwen oder die Brand- und Zwergseeschwalben der flachen Sandstrände von Inseln und Halligen.

Das Klima und abhängig davon das Nahrungsangebot entscheiden mit darüber, welche Vögel sich in einem Lebensraum ansiedeln. So finden wir Möwen und Alken vornehmlich an den nahrungsreichen, kalten Küsten Nordeuropas und manche Seeschwalben in wärmeren Breiten. Auch das Meer selbst ist Lebensraum, je nach Wassertiefe und Nährstoffreichtum. Ausgesprochene Hochseevögel, wie Sturmtaucher und Sturmschwalben, kommen wegen ihrer Abhängigkeit von Wind und Wellen außerhalb der Brutzeit nur selten in Küstennähe. Sie suchen ihre Nahrung auf der Hochsee. Verdriftet sie ein Sturm ins Binnenland, sind sie meist verloren.

HOCHSEEVÖGEL, wie Eissturmvögel oder Sturmtaucher, halten sich außerhalb der Brutzeit fern von den Küsten auf.

KÜSTENVÖGEL brüten nicht nur an Küsten, sondern suchen auch küstennah nach Nahrung, z. B. Kormorane, Krähenscharben, Basstölpel und verschiedene Entenarten.

VOGELBEOBACHTUNG an der KÜSTE

An den Küsten kann Vogelbeobachtung zur echten Herausforderung werden. Fast ständig rüttelt der Wind an Fernglas oder Fernrohr, die Vögel sind oft weit draußen auf See oder fliehen bei Annäherung.

Wahrscheinlich wäre Vogelbeobachtung weit weniger reizvoll, wenn sich alle Arten leicht bestimmen ließen. An den Küsten sind die Kenntnisse des Vogelfreundes besonders gefordert, denn dort gibt es drei artenreiche, schwer zu bestimmende Vogelgruppen: die Möwen, die Watvögel und die Hochseevögel.

MÖWEN

Jeder kennt sie, die Möwen an der See, aber um welche Arten es sich wirklich handelt, das herauszufinden erfordert besonderes Geschick. Denn die Möwenarten ähneln sich und insbesondere ihre Jugendkleider sind sehr schwer zuzuordnen. Bei den größeren Möwenarten dauert es bis zu vier Jahre, bis das Adultgefieder fertig ausgebildet ist. Die Zwischenstadien ändern sich von Jahr zu Jahr und auch zwischen Sommer- und Winterkleidern gibt es Unterschiede. Die wechselnden Entfernungen erschweren zudem das Bestimmen, vor allem das Vergleichen der Größe. Glücklicherweise lassen viele Möwen die Beobachter ziemlich nahe herankommen. Es ist wichtig auf Folgendes zu achten:

- Farbe und Form des Schnabels
- Beinfarbe
- Flügelspitzenmuster
- Art und Ausmaß der Schwanzbänderung

WATVÖGEL

„Grenzbewohner" bedeutet ihr lateinischer Name (Limikolen), und im Grenzbereich zwischen Wasser und Land

An **KÜSTEN** *sammeln sich gebietsweise große Mengen Austernfischer (oben) oder Möwen, wie die Eismöwe (oben rechts). Gryllteisten (unten rechts) und Kormorane (ganz oben links) tauchen nach Fischen.*

*Am **STRAND** ist das Fernrohr (links) zum Vogelbeobachten unerlässlich. Die starke Vergrößerung ist vor allem bei der Bestimmung schwieriger Watvögel nützlich. Sanderlinge (unten) trippeln am Strand.*

suchen sie – die Strand- und Wasserläufer, Schnepfen und Brachvögel – nach Nahrung. Manche Arten sind weniger „kooperativ" als die Möwen und fliegen schon auf größere Entfernung ab, zumal wenn die Schwärme groß und aus verschiedenen Arten zusammengesetzt sind. Sie kommen meist von weit her, aus der arktischen Tundra Skandinaviens und Sibiriens, von Island oder Grönland.

Adulte Vögel im Brutkleid lassen sich noch einigermaßen leicht bestimmen. Schwierig sind aber die Jungen. In wenigen Fällen ähneln sich die Arten so stark, daß nur eine „Feder-zu-Feder"-Überprüfung Sicherheit bringt. Auch Feinunterschiede in der Kopf- oder Schnabelform können wichtig sein. Folgende Merkmale sollten beachtet (und notiert) werden:

- Beinfarbe
- Form und Länge des Schnabels
- Zeichnungsmuster auf der Flügeloberseite
- Zeichnungsmuster von Schwanz und Bürzel

Hochseevögel

Diese Gruppe verursacht vor allem deshalb Bestimmungsschwierigkeiten, weil sich die Sturmtaucher und Sturmschwalben, Tölpel und andere oft weit von der Küste entfernt halten. Vom Land aus sind sie daher nur schlecht zu beobachten – und Gelegenheiten auf See zu fahren bieten sich nicht oft. Außerdem ähneln sich Sturmtaucher und Sturmschwalben in den Gefiedermerkmalen sehr. Oft helfen Nuancen im Flugstil oder Proportionsverhältnisse einzelner Körperpartien weiter. Der Anfänger braucht meist die Hilfe eines erfahrenen Experten und sollte sich organisierten Beobachtungsfahrten unter kundiger Führung anschließen.

Gezeiten

Die Aktivitätsmuster von Vögeln unterliegen, wie auch die des Menschen, dem Tag-Nacht-Rhythmus. Viele Watvögel der Gezeitenzone müssen zudem den Wechsel von Ebbe und Flut berücksichtigen. Bei Ebbe eröffnet ihnen das zurückweichende Meer die Nahrungsgründe. Bei Flut werden sie in einen schmalen Grenzsaum zusammengedrängt oder sie müssen einen Ausweichplatz aufsuchen. Zum Beobachten ist es vorteilhaft sich die Vögel von der auflaufenden Flut „herantreiben" zu lassen. Mancherorts sammeln sie sich auch während der Flut in großer Zahl an ganz bestimmten Plätzen. Dort sind sie dann von guten Verstecken aus bestens zu beobachten. Die Kenntnis der örtlichen Gegebenheiten ist daher für den Erfolg von Vogelexpeditionen an den Küsten unerlässlich.

Ausrüstung

Ein gutes, leistungsstarkes Fernrohr auf einem stabilen Stativ ist die beste Voraussetzung für ein erfolgreiches Beobachten an der Küste. Viele Seevögel sind recht vorsichtig und fliegen ab, wenn man zu nahe kommt. Die offene Küste bietet nur selten geeignete Deckung um sich heranzupirschen. Außerdem sind viele Küstenvögel sehr gute Flieger, die, einmal aufgeschreckt, meist das Weite suchen. Beobachtung auf Distanz ist daher die Regel an der Küste – und dafür eignet sich ein Fernrohr mit 20- bis 40facher Vergrößerung am besten. Bei noch stärkerer Vergrößerung wirkt sich z. B. das Hitzeflimmern der Luft nachteilig aus. Fester Stand ist bei Wind und Wetter mindestens genauso wichtig wie die Vergrößerung! Nähere Hinweise finden sich auf S. 64.

Eistaucher

Gavia immer

Der größte Seetaucher, der Eistaucher, kommt nur ausnahmsweise ins mitteleuropäische Binnenland, wo er zum Fischfang klare Seen und Stauseen aufsucht. Er überwintert auf den Küstengewässern. Der große Vogel liegt tief im Wasser und fällt durch seinen massigen, geraden Schnabel auf, den er waagrecht hält. Dies unterscheidet ihn eindeutig vom Kormoran, der den Schnabel schräg aufwärts richtet. Im kontrastreichen Brutkleid fallen der grünlich schwarze Kopf und das Gittermuster auf dem Rücken auf. Ein breites, schwarzes Band umfasst den Hals. Der Schnabel ist schwärzlich und wird im schlichten Winterkleid blaugrau. Daran und durch den geraden Schnabel unterscheidet er sich vom sonst recht ähnlichen, noch selteneren Gelbschnabel-Eistaucher *(G. adamsii)*. Gleichfalls in Schnabelform und -haltung unterscheiden sich der erheblich kleinere Pracht- (*G. arctica*, 60–80 cm) und der Sterntaucher (*G. stellata*, 55–65 cm). Beide kommen etwas häufiger ins Inland. Die Bestimmung der Seetaucher im Schlichtkleid ist äußerst schwierig.

J F M A M J J A S O N D

STECKBRIEF

■ *70–90 cm*

■ *groß, gerader, kräftiger Schnabel*

■ *Winter: weiße Wangen unscharf ins Schwarz der Kopfkappe übergehend*

▲ *Prachttaucher: im Winter schwarzer Oberkopf und Nacken, scharf abgegrenzt von den weißen Wangen*

▲ *Sterntaucher: im Winter unscharf hellgrauer Hals- und Wangenbereich*

großes Bodennest auf Inseln in Seen auf Island und in Nordamerika

♪ *Balzrufe laut und klagend, im Flug bellend „quack, quack"*

Sterntaucher im 1. Winter

Eissturmvogel

Fulmarus glacialis

Mit seinem weiß gefiederten Körper und der grauen Oberseite ähnelt der Eissturmvogel einer größeren Möwe. Doch er gehört zu einer ganz anderen Familie echter Hochseevögel, wie sein Schnabel zeigt: Ober- und Unterschnabel setzen sich aus mehreren Hornplatten zusammen und auf dem Oberschnabel sind die Nasenöffnungen röhrenartig verlängert. Über sie wird überflüssiges Salz ausgeschieden. Damit ist der Eissturmvogel wie seine Verwandten unabhängig von Süßwasser, eine wichtige Voraussetzung für das Leben auf hoher See.

Eissturmvögel segeln auf steif gehaltenen Flügeln niedrig über den Wellenkämmen. Oft folgen sie Schiffen. Plötzlich machen sie eine Serie schneller Flügelschläge, dann setzen sie ihr Gleiten und Kreisen fort. Eissturmvögel brüten an den Felsküsten der nördlichen Meere. Eine kleine Kolonie befindet sich am Helgoländer Vogelfelsen. Am Brutplatz speien die Vögel Eindringlingen ihr öliges, stinkendes Magensekret entgegen. Sie breiten sich seit geraumer Zeit an den Küsten Nordwesteuropas aus. Hocharktische Brutvögel sind ganz grau bis dunkelgrau.

STECKBRIEF

- *44–51 cm*
- *möwenartig gefärbt, aber mit „steifen" Flügeln ohne schwarze Spitzen*
- *massig gebaut mit kurzem Hals*
- *niedriger Segelflug, kreisend*
- *nachlässiges Nest auf Klippen und Simsen, auch an Bauten*
- ♪ *heiser und gackernd am Brutplatz*

Nahrungsaufnahme

Dunkler Sturmtaucher

Puffinus griseus

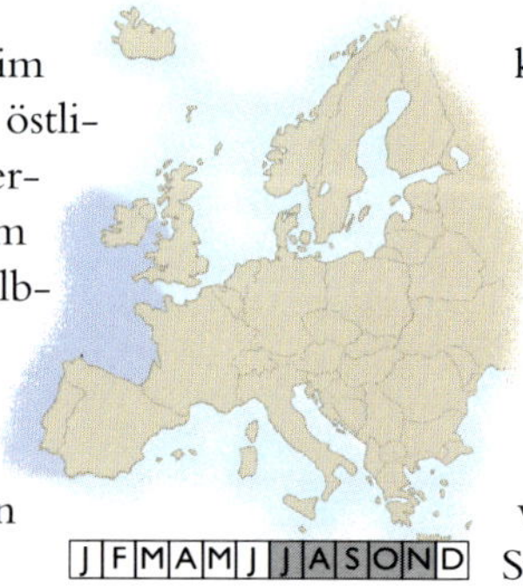

Dunkle Sturmtaucher treffen im Spätsommer und Herbst im östlichen Nordatlantik und neuerdings auch vermehrt im Nordseeraum ein, bevor sie zu ihren auf der Südhalbkugel liegenden Brutplätzen ziehen. Brutzeit ist zwischen Oktober und April. Starke Winde drücken diese und andere Sturmtaucher mitunter in Küstennähe, selten auch bis tief ins Binnenland. Sie sind durch die langen, steif gehaltenen Flügel und die besondere, Wellentäler und -kämme „kreuzende" Flugweise gekennzeichnet. Obwohl meist einzeln in Küstennähe, können besondere Witterungsumstände dazu führen, dass sie sich zu Hunderten bis Tausenden mit Schwarzschnabel-Sturmtauchern (*P. puffinus,* 33–40 cm) versammeln. Der Schwarzschnabel-Sturmtaucher ist kleiner, oberseits schwarz und unterseits weiß und seine Flügelschläge sind schneller. Weitere ähnlich aussehende Sturmtaucherarten, die als Gäste im Nordatlantik erscheinen, machen die genaue Artbestimmung recht schwierig.

Röhrennase de
Schwarzschnab
Sturmtaucher

STECKBRIEF

- 42–52 cm
- *schwärzlich braun mit langen, schmalen Flügeln*
- *Unterflügel blitzt hell auf*
- *bei stürmischer See hohe Flugbögen*
- ▲ *Schwarzschnabel-Sturmtaucher: kleiner und markant schwarzweiß*
- *Erdhöhlen auf grasigen Klippen*
- ♪ *außerhalb der Brutplätze stumm*

Basstölpel

Morus bassanus

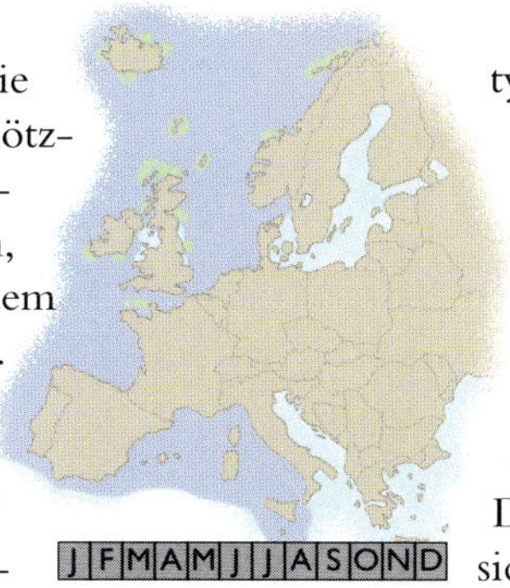

Eine Gruppe von Basstölpeln, die über dem Meer kreisen und plötzlich aus 30 m Höhe wie Raketengeschosse ins Wasser hinabtauchen, ist ein unvergesslicher Anblick. Aus dem Stoßtauchen heraus fangen sie Fische. Während die adulten Vögel bis auf die schwarzen Flügelspitzen und einen rostgelblichen Anflug am Kopf gänzlich weiß sind, variiert das Gefieder der Ein- bis Mehrjährigen zwischen dunkelbraun und fleckig weiß. Basstölpel brüten als typische Hochseevögel auf abgelegenen Felsen und steilen Klippen in mehr oder weniger großen Kolonien am Nordmeer. Die südlichsten Brutplätze befinden sich an den Küsten der Bretagne und auf Helgoland, wo seit 1991 wenige Paare nisten. Während die adulten Basstölpel leicht zu erkennen sind, könnte man die Jungen mit Sturmtauchern verwechseln, ihre Flugweise ist jedoch ganz anders. Erst mit fünf Jahren wird das Adultkleid erreicht.

STECKBRIEF

- *87–100 cm*
- *adult: weiß, schwarze Flügelspitzen*
- *Jungvögel: braun mit weißen Flecken*
- *unterschiedliche, scheckig braun-weiße Zwischenstadien*
- *Stoßtaucher aus größerer Höhe*
- *flaches Tang- und Federnest*
- ♪ *gutturale Laute in der Brutkolonie*

Kormoran

Phalacrocorax carbo

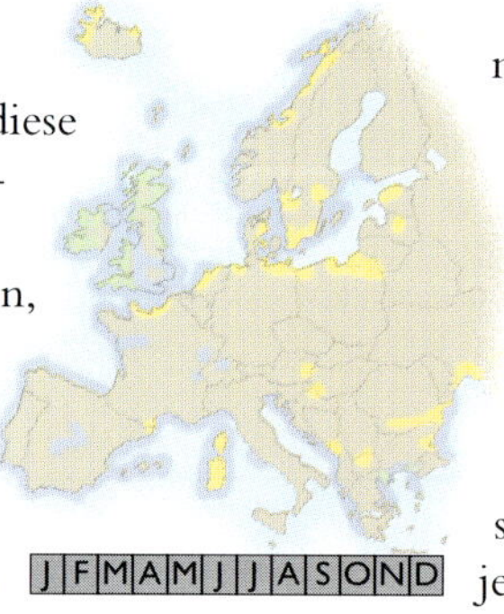

Kormorane sind Verwandte der Tölpel und Pelikane und wie diese tragen sie Schwimmhäute zwischen allen vier Zehen. Häufig sitzen die großen, schwarzen Vögel auf Molen, Felsen oder anderen erhöhten Plätzen am Wasser und breiten ihre Schwingen zum Trocknen aus. Ihr grün glänzendes, schwarzes Gefieder wird beim Tauchen nass. Kormorane haben daher weniger gegen den Auftrieb im Wasser zu kämpfen. An den europäischen Küsten und Binnengewässern sind Kormorane in neuerer Zeit wieder häufig geworden. In Mitteleuropa unterscheidet man die Festlandrasse *(P. c. sinensis)* mit zur Brutzeit grauweiß gefärbtem Kopf und die Atlantische Rasse *(P. c. carbo)*, die vor allem an den Küsten um die Britischen Inseln vorkommt und vornehmlich auf Felsen brütet. Die Festlandrasse nistet auch auf Bäumen. Die unausgefärbten Jungvögel beider Rassen sind bräunlich schwarz. Ähnlich, jedoch kleiner, schlanker und zur Brutzeit durch eine auffällige Federhaube gekennzeichnet ist die nur an den Küsten vorkommende Krähenscharbe (*P. aristotelis*, 70–80 cm).

Festlandrasse Brutkleid

Atlantische Rasse Brutkleid

Krähenscharbe Brutkleid

STECKBRIEF

- *90 cm*
- *großer, tief im Wasser liegender Schwimmvogel mit kräftigem Schnabel mit Hakenspitze*
- *adult: schwarz mit weißem Hüftfleck*
- *Jungvögel: bräunlich, Bauch heller*
- *große Nestmulde aus Tang oder Ästchen auf Klippen oder in Bäumen*
- ♪ *kehliges „krrok, krrok…"*

Ringelgans

Branta bernicla

Ringelgänse halten fast immer in Scharen zusammen. Sie ernähren sich an unseren Küsten von Seegräsern und Grünalgen. Wie bei anderen Gänsen auch bleiben die Familiengruppen lange, oft den Winter über zusammen. Die Jungvögel haben helle Schwungfedersäume, auch fehlt ihnen der weiße, halbmondförmige Halsfleck der erwachsenen Vögel. In Westeuropa treten als Wintergäste zwei unterschiedliche Ringelgansformen auf. Es handelt sich dabei um die dunkelbäuchige *B. b. bernicla* aus Sibirien und die hellbäuchige *B. b. hrota* aus Grönland und Spitzbergen.

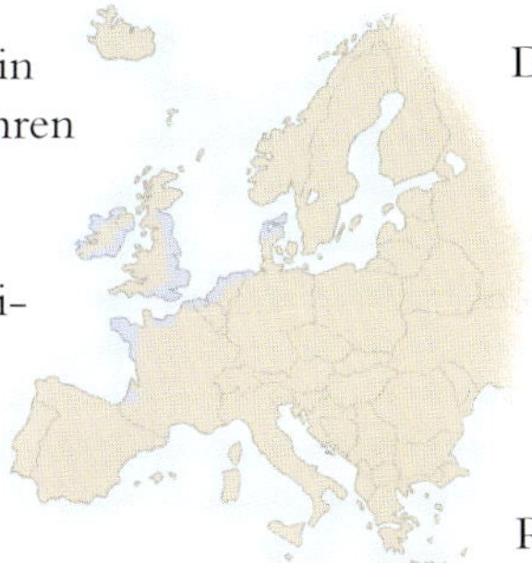

J F M A M J J A S O N D

Die dunkelbäuchigen Ringelgänse überwintern hauptsächlich im Bereich der Deutschen Bucht. Außerordentlich selten kommt auch die aus Nordwestkanada und Alaska oder Ostsibirien stammende schwarze Ringelgans (*B. b. nigricans*) in Europa an. Die Ringelgänse nisten in der hocharktischen Tundra und zählen zu den am weitesten nördlich sich fortpflanzenden Vögeln. Ihre Bestände haben in letzter Zeit dank Jagdeinschränkungen wieder zugenommen.

STECKBRIEF

- *56–63 cm*
- *dunkelgrau, Halsseiten mit weißem Halbmond, Heck weiß*
- *Jungvögel ohne Halsabzeichen, mit 2–3 weißen Flügelbinden*
- *mit Dunenfedern ausgekleidetes Bodennest in der Tundra*
- ♪ *weich und rollend „rrot, rrrot"*

Brandente

Tadorna tadorna

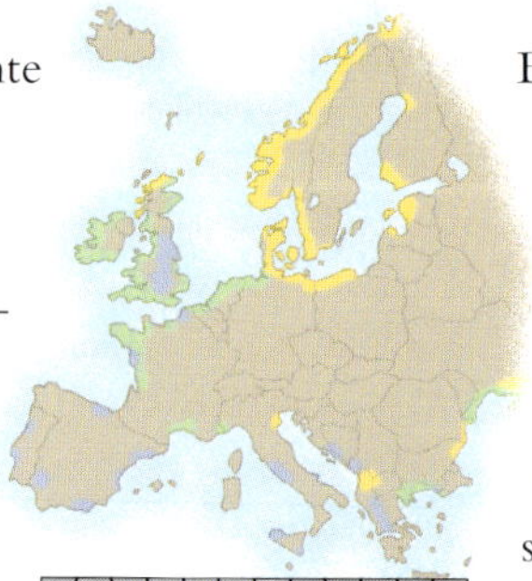

J F M A M J J A S O N D

Die schwarzweißbunte Brandente oder Brandgans ist leicht zu bestimmen. Auch die Geschlechter lassen sich gut am roten Schnabelhöcker des Männchens unterscheiden. Die oberseits graubraunen, unterseits verwaschen weißen Jungvögel erkennt man am besten im Flug an den großen, weißen Flügelflächen. Im Ruhekleid wird der Kopf des adulten Männchens brauner, das Brustband ist mit Flecken durchsetzt und der Schnabelhöcker schwindet. Die Dunenjungen sind kontrastreich schwarzweiß gezeichnet und bilden unter Führung einiger erwachsener Vögel regelrechte „Kindergärten“.

Brandenten sind Höhlenbrüter, aber bei der Brutplatzwahl nicht besonders wählerisch. Gerne ziehen sie in Kaninchenbaue ein, nutzen zum Brüten aber auch alte Scheunen, Strohballen oder Anhäufungen von Treibholz. Zunehmend häufiger brüten sie auch an Binnengewässern. Zum Mausern sammeln sie sich im Bereich der südlichen Nordsee zu Zehntausenden im Juli und August. Kleinmuscheln, Kleinkrebse und Insekten sowie Wasserpflanzen bilden ihre Nahrung.

STECKBRIEF

- *Männchen: 60–70 cm; Weibchen: etwa 10 cm kleiner*
- *adult: schwarzweiß mit braunem Brustband*
- *Männchen: mit großem, rotem Schnabelhöcker*
- *Nest in Erdhöhlen oder anderen Höhlungen*
- ♪ *Weibchen: „gagagaga“; Männchen: hoher Pfeifton „tja-tju-tju“*

Eiderente

Somateria mollissima

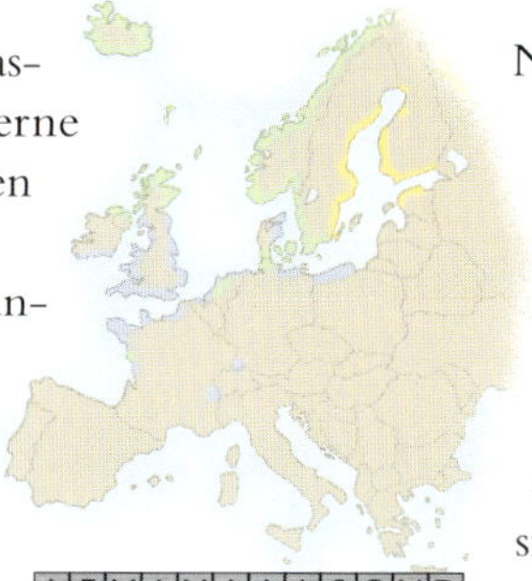

J F M A M J J A S O N D

Eiderenten sind große, tief im Wasser liegende Meeresenten, die gerne vor der Küste in längeren Reihen fliegen, schwimmen oder nach Muscheln tauchen. Die auf Entfernung dunkelbraunen Weibchen und schwarzweißen Männchen lassen sich am bezeichnenden Schnabel, der sich weit auf die flache Stirn hochzieht, eindeutig erkennen. Das Gefieder der Weibchen ist dicht dunkel gebändert, das der Männchen kann sehr variabel sein. Junge Männchen sind schwärzlich braun, aber erste weiße Federn zeigen sich schon ab Oktober. Herzmuscheln und andere Muscheln sind die bevorzugte Nahrung der tief tauchenden Eiderente. Wo sich an Binnenseen große Bestände von Wandermuscheln entwickelt haben, kommen Eiderenten auch dorthin zum Überwintern, z. B. an den Bodensee. Es kam sogar zu vereinzelten Bruten an den Voralpenseen. Die Nester sind berühmt wegen ihrer wundervollen Daunen aus dem Brustgefieder der Weibchen. Diese verteidigen ihre Jungen, anders als die Brandenten, recht massiv gegen Möwen und andere Feinde.

Eiderenten, gemeinsam Junge führend

STECKBRIEF

■ *55–70 cm*

■ *große Ente, tief im Wasser liegend*

■ *Männchen: schwarzweißes Prachtkleid; Weibchen: braun, gebändert; beide mit „flacher Stirn"*

Nest verborgen unter Buschwerk, mit Dunen ausgelegt

♪ *Balzruf der Männchen: stöhnend „ku-ruh-uuh"; Weibchen: tief „kok-kok-kok"*

Trauerente

Melanitta nigra

Große, schnell und niedrig über dem Meer fliegende Trupps dunkler Enten sind fast immer Trauerenten. Diese mittelgroße, gedrungene Ente ohne Abzeichen auf Flügeln und Schwanz hat einen kurzen, merkwürdig geformten Schnabel, der beim Männchen zur Brutzeit einen dunklen Höcker entwickelt. Die bräunlichen Weibchen unterscheiden sich von den Weibchen der recht ähnlichen Samtente (*M. fusca*, 54–60 cm) durch die gegen den dunkleren Oberkopf abgesetzten, helleren Wangen und durch das Fehlen des breiten, weißen Flügelspiegels. Der Spiegel kennzeichnet auch die bläulich schwarzen männlichen Samtenten. Sie tragen einen länglichen weißen Fleck unter dem Auge und ihr Schnabel weist mehr Gelb auf. Ist man nahe genug und sind die Beobachtungsbedingungen günstig, sieht man auch die roten Beine. Bei der Trauerente sind sie dunkel. Die Meeresenten brüten an nordischen Küsten (Samtente) oder an Tundraseen. Sie ernähren sich hauptsächlich von Weichtieren, Insekten und deren Larven.

STECKBRIEF

■ 43–56 cm

■ *Männchen: ganz schwarz, Schnabel gelbschwarz mit Höcker*

Weibchen: dunkelbraun mit hellgrauen Wangen

▲ *Samtente: weißer Flügelspiegel*

Bodennest nahe am Wasser, mit braunen Dunen ausgekleidet

♪ *Männchen: klangvolle „dü-it"-Pfiffe; Weibchen: dumpf „harrrr"*

Austernfischer

Haematopus ostralegus

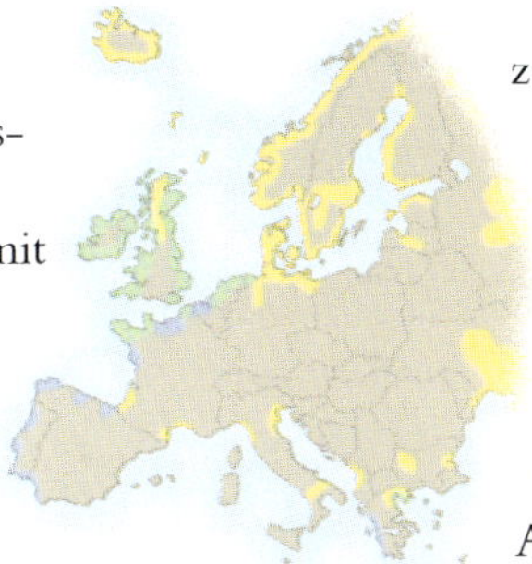

Unverwechselbar ist der große, rotbeinige, schwarzweiße Austernfischer, außerdem nicht scheu und recht ruffreudig. Er warnt mit lautem, durchdringendem „kli-ip, kliiip". Anders als die meisten Watvögel füttert er seine Jungen zunächst, denn an die übliche Beute der Austernfischer, Herzmuscheln und große Pierwürmer, kommen die frisch Geschlüpften noch nicht heran. Austernfischer spezialisieren sich beim Heranwachsen individuell auf eine Hauptnahrung und auf unterschiedliche Beuteerwerbstechniken. Dies zeigt sich auch an entsprechenden „Schnabelanpassungen". Manche Austernfischer erbeuten hauptsächlich Muscheln, die sie mit verschiedenen Techniken und speziellen Schnäbeln öffnen. Wieder andere stochern nach Würmern im Schlick. Auf Salzwiesen brüten die Austernfischer oft ziemlich nahe beieinander. Sie konkurrieren um die besten Partner und die besten Plätze. Im deutschen Küstenbereich breiten sich die Austernfischer zunehmend ins Binnenland hinein aus.

STECKBRIEF

- *40–46 cm*
- *groß, schwarzweiß mit orangerotem Schnabel und rötlichen Beinen*
- *im Flug weiße Flügelbinde, weißer Bürzel, weißer Schwanz mit schwarzer Endbinde*
- *flache Bodenvertiefung auf Salzwiesen oder im Marschland*
- ♪ *laut „kli-ip, kliiip" oder „kip, kip, kip" und anhaltende Triller*

Säbelschnäbler

Recurvirostra avosetta

Langbeinig, schwarzweiß mit langem, aufwärts gebogenem, dünnem Schnabel, so zeigt sich unverkennbar der Säbelschnäbler. Er kommt an schlickigen Küsten, aber auch an flachen Binnenseen wie dem Neusiedler See als Brutvogel vor. Mit charakteristischen Rückwärtsbewegungen, dem so genannten „Säbeln“, schwingt er den Schnabel durchs flache Wasser oder den Schlick um Kleintiere zu erbeuten. Der Schnabel ist dabei leicht geöffnet und wird nach dem Ertasten der Beute blitzschnell geschlossen. Säbelschnäbler brauchen daher weichen Untergrund; auf Fels oder groben Sandstränden sind sie so gut wie nie zu finden. Gewöhnlich brüten sie in lockeren Kolonien und die Altvögel greifen Eindringlinge, wie z. B. Rohrweihen oder Krähen, an. Meist dreht der Feind ab, obwohl die meisten Säbelschnäbler mit ihrem dünnen, weichen Schnabel keine ernst zu nehmenden Gegner sind. Bei den frisch geschlüpften Jungen ist der Schnabel noch kurz. An Nord- und Ostsee ziehen die meisten Säbelschnäbler zur Überwinterung südwestwärts ab.

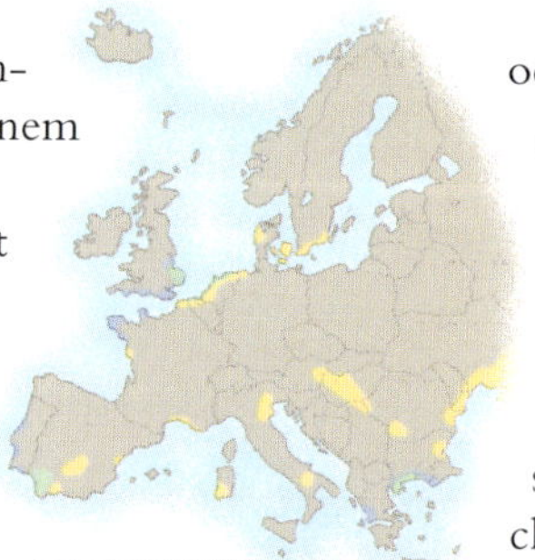

J F M A M J J A S O N D

adult mit Jungen

STECKBRIEF

■ 42–47 cm

■ *schwarzweiß mit dünnem, aufwärts gebogenem Schnabel*

flaches Bodennest in Salzmarschen oder auf wenig bewachsenen Sandbänken

♪ *laut „klüit, klüit“*

ausgewachsener Jungvogel

Sandregenpfeifer

Charadrius hiaticula

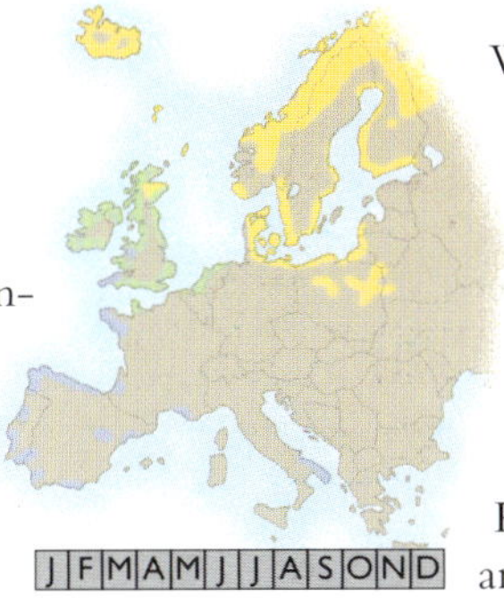

Die kleinen Regenpfeifer sind schwierig zu bestimmen. Der Sandregenpfeifer, der größte unter ihnen an den Küsten von Nord- und Ostsee, hat im Brutkleid eine kennzeichnende schwarze Kopfmaske und einen gelborangenen Schnabel mit schwarzer Spitze. Ein breites, dunkles Brustband zieht sich bis auf den Rücken. Die Beine sind leuchtend orange. Schwieriger wird die Bestimmung im Winter- oder Jugendkleid. Die Beinfarbe und kräftigere Gestalt unterscheiden ihn vom kleineren Flussregenpfeifer (*C. dubius*, 16 cm), der auch an der Küste vorkommt, und vom fast nur an Küsten und an flachen Binnenseen lebenden Seeregenpfeifer (*C. alexandrinus*, 15 cm). Letzterem fehlt das Brustband, die Beine sind dunkel. Wie der Sandregenpfeifer trägt er eine dünne Flügelbinde, die dem Flussregenpfeifer fehlt. Auch die Rufe unterscheiden sich: Der Sandregenpfeifer ruft zweisilbig „pü-ip", der Flussregenpfeifer „pju" und der Seeregenpfeifer fein „prrrr". Seeregenpfeifer bevorzugen weite, flache Sandstrände, wo sie sich auf den Boden drücken und nahezu unsichtbar werden. Alle drei Arten sind Meister der Tarnung.

STECKBRIEF

■ *18–20 cm*

■ *schwarzes Brustband, schwarze Maske; Beine orange, Schnabel gelblich mit schwarzer Spitze*

■ *weiße Flügelbinde im Flug*

▲ *Flussregenpfeifer: kleiner, Beine hell bis bräunlich fleischfarben, Schnabel dunkel, keine Flügelbinde*

▲ *Seeregenpfeifer: Brustband unterbrochen, Schwanzkanten im Flug weiß*

flache Vertiefung auf nacktem Boden ohne oder mit wenig Nistmaterial

♪ *weich und zweisilbig „pü-ip"*

Kiebitzregenpfeifer

Pluvialis squatarola

Großer, rundlicher Regenpfeifer, der in der hocharktischen Tundra brütet und im Brutkleid an der ausgedehnt schwarzen Bauchseite und der weißen, schwarzschuppigen Rückenseite leicht zu erkennen und vom sonst ähnlichen Goldregenpfeifer (S. 173) zu unterscheiden ist. Von August bis in den Oktober sind an den Küsten von Nord- und Ostsee, aber auch von Binnengewässern, durchziehende Kiebitzregenpfeifer festzustellen, ebenso von März bis Mai, wenn sie wieder zu ihren arktischen Brutplätzen ziehen. Unausgefärbte Vögel und einige im Brutkleid übersommern bei uns. Das zeichnungsarme Winterkleid zeigt im Flug die schwarzen Achseln. Jugend- und Ruhekleid sind sonst grau bis graubraun und fleckig. Die bräunlicheren Jungvögel können leicht mit Goldregenpfeifern verwechselt werden. Sie halten sich aber weniger als diese auf Feldern, sondern mehr an der Küste auf, wo sie nach Würmern, Kleinkrebsen und anderen Kleintieren suchen.

J F M A M J J A S O N D

♂ im Brutkleid

STECKBRIEF

- *28–32 cm*
- *Brutkleid: schwarze Unterseite, Oberseite weiß, schwarz geschuppt*
- *Winterkleid: grau, helle Unterseite, im Flug schmale, weiße Flügelbinde und weißgrauer Bürzel*
- *Jungvögel: blassgoldbraune Fleckung auf der Oberseite*
- *flache Bodenmulde in der hocharktischen Tundra*
- ♪ *klagend dreisilbig „tlü-i-wiie“*

Jugendkleid

♂ im Brutkleid

Sanderling

Calidris alba

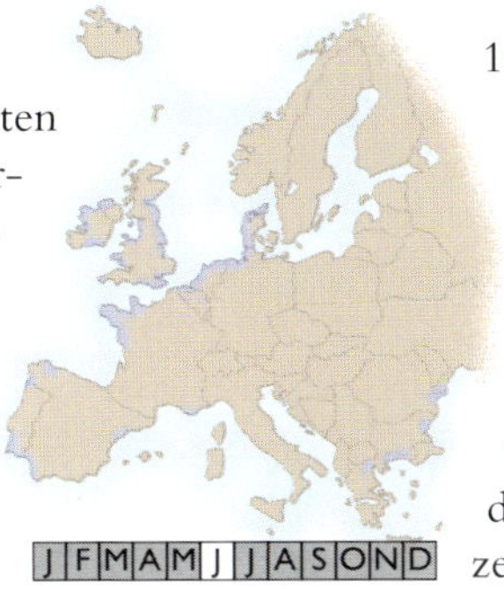

In typischer Weise rennt der kleine Strandläufer am Spülsaum von Küsten auf und ab. Zur Brutzeit sind Oberseite und Brustlatz bräunlich, im Winterkleid ist er weitgehend grauweiß gefärbt, mit schwärzlichem Flügelbug an der Seite. Der mittellange Schnabel und die Beine sind schwarz. Sanderlinge brüten in der Hocharktis, finden sich aber außerhalb der Brutzeit an fast allen Stränden und auch an Binnengewässern ein. Sie ernähren sich von Würmern und Kleinkrebsen. Im Brutkleid ähneln sie den viel kleineren Zwergstrandläufern (*C. minuta*, 14 cm), die aber mehr trippeln als rennen. Im Winterkleid sind sie die hellsten unter den Strandläufern und im Flug zudem durch eine deutliche weiße Flügelbinde gekennzeichnet. Jungvögel tragen im Herbst eine deutliche dunkle Fleckung am Rücken. Bemerkenswerterweise haben die Sanderlinge nur drei Zehen. Deutlich größer und im Verhalten bei der Nahrungssuche verschieden sind die Knutts (*C. canutus*, 24–26 cm), die an manchen Küsten riesige Schwärme bilden. Im Winterkleid sind sie grau, im Brutkleid schuppig rostrot mit fast geschlossener rotbrauner Unterseite. Auch der Knutt brütet in der hocharktischen Tundra.

STECKBRIEF

- *19–21 cm*
- *Winterkleid: sehr hell*
- *Beine und Schnabel schwarz*
- *rennt auf Sandstränden vor den Wellen*

▲ *Knutt: größer, dunkler mit grünlichen Beinen und kräftig rostbraunem Gefieder im Brutkleid*

Napfnest am Boden, meist in Küstennähe, mit Moosen und Flechten

♪ *weich „twick“*

Meerstrandläufer

Calidris maritima

Außerhalb der Brutzeit suchen die Meerstrandläufer felsige Küsten, Wellenbrecher und Molen auf. So gut wie nie trifft man sie an Sandstränden oder auf Schlickflächen an. Oft sind sie mit Steinwälzern (S. 248) vergesellschaftet. Meerstrandläufer lassen sich verhältnismäßig leicht bestimmen: Sie haben einen sehr kompakten Körperbau, sind etwas größer als der Alpenstrandläufer (S. 247), sehr dunkel purpurgrau gefärbt und der mittellange Schnabel ist leicht abwärts gekrümmt. Ihre Beine und ihr Schnabelansatz sind orangegelb. Im Flug zeigen sie eine schmale, weiße Flügelbinde. Vom Gesamteindruck her

erscheinen sie dunkler als andere kleine Strandläufer. Sie lassen Beobachter oft ziemlich nahe herankommen, wenn sie zwischen Steinen oder Felsblöcken nach Würmern und kleinen Krebsen suchen. Erfasst sie bei ihrer Nahrungssuche am Meer eine Welle, lassen sie sich von ihr emporheben um anschließend wieder mit der Nahrungssuche fortzufahren, als sei nichts geschehen.

1. Winter

STECKBRIEF

- *21–23 cm*
- *Winterkleid: dunkel purpurgrau*
- *Brutkleid: rostfarbene Oberseite, aber gleichfalls recht dunkel*
- *außerhalb der Brutzeit an felsigen Küstenabschnitten und Molen*
- *ziemlich tiefe Nestmulde in der offenen Tundra, mit dürren Blättern ausgekleidet*
- ♪ *tiefes, aber scharfes „wit, wit“*

Alpenstrandläufer

Calidris alpina

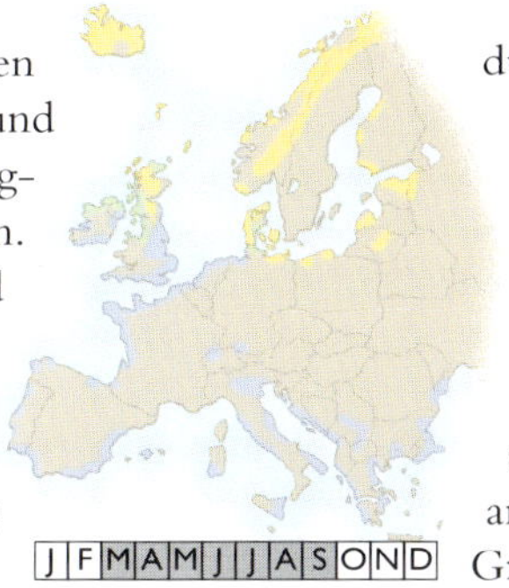

Mit den Alpen hat dieser an den mitteleuropäischen Küsten und an Binnengewässern zur Zugzeit häufigste Strandläufer nichts zu tun. Er brütet in der arktischen Tundra und kommt im Spätsommer und im Herbst vor allem im Wattenmeer in riesigen Schwärmen vor. Bei Niedrigwasser suchen die Vögel dort emsig nach Nahrung. In rascher Folge stechen sie dabei mit ihrem nur schwach gekrümmten Schnabel in den Schlick. Nicht selten mischen sich unter die Alpenstrandläufer auch die im Winterkleid recht ähnlich aussehenden Sichelstrandläufer (*C. ferruginea*, 18–23 cm), die sich aber durch ihren längeren, deutlich gebogenen Schnabel und zur Brutzeit durch rötlich braunes Gefieder ohne schwarzen Bauchschild unterscheiden. Auch ihr wie „tirrip" klingender Ruf hat einen eigenen Charakter. Sichelstrandläufer brüten noch weiter nordwärts und kommen im Spätsommer schon vor den Alpenstrandläufern an die Küsten. Einzelne oder kleine Gruppen übersommern auch. Sie überwintern in Afrika, während die Masse der Alpenstrandläufer in Südwesteuropa bleibt. Ein ganz kleiner Restbestand der Alpenstrandläufer brütet in nordwest- und mitteleuropäischen Hochmooren.

STECKBRIEF

- *16–21 cm*
- *Schnabel lang und schwarz*
- *Brutkleid: schwarzer Bauchschild, Oberseite rötlich braun*
- *Winterkleid: Bauch weiß, Oberseite grau, schuppig*
- *Vertiefung in der Feuchttundra*
- ♪ *hohes, nasales „trir"*

Steinwälzer

Arenaria interpres

Die Eigenart, Steinchen oder Tangstücke mithilfe des kurzen, kräftigen, leicht aufwärts gerichteten Schnabels hochzuheben und umzudrehen, hat dem Steinwälzer seinen Namen eingetragen. Der im Brutkleid bunt wirkende, mit typischer Maskenzeichnung an Kopf und Brust ausgestattete Steinwälzer kann aufgrund seiner Zeichnung und seines Verhaltens leicht bestimmt werden. Das Winterkleid ist schlichter und durch die Vorderbrustzeichnung ebenfalls unverkennbar. Keinen Zweifel lässt das typische Flugbild aufkommen.

Steinwälzer halten sich an felsigen Küsten und im Spülsaum auf, wo Tang von den Wellen angespült wird. Dort sucht auch der Meerstrandläufer (S. 246) nach Nahrung – und beide streiten sich nicht selten darum. Steinwälzer bevorzugen kleine Krebse und Würmer, nehmen aber auch Fliegen oder picken angespülte Kadaver an. Die Weibchen ähneln den Männchen, sind aber blasser gefärbt. Die Brutgebiete liegen an den Küsten (oder in Küstennähe) Nordeuropas.

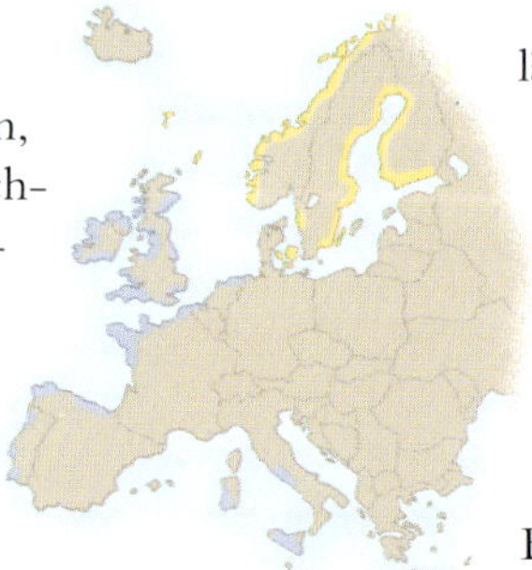

J F M A M J J A S O N D

STECKBRIEF

■ 22–24 cm

■ *kontrastreiche Zeichnung, orangefarbene Beine*

flache Nestmulde in steinigem Untergrund in Küstennähe, mit oder ohne Nestauskleidung

♪ *Ruf: „tücke-tück"*

Silbermöwe

Larus argentatus

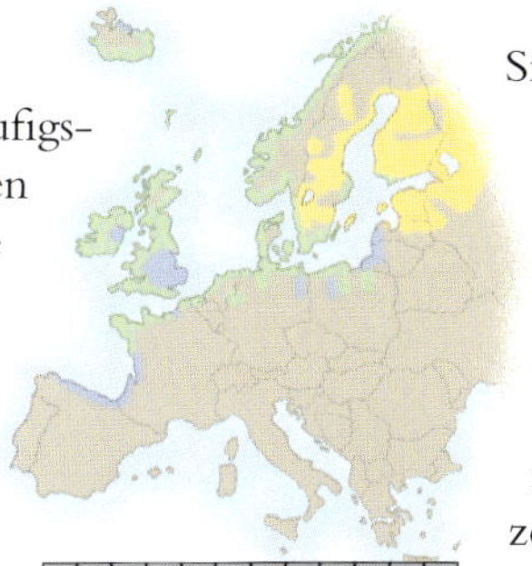

J F M A M J J A S O N D

Neben der Lachmöwe (S. 105) sind die Silbermöwen die häufigsten Möwen Europas. Sie leben überall an den Küsten und stellenweise auch tiefer im Binnenland. Von Süden und Südosten her vertritt jedoch die sehr ähnliche „Weißkopfmöwe" (*L. cachinnans*, 55–70 cm) die typische Silbermöwe der nordwesteuropäischen Küsten. Diese „Weißkopfmöwe" ist erst neuerdings als eigene Art anerkannt worden. Wie bei anderen Großmöwen dauert es vier Jahre, bis die Jungvögel der Silbermöwe voll ausgefärbt sind. Die Zwischenstadien verursachen durch ihre Ähnlichkeit mit der Heringsmöwe *(L. fuscus)* Bestimmungsprobleme. Silbermöwen haben schwarze Flügelspitzen mit weißen Flecken. Die Augen sind blassgelb. Der kräftige gelbe Schnabel trägt einen roten Fleck. Die Beine sind rosa bis fleischfarben, was sie von der gelbfüßigen Heringsmöwe (S. 250) unterscheidet. Erheblich kleiner und mit schwächerem, grünlichem Schnabel ausgestattet ist die „freundlich blickende" Sturmmöwe (*L. canus*, 42 cm).

Silbermöwe adult im Brutkleid

STECKBRIEF

■ 55–70 cm

■ Beine rosa, Augen blassgelb

▲ Weißkopfmöwe: gelbe Beine, dunklere Oberseite, roter Augenring

▲ Sturmmöwe: kleiner, dunkle Augen, grünliche Schnabel- und Beinfärbung

tiefe Nestmulde mit Pflanzenstoffen am Boden in Dünen, auf Sandbänken oder im Gras

♪ laut „Kiau" und jaulend „kija, kija, kija, kijau"

Sturmmöwe 2. Winter

Silbermöwe adult, Winterkleid

Silbermöwe 1. Winter

Weißkopfmöwe, adult frühes Winterkleid

Mantelmöwe

Larus marinus

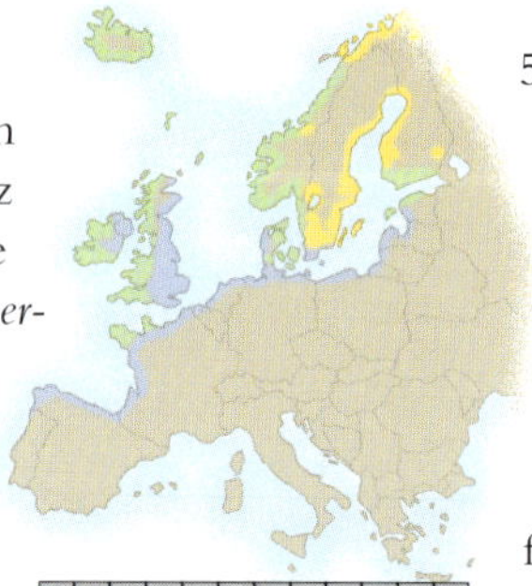

J F M A M J J A S O N D

Adulte Mantelmöwen sind die größten Möwen an den Küsten von Nord- und Ostsee. In ganz Nordwesteuropa kommt ihnen nur die sehr seltene arktische Eismöwe (*L. hyperboreus*, 65–80 cm) an Größe gleich. Mit ihren breiten Flügeln und wuchtigen Flügelschlägen wirken die Mantelmöwen fast wie Reiher im Flug. Adulte sind oberseits tiefschwarz mit weißen Flügelspitzen, weißem Kopf und weißer Unterseite. Diese Färbung und Zeichnung macht sie den kleineren Heringsmöwen (*L. fuscus*, 50–65 cm) sehr ähnlich, die aber gelbe Beine haben. Die Beine der Mantelmöwe sind rosa- bis fleischfarben. Schwierig zu unterscheiden sind die Jugendkleider bei den drei häufigen Großmöwenarten (Mantel-, Silber- und Heringsmöwe), die allesamt rötlich bis fleischfarbene Beine besitzen. Im direkten Vergleich sind die auffallende Größe und die typische Flugweise der Mantelmöwe ihre eindeutigsten Erkennungsmerkmale.

STECKBRIEF

■ *65–80 cm*

■ *sehr groß, tiefschwarzer Rücken, weiße Flügelspitzen*

■ *Beine rosa- bis fleischfarben*

▲ *Heringsmöwe: grauer, kleiner mit gelben Beinen und schmaleren Flügeln, Flügelspitze mit weißen „Spiegeln“*

große Nestmulde am Boden aus Pflanzen, meist auf Fels

♪ *tiefere, kehligere Rufe als bei der Silbermöwe, etwa wie „jouk“*

Dreizehenmöwe

Rissa tridactyla

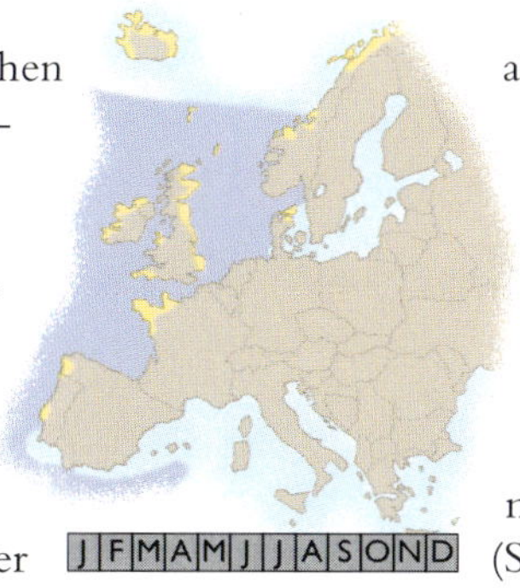

Unter den nordwesteuropäischen Möwen sind die Dreizehenmöwen die ausgeprägtesten Nutzer der Hochsee. An die Küsten kommen sie nur zum Brüten. Oberflächlich ähneln sie den Sturmmöwen, die dreieckig schwarze Flügelspitzen tragen, jedoch keine weißen Abzeichen, und deren Flügelhinterrand durchsichtig erscheint. Der Flug ist steifer mit weniger tiefen Flügelschlägen und bei stürmischer See fliegen sie schnell in kraftvollen Bögen. Die Jungvögel ähneln in der Zeichnung der Flügel und des Schwanzes den viel kleineren jungen Zwergmöwen (*L. minutus*, 27–30 cm) mit ihrem schwarzen Zickzackband auf der Flügeloberseite. Das deutliche schwarze Nackenband macht sie jedoch gut erkennbar. Dreizehenmöwen brüten auf schmalen Simsen an Klippen, oft in Gesellschaft mit Trottellummen (S. 255) und Tordalken (S. 256). Ihre kegelförmigen Eier können nicht herunterfallen. Die Jungen bewegen sich wenig und richten sich zur Felswand hin.

STECKBRIEF

■ *40–44 cm*

■ *blassgrau mit kurzen, schwarzen Beinen und schwarzen Flügelspitzen*

■ *steiferer Flug als bei der Sturmmöwe*

festes Nest aus Tang und Schlamm auf Simsen an Steilklippen

♪ *nasal „kitti-wäik“*

Raubseeschwalbe

Sterna caspia

Außer in Südamerika und der Antarktis brütet die Raubseeschwalbe auf allen Kontinenten. In Europa kommt sie in geringer Zahl an den Küsten der Ostsee vor sowie am Schwarzen und Kaspischen Meer. Sie erreicht fast die Größe einer Silbermöwe und ist damit viel größer als Fluss- oder Küstenseeschwalben (S. 254). Die rauen, weithin schallenden Rufe fallen vor allem an Binnengewässern auf, die von der Raubseeschwalbe zu den Zugzeiten aufgesucht werden. Oft entdeckt man sie an ihrem großen, roten Schnabel auf einer Sandbank unter Möwen. Fische fängt sie stoßtauchend aus mittlerer Flughöhe. Im August ziehen die baltischen Raubseeschwalben zu den westafrikanischen Winterquartieren oder an die Küsten des Mittelmeers. Dabei begleiten die Jungen häufig noch die Alten im Familienverband und betteln mit durchdringenden Rufen um Futter. Sie sind auf dem Rücken schuppig und ihr Schnabel ist blassorangerot gefärbt.

J F M A M J J A S O N D

STECKBRIEF

- 50–60 cm
- deutlich größer als Lachmöwe
- mächtiger, roter Schnabel; Handschwingen flügelunterseits dunkel
- flache Bodenvertiefung an sandigen oder felsigen Küsten
- Adulte rufen laut und durchdringend „käh“ oder „krä-i“ (krähenartig), Jungvögel hoch pfeifend „whi, whi“

Brandseeschwalbe

Sterna sandvicensis

Zur Brutzeit sind die großen, eleganten Seeschwalben mit dann schwarzer Kopfkappe, die am Hinterkopf gesträubt sein kann, dem schwarzen Schnabel mit gelber Spitze, den schwarzen Beinen sowie mit ihrem charakteristischen „kirrek“-Ruf unverkennbar. Im Ruhekleid wird die Kopfkappe schuppig und heller und die gelbe Schnabelspitze verschwindet fast. Bei Jungvögeln ist der Schnabel ganz schwarz. Brandseeschwalben kommen an vielen Stellen der europäischen Küsten vor, oft nur in geringer Zahl, an manchen Plätzen brüten sie zu Tausenden. Ende März bis Ende April kehren sie aus ihrem westafrikanischen Winterquartier zu den Brutplätzen zurück. Diese müssen für Bodenfeinde, wie Füchse oder Ratten, unzugänglich sein. Die jungen Brandseeschwalben werden hauptsächlich mit Sandaalen gefüttert und daher finden sich größere Brutkolonien nur in der Nähe reicher Sandaal-Vorkommen. Brandseeschwalben sind Stoßtaucher. Die flüggen Jungen folgen den Eltern noch wochenlang und betteln um Futter.

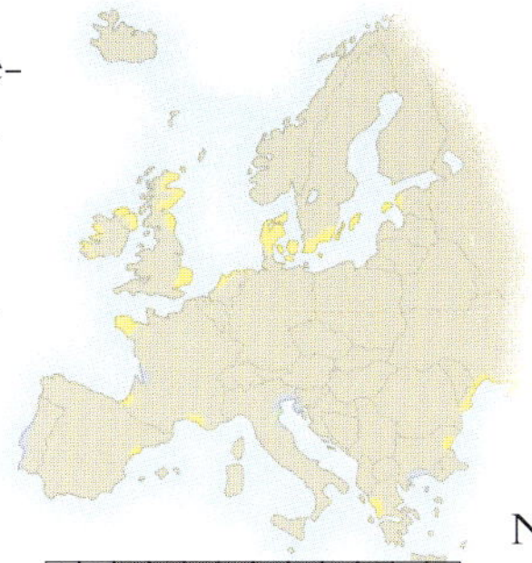

J F M A M J J A S O N D

balzendes Paar

STECKBRIEF

- *40–45 cm*
- *blassgrau und weiß, schwarze Kopfkappe mit kurzer Haube*
- *Schnabel schlank und schwarz mit gelber Spitze*
- *flache Bodenvertiefung*
- ♪ *krächzend „kirrek“*

Fluss-Seeschwalbe

Sterna hirundo

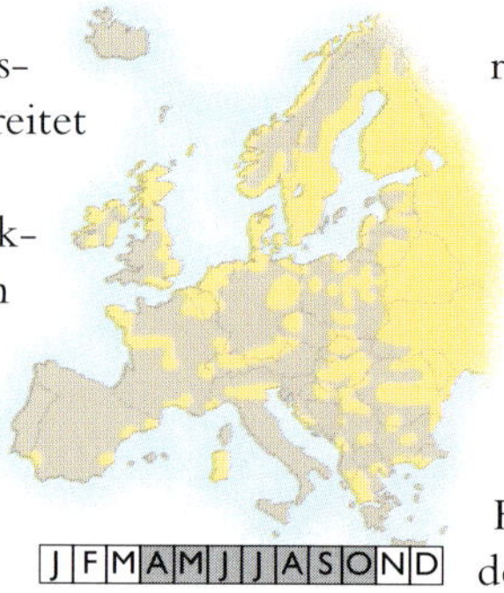

Die schlanke, langflügelige Fluss-Seeschwalbe brütet weit verbreitet an den europäischen Küsten und Binnengewässern mit Schwerpunkten im mittleren und östlichen Bereich Europas, während die sehr ähnliche Küstenseeschwalbe (*S. paradisaea*, 38–45 cm) mehr im nördlichen und nordwestlichen Bereich vorkommt und weniger im Binnenland erscheint. Bei Letzterer überragen im Gegensatz zur Fluss-Seeschwalbe die Schwanzspieße deutlich die Flügelspitzen; die Beine sind kürzer und der rote Schnabel hat keine schwarze Spitze. Der Flug der Küstenseeschwalbe wirkt noch leichter und eleganter als der der Fluss-Seeschwalbe. Während die Fluss-Seeschwalben nicht sehr weit in den Mittelmeerraum hinein ziehen, wandern die Küstenseeschwalben extrem weit bis in die Gewässer um die Antarktis. Beide Arten fangen kleine Fische, die Fluss-Seeschwalbe dazu aber auch größere Wasserinsekten. An den Küsten bilden sie größere bis große Brutkolonien, im Binnenland meist nur kleine.

STECKBRIEF

■ *38–45 cm*

■ *Schnabel orangerot, schwarze Spitze*

■ *Flügeloberseite mit grauem Keil; breite, kurze, dunkle Linie auf dem Unterflügel*

▲ *Küstenseeschwalbe: kürzere Beine, kürzerer roter Schnabel, die Flügelspitzen überragende Schwanzspieße*

flacher Napf am Boden mit oder ohne Nistmaterial

♪ *hoch „kie-errr" und kurz „kick, kick"*

Trottellumme

Uria aalge

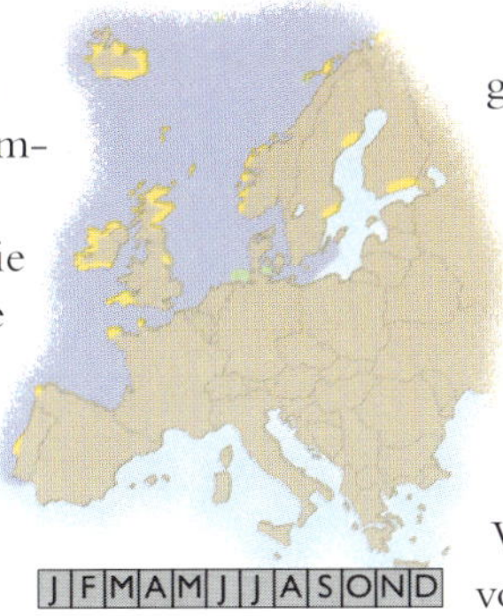

Wie alle Lummen und Alken sind die Trottellummen kompakt gebaute, entfernt an Pinguine erinnernde Hochseevögel, die nur zum Brüten an Land kommen. Sie haben kurze, ziemlich schmale Flügel und daher einen geradlinigen, schwirrenden und wenig wendigen Flug, sind aber recht schnell. Oft brüten sie zusammen mit Tordalken und Papageitauchern an den Steilküsten des Nordens; sie sind auch mit Eissturmvögeln (S. 233) und Dreizehenmöwen (S. 251) vergesellschaftet. Zur Brutzeit ist der gesamte Kopf dunkelgraubraun, das Winterkleid zeigt eine dunkle Kopfkappe und weiße Wangen, durch die vom Auge her ein schwarzer Streifen nach hinten verläuft. Ähnlich gebaut, aber viel kleiner und unverkennbar schwarzweiß ist die rotbeinige Gryllteiste (*Cepphus grylle*, 32–38 cm). Sie brütet an den Nordmeerküsten zwischen Felsblöcken und in Höhlungen am Fuß der Vogelfelsen. Im Herbst wird das Gefieder grauweiß, die weißen Flügelfelder bleiben erhalten. Gryllteisten leben küstennäher als Trottellummen.

Trottellumme Winterkleid

Gryllteiste Jugend- und 1. Winterkleid

Trottellumme, Brutkleid

Gryllteiste Brutkleid

STECKBRIEF

■ 40–46 cm

■ *braun und weiß, spitzer Schnabel*

■ *Winterkleid: Kopfseiten heller mit schwarzer Linie hinter dem Auge*

▲ *Gryllteiste: viel kleiner und im Winterkleid heller, aber mit weißem Flügelfeld wie im schwarzweißen Brutkleid*

Klippen ohne Nestauskleidung

♪ *tief und rau „arrr, arrr"*

Papageitaucher

Fratercula arctica

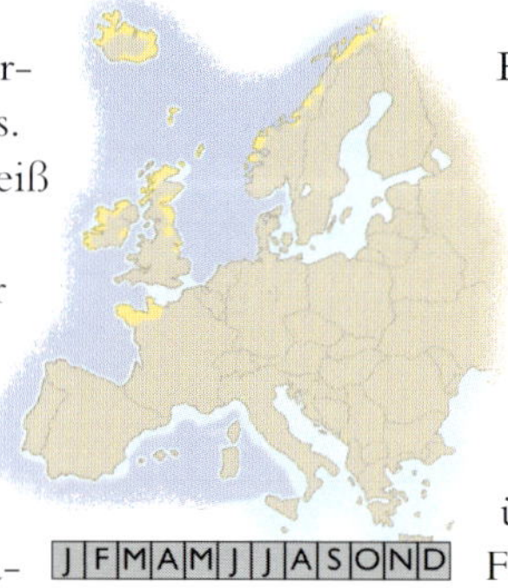

Papageitaucher sind die merkwürdigsten Alken des Nordatlantiks. Ihr Gefieder ist schwarz und weiß mit markanter weißer Wangenzeichnung. Der auffällige Schnabel, der zur Brutzeit gelblich rote, gelbe und blaue Streifen und Teilstücke aufweist, eignet sich hervorragend zum Ergreifen kleiner Fische, wie der Sandaale. Papageitaucher brüten nicht wie andere Alken an Steilklippen, sondern in Bruthöhlen, die sie im grasigen Küstenboden bauen. Das einzige Junge wird so lange gefüttert, bis es schwerer als die Elternvögel ist, dann muss es sich selbst ernähren. Junge verlassen nur im Schutz der Nacht ihre Baue.

Ebenfalls durch einen eigentümlichen Schnabel gekennzeichnet ist der Tordalk (*Alca torda*, 40–45 cm). Eine dünne weiße Binde zieht sich an der dicksten Stelle über den Schnabel. Das Federkleid der erwachsenen Vögel ist schwarzweiß, das der Jungen bräunlich. Von Trottellummen unterscheiden sie vor allem der spitze Schwanz und der Schnabel.

Papageitaucher Brutkleid

Tordalk Jugendkle

Tordalk Brutkleid

Tordalk Winterkleid

Papageitaucher Winterkleid

STECKBRIEF

■ 30–40 cm

■ schwarzweiß, zur Brutzeit farbenprächtiger Schnabel, orangerote Beine

▲ Tordalk: erheblich größer; kräftiger Schnabel mit dünnem, weißem Band in Schnabelmitte

Brut in Erdhöhlen

♪ an der Brutkolonie knurrend „orr" oder „auu"

G e b i r g e

IN SCHWINDELNDER HÖHE
Geier, Adler und Kolkraben kreisen oft lange unter Ausnutzung der Thermik. Dabei halten sie nach Nahrung Ausschau.

BAUMGRENZE In den Gehölzen an der Baumgrenze trifft man den Zitronengirlitz an, aber auch aus dem Tiefland vertraute Arten, wie Zaunkönig und Birkenzeisig. Je dichter der Wald, desto reicher ist das Vogelleben.

ALPINE MATTEN, die Bergwiesen, bieten Vögeln, wie dem Bergpieper, der Ringdrossel und der Alpendohle, Nahrung.

KLIPPEN und BLOCKHALDEN sind günstige Plätze um die Alpenbraunelle, den Mauerläufer oder, in südlichen Bergen, den Steinrötel zu entdecken.

Gebirge

Bergwälder, Matten, Felsen und Hochplateaus

Neben der Höhe bestimmen auch die geografische Lage und das Klima die Lebensmöglichkeiten im Hochgebirge. So nimmt z. B. die Durchschnittstemperatur mit zunehmender Höhe und mit zunehmender Annäherung an die Pole ab. Wir finden „typische" Hochgebirgsvögel der Alpen und anderer europäischer Gebirge daher in Nordeuropa in weitaus niedrigeren Höhenlagen, im hohen Norden sogar auch auf Meereshöhe. Sie folgen der Pflanzendecke, die auf den alpinen Matten in mancher Hinsicht der der nordischen Tundra ähnelt.

Gebirgsvögel lassen sich daher nicht so deutlich abgrenzen wie etwa die Wasser- oder Meeresvögel und viele Vogelarten, die wir im Gebirge antreffen werden, sind uns schon aus dem Tiefland vertraut. Vögel haben eine sehr leistungsfähige Lunge und können daher in 2000–3000 m Höhe leben, wenn die Bedingungen dort ihren Ansprüchen genügen. Nur wenige Vogelarten sind wirklich auf die Bergwelt spezialisiert. Es sind insbesondere Arten, die Steilwände als Lebensraum nutzen. Auf den höchsten Gipfeln kommt noch der Schneefink vor. Er lebt von Pflanzensamen und Insekten, die die Schneefelder auffangen.

Die Witterung im Hochgebirge verändert sich oft innerhalb eines einzigen Tages so sehr, dass drei Jahreszeiten durchlaufen werden: Auf eisig kalte Nächte mit Frost folgen ein milder Morgen, an dem der Schnee schmilzt, und eine brennende, extrem starke Mittags- und Nachmittagssonne. Dafür befinden sich im Gebirge die unterschiedlichsten Lebensräume auf engem Raum beisammen. Sie gliedern sich nach der Höhenstufe mit ihrem speziellen Pflanzenkleid und nach der Lage, ob an regenreicher, schattig kühler Nordseite oder an trockenwarmer, stark bestrahlter Südseite des Gebirges.

BERGBÄCHE sind der Lebensraum von Wasseramsel und Gebirgsstelze sowie an größeren Unterläufen auch des Gänsesägers.

VOGELBEOBACHTUNG im HOCHGEBIRGE

Während uns Menschen das Klima im Hochgebirge äußerst rau erscheint, zeigen sich viele Vogelarten jedoch von dem Wechsel von Wärme und Kälte gänzlich unbeeinflusst.

Eine ganze Reihe von Vögeln, die heute die „Kunstfelsen" der Städte nutzen, lebten ursprünglich im Gebirge – und dort finden wir sie wieder, den Hausrotschwanz und den Turmfalken, den Birkenzeisig und andere. Doch in der reichen Vogelwelt der Hochgebirge gibt es auch Spezialisten, die sonst nirgends vorkommen, wie Mauerläufer und Schneefink, Alpendohle und Alpenbraunelle.

Um sie aufzuspüren sollten wir uns mit den Lebensbedingungen in den verschiedenen europäischen Gebirgen vertraut machen. Die meisten von ihnen hat die Eiszeit stark geformt und immer noch gibt es Vereisungsreste in Form von Gletschern. In Nordeuropa liegen diese weit niedriger als in den Alpen und Pyrenäen. In den südlichen Gebirgen Europas dagegen tragen nur die höchsten Gipfel Schnee.

Dem Wechsel von Sommer und Winter folgend, treten die meisten Vögel in unterschiedlichen Höhenlagen auf. Im Winter sind sie in den Tälern oder sie streifen im Vorland umher. Bei klarem Wetter meiden sie im Sommer wegen der starken Sonneneinstrahlung offenes Gelände; viele Arten ziehen sich außerdem zu einer mittäglichen Ruhe zurück. Am leichtesten lassen sich Bergvögel am Morgen beobachten.

Auch im Gebirge spielt der Gesang für zahlreiche Arten eine wichtige Rolle. Hier sind die Vogelreviere oft besonders groß und die Gesänge müssen daher weithin hörbar sein. Natürlich nutzen manche Arten das zusätzliche Nahrungsangebot, das von den Menschen kommt. Deshalb konzentrieren sie sich an Berghütten und -stationen. Einige Arten, wie die Alpendohlen, haben gelernt mit Erfolg direkt um Futter zu betteln. Sogar Schneefinken kann man in der Nähe von Gebäuden auf der Suche nach Brotkrümeln antreffen.

DIE PYRENÄEN *bieten dem Vogelbeobachter neben einer grandiosen Landschaftskulisse (unten) gute Möglichkeiten Arten wie den Steinadler (rechts) oder Geier zu beobachten.*

WOHIN SCHAUEN?

In den Zentralalpen lohnt es sich besonders, immer wieder den Himmel abzusuchen, denn dort können Bartgeier, Gänsegeier und Steinadler kreisen. Kolkraben fliegen seit Jahren wieder fast überall in den Bergen und auch manch andere Vogelart fällt am ehesten am Himmel auf.

Besonders beliebt und ergiebig ist das Beobachten des Vogelzuges an bestimmten Gebirgspässen in den Pyrenäen und Westalpen im September. Gewaltige Vogelscharen ziehen dann oft ganz nahe am Beobachter vorüber, darunter so große Seltenheiten so wie die Schlangenadler *(Circaetus gallicus)* in den Pyrenäen.

Als recht erfolgreich erweist sich das Vogelbeobachten auch entlang der Bergbäche oder an Felswänden. Wasseramseln stürzen sich in die schäumende Flut und an geeigneten Felswänden

flattern rotflügelige Mauerläufer wie große Schmetterlinge empor.

AUSRÜSTUNG
Die Temperaturen im Hochgebirge schwanken stark. Scheint die Sonne, wird es rasch recht heiß, aber schon ein paar Wolken lassen die Temperaturen wieder sinken. Warme, vor Nässe schützende Kleidung ist daher unerlässlich, dazu festes Schuhwerk und ein breitrandiger Hut, der vor der starken Sonne, insbesondere vor der UV-Strahlung, schützt. Sein Schatten ist außerdem hilfreich beim Blick durchs Fernglas. Zur Ausrüstung gehören dann noch Getränke und, bei Bedarf, sonstiger Proviant. Beides findet noch im Rucksack Platz, so hat man die Hände frei und kann das Gleichgewicht halten.

Für das Beobachten eignet sich ein Fernglas mit 8- bis 10facher Vergrößerung und einem mittleren Sehfeld. Empfehlenswert für den Gebrauch im Hochgebirge ist auch ein leistungsstarkes Fernrohr für die Beobachtung ziehender Vögel; damit lässt sich sogar aus sicherer Entfernung ein Einblick in einen Adlerhorst gewinnen. Für die Beobachtung mit dem gewöhnlichen Fernglas sind manche Vögel im Gebirge meist zu weit entfernt.

HOCHGEBIRGSTOUREN *erfordern gutes Schuhwerk und eine Kleidung, die auf rasche und häufige Wetterwechsel eingestellt ist. Von Pfaden aus, auf denen nicht geklettert werden muss, kann man gut mit dem Fernrohr beobachten.*

HOCHGEBIRGSVÖGEL *gibt es wenige. Zu ihnen gehören die mächtigen Bartgeier (Gypaetus barbatus, rechts) und die breitflügeligen, sehr großen Gänsegeier (Gyps fulvus, oben), die an Steilhängen segeln.*

Gänsegeier

Gyps fulvus

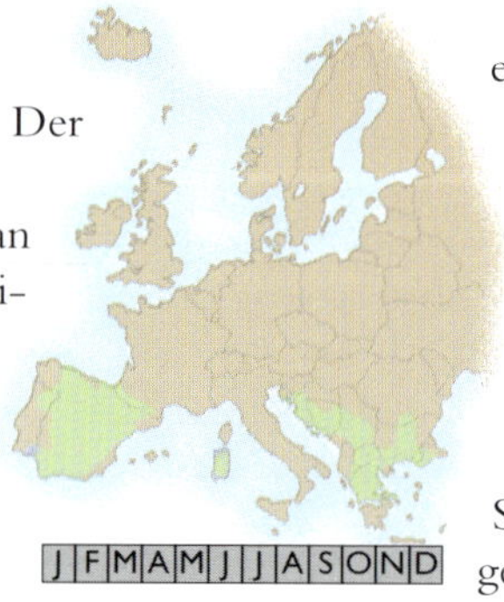

Der Gänsegeier gehört zu den größten Greifvögeln Europas. Der 100–120 cm lange Bartgeier *(Gypaetus barbatus)* übertrifft ihn zwar an Flügelspannweite, doch mit seinen breiteren Flügeln wirkt der Gänsegeier nicht minder imposant. Noch größer erscheint der sehr seltene Mönchsgeier (*Aegypius monachus*, 100–115 cm) mit fast 3 m Flügelspannweite. Gänsegeier segeln stundenlang über die Gipfel und halten nach toten Ziegen oder Schafen Ausschau. Sie haben einen kurzen Schwanz und ein sehr helles Gefieder. In den Alpen trifft man sie im Rauriser Tal in den Hohen Tauern an; häufiger sind sie an der kroatischen Adriaküste und in den Bergländern Südosteuropas. Bartgeier wurden in den Alpen, darunter auch in den Hohen Tauern, wieder eingebürgert. Sie ernähren sich vor allem vom Mark großer Knochen, die sie auf Felsen herabfallen lassen um sie zu zertrümmern.

STECKBRIEF

■ 95–105 cm

■ *Flügelspannweite: ca. 2,50 m*

■ *blasssandbraun, Schwanz kurz*

▲ *Bartgeier: schmale, lange Flügel, spitz endend; großer, keilförmiger Schwanz*

Horste aus Ästen auf Felsen

♪ *stumm, nur in Brutkolonien stöhnende und zischende Rufe*

Steinadler

Aquila chrysaetos

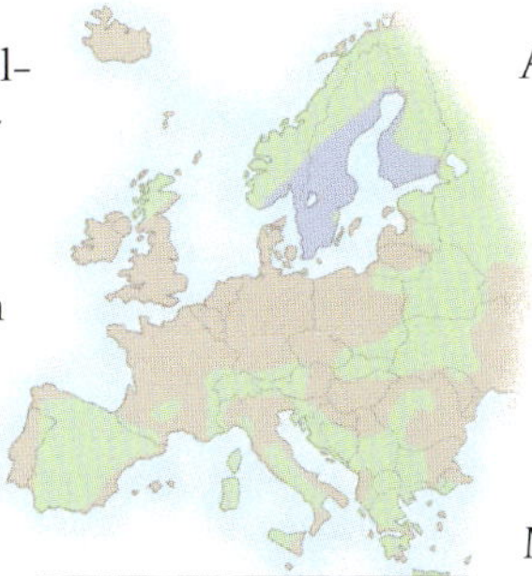

J F M A M J J A S O N D

Nach jahrhundertelanger Verfolgung genießen die Steinadler gegenwärtig fast überall in Europa wieder Schutz. In den Alpen haben sich die Bestände dieses vielfach zum „Wappenvogel" erhobenen Adlers wieder erholt. Ein Steinadlerrevier ist sehr groß, daher sind die Adler nur selten zu beobachten. Sie ähneln im Flug einem sehr großen Bussard, haben aber beim Kreisen deutlich weiter abgespreizte Handschwingen und breitere Flügel.

Altvögel zeichnen sich durch einen goldbraunen Ton auf Hinterkopf und Nacken aus; die Jungadler sind oberseits einförmig dunkelbraun. Steinadler nisten auf unzugänglichen Steilwänden meist noch im Bergwaldbereich. In den Alpen jagen sie vornehmlich Murmeltiere, Schneehasen und Schneehühner, ernähren sich aber in beträchtlichem Umfang auch von Aas. Sie segeln viel, im Sturzflug erreichen sie aber auch beachtliche Fluggeschwindigkeiten.

STECKBRIEF

- 70–90 cm
- *dunkelbraun mit goldbraunem Oberkopf und Nacken, langer Schwanz*
- *Jungadler mit heller Schwanzwurzel und weißlicher Flügelbinde*
- *große Horste aus Zweigen an Felswänden, selten auf Bäumen*
- ♪ *hohes, bellendes „kiijak"*

Bergpieper

Anthus spinoletta

Bergpieper sind als einzige Pieper im Sommer auf alpinen Matten anzutreffen. In niedrigen Höhenlagen werden sie vom Wiesenpieper (S. 182) abgelöst, von dem sie sich durch einen grauen Rücken und eine dunkelrosafarbene Bauchseite unterscheiden. An den Flanken tragen sie nur wenige, undeutliche Streifen. Ihre Beine sind dunkel. Insgesamt sehen die Bergpieper den lange mit ihnen in einer Art vereinten Strandpiepern *(A. petrosus)* sehr ähnlich; man findet beide häufig noch unter der Bezeichnung „Wasserpieper".

Im Winterkleid fehlt den Bergpiepern der rosafarbene Ton auf der Unterseite, im Gegensatz zum Strandpieper haben sie einen auffälligen, fast weißen Augenstreif und weiße Schwanzkanten.

Die Bergpieper ziehen im Herbst nicht nach Süden, sondern nach Nordwesten und überwintern an Flüssen und Seen in den Niederlanden und in Südengland, in milden Wintern am Bodensee. Der Strandpieper überwintert an der Küste.

STECKBRIEF

- *16 cm*
- *rosafarbene Unterseite, schwärzliche Beine*
- *Winterkleid: grau mit weißlichem Überaugenstreif und weißen Schwanzkanten*
- *ziemlich großes, napfförmiges Nest aus Halmen und Moos in Bodenvertiefungen und Felsspalten*
- ♪ *Gesang: ähnelt dem des Wiesenpiepers; Rufe: weich „dziiet"*

adult, Sommer

Gebirgsstelze

Motacilla cinerea

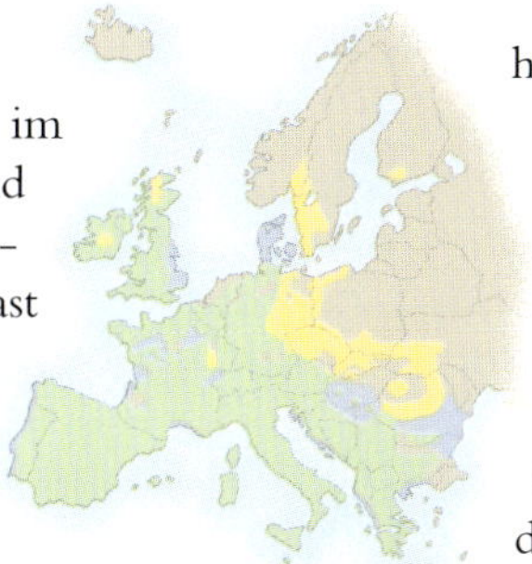

J F M A M J J A S O N D

Nicht nur an Bergbächen und Gebirgsflüssen, sondern auch im Mittelgebirge und im Tiefland trifft man an schnell fließenden Gewässern auf die durch ihren sehr langen, fast beständig wippenden Schwanz gekennzeichnete Gebirgsstelze. Die Männchen tragen im Brutkleid eine intensiv schwarze Kehle, während sie bei den Weibchen weiß bleibt oder nur wenige dunkle Flecken zeigt. Im Winter- und Jugendkleid sind die Bauchseiten weitgehend weiß, die Unterschwanzdecken aber kräftig gelb. In keinem Kleid ist die Gebirgsstelze mit anderen Stelzen zu verwechseln. Von der Schafstelze unterscheidet sie sich durch eine graue, nicht grünlich gelbe Oberseite und einen stark wellenförmigen Flug. Die Rufe der Gebirgsstelze sind klar zweisilbig und schärfer als die der Bachstelze (S. 111), die an denselben Gewässern vorkommen kann. Beim Schwanzwippen bewegt die Gebirgsstelze ihr Hinterteil mit. Nahrung sucht sie am Rande von Gewässern.

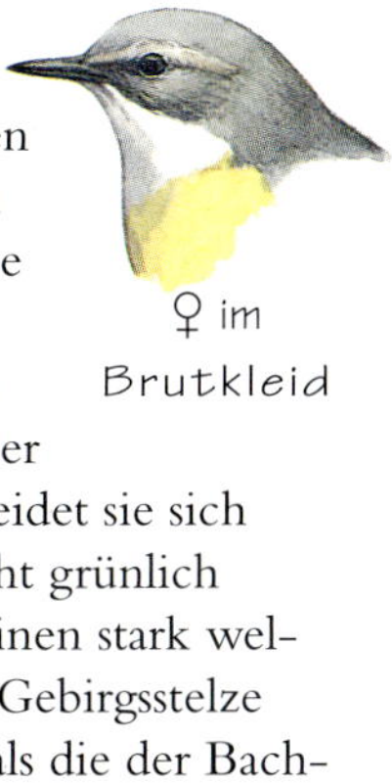

♀ im Brutkleid

♂ Sommer

STECKBRIEF

■ *18 cm*

■ *sehr langer Schwanz, Unterseite im Sommer gelb*

■ *im Winter Bauchseite weißlich, aber gelbe Unterschwanzdecken*

Napf aus Moos, Wurzeln und Halmen, innen mit Haaren und Federn ausgekleidet; geschützt in Nischen oder zwischen Baumwurzeln an Fließgewässern

♪ *Gesang: zwitschernd; Ruf: scharf doppelsilbig „zissip“*

Wasseramsel

Cinclus cinclus

Die Wasseramsel ist einer der ungewöhnlichsten Singvögel. Sie stürzt sich ins Wasser, schwimmt und taucht in starker Strömung und läuft sogar unter Wasser auf dem Bachgrund. Wasseramseln leben an schnell fließenden Bächen und Flüssen. Sie sitzen am Ufer auf Steinen oder Schwemmholz; dabei machen sie immer wieder „Knickse“ und blinzeln mit ihrer weißen Nickhaut. Obwohl durch ihren großen, weißen Brustlatz eigentlich recht auffällig, sind sie doch häufig nicht leicht auszumachen. Sie fliegen dicht über dem Wasser mit schwirrenden Flügelschlägen und sind meist nicht besonders scheu. Auffälliger werden sie im Winter, wenn Schnee die Ufer bedeckt. Auch in dieser Jahreszeit tauchen sie zur Nahrungssuche im Wasser, das an ihrem Gefieder perfekt abläuft. Die rundliche, bis auf Brust und Kehle dunkelbraune Wasseramsel kann mit keiner anderen Vogelart verwechselt werden.

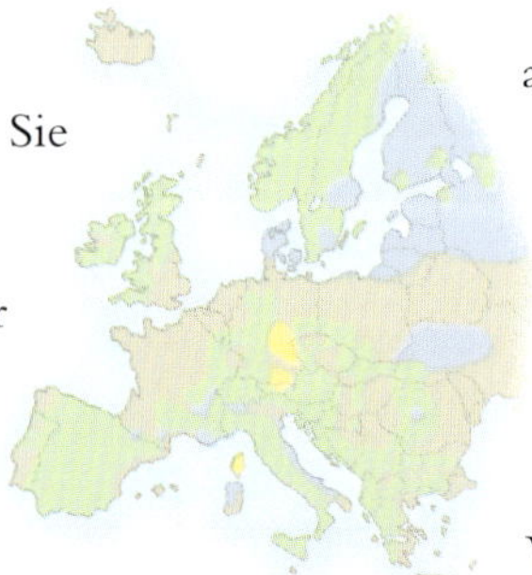

J F M A M J J A S O N D

schwirrender Flügelschlag

STECKBRIEF

■ *18 cm*

■ *braun, schwärzlich bis rötlich brauner Bauch, weißer Brustlatz*

großes, kugelförmiges Nest aus Moos, Eingang schräg abwärts führend, versteckt an Flussufern

♪ *Gesang: ein sanftes Zwitschern mit Trillern; Ruf: metallisch „zrrb“ oder „zit“*

Alpenbraunelle

Prunella collaris

J F M A M J J A S O N D

Die Alpenbraunelle ist nahe mit der kleineren Heckenbraunelle (S. 138) verwandt. Sie hat wie diese einen grauen Kopf und eine dunkel gestreifte, braune Oberseite. Die blassgelben Schwanzspitzen fallen nur beim abfliegenden Vogel auf. Ihre großen, schwärzlichen Flügeldecken, eingefasst von zwei weißen Flügelbinden, die schwarzweiß gefleckte Kehle und die rostbraun gestreiften Flanken unterscheiden sie eindeutig von der Heckenbraunelle. Alpenbraunellen suchen mit ruckartigen Bewegungen am Boden nach Nahrung. Obwohl nicht scheu, ist die unauffällige Alpenbraunelle kaum zu beobachten. Die Männchen singen von Felsblöcken oder kleinen Bäumen aus. Im Sommer halten sich die Alpenbraunellen über der Baumgrenze auf, im Winter ziehen sie in tiefere Lagen und suchen in kleinen Gruppen auf schneefreien Flächen nach Nahrung.

STECKBRIEF

- *18 cm*
- *grauer Kopf, brauner Rücken mit dunklen Streifen, rotbraune Flankenstreifung*
- *dunkles Flügelfeld, zwei weiße Flügelbinden*

tiefer, rundlicher Napf aus Halmen und Wurzeln zwischen Steinen

♪ *Gesang: melodische Triller; Ruf: hell „dürr" oder „tschirr" oder „tschirrip"*

Steinrötel

Monticola saxatilis

In den mitteleuropäischen Gebirgen ist der Steinrötel sehr selten, in den südeuropäischen kommt er aber häufiger vor. Sein blaugrauer Kopf und Vorderrücken, der weiße Hinterrücken, die rotbraune Brust und der rötliche Schwanz machen das Steinrötelmännchen unverwechselbar. Das schlichte Weibchen ähnelt einer jungen, kurzschwänzigen Amsel. Kennzeichen sind gelbliche Flecken auf dem bräunlichen Rücken und eine dunkel gebänderte Bauchseite.

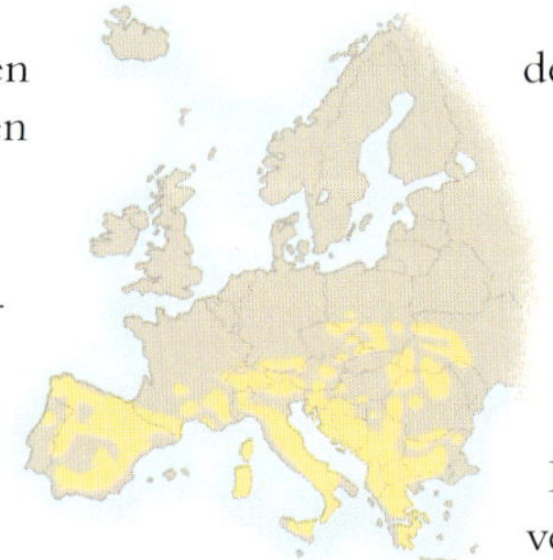

J F M A M J J A S O N D

Etwas größer ist die noch seltenere Blaumerle (*M. solitarius*, 21 cm). Das schieferblaue Männchen wirkt auf Distanz schwärzlich, das Weibchen ist mehr grau. Beide Arten sind scheu und verschwinden bei Annäherung unauffällig zwischen den Felsen. Steinrötel kommen in höheren Lagen vor als Blaumerlen. Letztere besiedeln neben sonnig trockenen Felsengeländen auch steile, bewachsene Klippen am Meer.

STECKBRIEF

■ *19 cm*

■ *Männchen: blau, Brust und Unterseite orange, im Schlichtkleid verwaschen gefärbt und gefleckt Weibchen: braun, Bauchseite gebändert, Schwanzunterseite rostrot*

▲ *Blaumerle: Männchen einfarbig blau, Weibchen schuppig dunkelbraun mit dunklem Schwanz*

Napf aus Pflanzenmaterial, meist in Spalten unter Steinen

♪ *Gesang: weich, drosselähnliche Motive; Ruf: „tschack“*

Mauerläufer

Tichodroma muraria

Einmal entdeckt, gibt es keinen Zweifel, dass man einen Mauerläufer aufgespürt hat: Wie eine Maus huscht er suchend an Felswänden herum und wenn er flattert, wirkt er wie ein großer, rotflügeliger Falter mit weißen Flecken. Der Mauerläufer kommt zwar weit verbreitet in den Alpen und den südeuropäischen Gebirgen an Felswänden vor, ist aber nirgends häufig. Seine Nahrung bilden Insekten und Spinnen an Felswänden. Bei der Nahrungssuche zuckt er ständig mit den Flügeln und lässt das Rot aufblitzen oder die weißen Flecken sichtbar werden. Im Brutkleid ist die Unterseite dunkelgrau, die Kehle schwarz und kontrastreicher als beim Weibchen. Das Winterkleid ist mit seiner blassgrauen Unterseite heller. Zum Überwintern wandern Mauerläufer in tiefere Lagen. Manche fliegen ins Vorland und sind an Burgmauern zu finden.

J F M A M J J A S O N D

adultes ♂ im Brutkleid

STECKBRIEF

■ *16 cm*

■ *grau; breite, rundliche Flügel mit Rot, große, weiße Flecken auf den Handschwingen, kurzer Schwanz*

■ *klettert flügelzuckend an Steilwänden*

Napf aus Pflanzenfasern, mit Haaren und Federn ausgekleidet, in Spalten, unter Felsvorsprüngen

♪ *kurzer Gesang mit hellen Pfeiftönen; Rufe: „tih" oder „tiüh"*

adultes ♀ im Brutkleid

Alpendohle

Pyrrhocorax graculus

Zu wenigen oder in Schwärmen von Hunderten fliegen die schwarzen, gelbschnäbeligen und rotbeinigen Alpendohlen um die Häuser und Hütten an Berggipfeln. Nahe verwandt, aber rotschnäbelig ist die nur in den Westalpen und an Küstenklippen Westeuropas vorkommende Alpenkrähe (*P. pyrrhocorax*, 38–42 cm). Ihr Schnabel ist deutlich länger als der der Alpendohle, aber bei Jungvögeln noch kurz und gelborange. Im Flugbild fallen die im Gegensatz zur Alpendohle breiteren und weniger stark gewinkelten Flügel auf. Dass auch Dohlen (S. 115) mitunter an Berggipfeln vorkommen, erschwert die genaue Artbestimmung. Alpendohlen fliegen meisterhaft und trotzen auch dem stärksten Sturm. Sie stellten sich rasch auf Touristen ein, die diesen Allesfressern reichlich Nahrung bescheren, und wurden vielerorts im Gebirge recht vertraut. Oft suchen sie auch an Müllplätzen im Gebirge nach Nahrung, was Alpenkrähen offenbar nicht tun. Die Rufe der Alpendohlen sind unverkennbar.

J F M A M J J A S O N D

STECKBRIEF

■ *36–40 cm*

■ *leuchtend gelber Schnabel, Gefieder vollkommen schwarz*

▲ *Alpenkrähe: ähnlich, aber mit längerem und rotem Schnabel und dohlenähnlichen „kja"-Rufen oder „tschrr" und „tschaff"*

große, innen fein ausgekleidete Nester aus Zweigen und Wurzeln in Höhlen und Felsspalten, auch an Ruinen

♪ *hoch und metallisch „tschuirrr" oder „bürrb" sowie „tschjup"*

Zitronengirlitz

Serinus citrinella

J F M A M J J A S O N D

In den Westalpen sowie in den Gebirgen Südfrankreichs und der Iberischen Halbinsel ist der Zitronengirlitz weit verbreitet, die Bestände sind aber klein. In Deutschland trifft man ihn vereinzelt im Hochschwarzwald und im Alpenraum an. Er lebt nahe der Baumgrenze, zur Brutzeit paarweise, danach in Schwärmen, und sucht am Boden nach kleinen Samen und Insekten. Im Winter wandert er in tiefere Lagen. Beide Geschlechter haben eine matt grünlich gelbe Zeichnung. Zwei grünlich gelbe Flügelbinden und das Fehlen von Gelb im Schwanz kennzeichnen diesen kleinen Finkenvogel, der nahe mit dem Girlitz (*S. serinus*, 11 cm) aus Mittel- und Südeuropa verwandt ist. Das Girlitzmännchen kennzeichnen ein intensiv hellgelber Kopf mit feiner Streifung und der ausdauernde, klirrende Gesang. Kopf, Rücken und Flanken zeigen eine deutliche Streifung. Der Schnabel ist klein und kegelförmig.

STECKBRIEF

■ *12 cm*

■ *gelbe Unterseite, Hinterkopf, Nacken und Halsseiten grau, Unterseite ungestreift*

▲ *Girlitz: sehr kurzer, kleiner Schnabel, keine gelben Flügelbinden, stark gestreift*

kleiner Napf aus Fasern, Moos und Flechten in Bäumen

♪ *Rufe: „tsjiet“ oder „tsjiitit“*

Zippammer

Emberiza cia

Das Männchen ist am grauen, schwarz gestreiften Kopf und der rostfarbenen Unterseite gut zu erkennen. Der Überaugenstreif wirkt mitunter fast weiß. Das Weibchen trägt eine verwaschenere, weniger intensive Färbung und Zeichnung, die der des Männchens ähnlich ist. Beide Geschlechter sind zudem durch eine dünne, weiße Flügelbinde und einen rostroten Bürzel gekennzeichnet.

Zippammern kommen stellenweise in West-, Mittel- und Südeuropa auf felsigem, mit Buschwerk durchsetztem Hügel- und Bergland vor (in Deutschland zum Beispiel im Mittelrheingebiet, an Nahe und Mosel).

Sie suchen ihre Nahrung am Boden und zucken dabei unablässig mit dem Schwanz, dessen weiße Außenkanten dann sichtbar werden.

Berge bewohnende Zippammern ziehen im Winter in niedrigere Höhenlagen.

J F M A M J J A S O N D

adultes ♂ im Brutkleid

STECKBRIEF

- *16 cm*
- *grauer Kopf mit schwarzer Streifung, rostroter Bauch und Bürzel, weiße äußere Schwanzfedern*
- *bewohnt niedriger gelegene, steinige Hänge*
- *Napf aus Halmen, Moos und Rinde zwischen Felsen oder im Gebüsch*
- ♪ *Gesang: langes „sie-sie-sie-sir“; Ruf: „zip“ oder „zititit“*

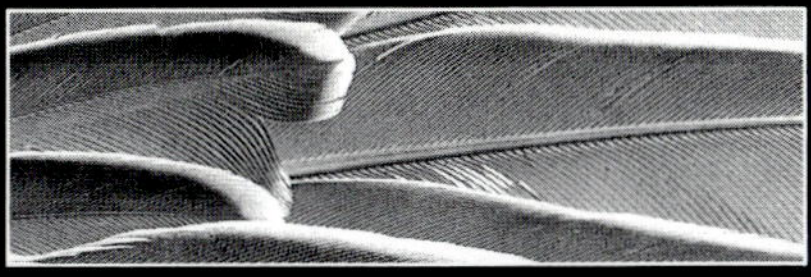

Weitere Informationen

Ergänzende Literatur

Häufig zu findende Abkürzungen sind: BTO (British Trust for Ornithology = britische Vereinigung von Vogelbeobachtern), SOF (entsprechende schwedische Organisation), LPO (Ligue Française pour la Protection des Oiseaux = franz. Vogelschutzbund), DOG (Deutsche Ornithologen-Gesellschaft), NABU (Naturschutzbund Deutschland), ALA (Schweizerischer Bund für Vogelschutz).

Allgemeine Werke

Bergmann, H. H.: *Die Biologie des Vogels* (Aula, Wiesbaden 1987).

Bezzel, E. & Prinzinger, R.: *Ornithologie* (E. Ulmer Verlag, Stuttgart 1990). Umfassendes und modernes Werk.

Bibby, C. J., Burgess, N. D. & Hill, D. A.: *Methoden der Feldornithologie* (Neumann Verlag, Radebeul 1995). Speziell für Feldornithologen.

Perrins, C. M.: *Die große Enzyklopädie der Vögel* (Orbis Verlag, München 1995). Sehr gut bebildert; Übersicht über die Vögel der Erde; Liste aller Vogelarten der Erde mit deutschen und wissenschaftlichen Namen.

Bestimmungsbücher

Adolfson, K. & Cherrug, S.: *Bird Identification: A Reference Guide* (SOF, 1995). Enthält alle relevanten Angaben für spezielle Vogelbestimmungsprobleme und seltene Fotografien aus verschiedenen europäischen Fachjournalen.

Baker, K.: *Identification Guide to European Non-passerines* (BTO-Guide Nr. 24, 1993). Spezialbestimmungsbuch für die wissenschaftliche Vogelberingung.

Bergmann, H. H. & Helb, H. W.: *Stimmen der Vögel Europas* (BLV, München 1982). Sehr gutes Bestimmungsbuch der Stimmen der Vögel Europas, insbesondere in Kombination mit Tonträgern geeignet.

Byers, C., Olsson, U. & Curson, J.: *Buntings and Sparrows: an Identification Guide* (Pica Press, 1995). Spezialführer zu den schwer zu bestimmenden Arten der Ammern.

Bruun, B., Singer, A. & König, C.: *Der Kosmos-Vogelführer, Die Vögel Deutschlands und Europas* (Kosmos Naturführer, Stuttgart 1986). Erstklassiges Bestimmungsbuch der europäischen Vögel.

Clement, P., Harris, A. & Davis, J.: *Finches and Sparrows: An Identification Guide* (Helm, 1993). Standard-Bestimmungsbuch für die schwierige Gruppe der Finkenvögel und Sperlinge.

Grant, P. J.: *Gulls: a Guide to Identification* (T. & A. D. Poyser, 1986). Spezialbestimmungsbuch für Möwen mit vielen Zeichnungen und Fotos.

Harrap, S. & Quinn, D.: *Tits, Nuthatches and Treecreepers* (Helm, 1996). Bestimmungsbuch der 110 Arten von Meisen, Kleibern und Baumläufern mit weiterführenden Angaben zu Biologie und Verbreitung.

Harris, A. Shirihai, H. & Christie, D.: *The Macmillan Birder's Guide to European and Middle Eastern Birds* (Macmillan, 1996) und:

Harris, A., Vinicombe, K. & Tucker, L.: *Macmillan Field Guide to Bird Identification* (Macmillan, 1990). Zwei hochklassige Taschenführer für die genaue Bestimmung schwieriger Arten europäischer Vögel.

Harrison, P.: *Seabirds: an Identification Guide* (Helm, 1985). Bestimmungsbuch für Seevögel in kleinem Handbuchformat.

Hayman, P. J. & Prater, A. J.: *Shorebirds: an Identification Guide* (Helm, 1987). Bestimmungsbuch für Watvögel in kleinem Handbuchformat.

Heinzel, H., Fitter, R. & Parslow, J.: *Pareys Vogelbuch* (Parey Buchverlag, Berlin 1996). Ausgezeichnetes Bestimmungsbuch, das alle Vogelarten Europas, Westasiens und Nordafrikas in sehr guten Bestimmungstafeln enthält; einer der Stan-

dard-Feldführer für Ornithologen in Europa.
Hollom, P. A. D., Porter, R. F., Christensen, S. & Willis, I.: *Birds of the Middle East and North Africa* (T. & A. D. Poyser, 1988). Ergänzendes Spezialbestimmungsbuch für die Vögel Nordafrikas und des Mittleren Ostens.
Hume, R.: *Birds by Character* (Papermac, 1990). Nützlicher kleiner Führer zum Erkennen der Vögel anhand besonderer Eigenheiten.
Jonsson, L.: *Die Vögel Europas und des Mittelmeerraums* (Kosmos-Naturführer, Stuttgart 1992). Großformatige Vogelbilder von besonderer Qualität kennzeichnen dieses hervorragende Bestimmungsbuch, das gleichfalls alle Arten der Region enthält.
Lewington, I., Alström, P. & Coston, P.: *A Field Guide to the Rare Birds of Britain and Europe* (Harper Collins, 1991). Spezialführer zu den Seltenheiten Europas mit detaillierten Bestimmungshilfen.
Madge, S. & Burn, H.: *Wassergeflügel* (Parey Buchverlag, 1987). Bestimmungsbuch und kleines Handbuch der Entenvögel der Erde.
Olsen, K. M. & Larrson, H.: *Terns of Europe and North America* (Helm, 1994). Bestimmungsbuch für Seeschwalben Europas und Nordamerikas.
Porter, R. F., Willis, I., Christensen, S. & Nielsen, B. P.: *Flight Identification of European Raptors* (Calton, 1981). Spezielles Bestimmungsbuch für fliegende Greifvögel mit vielen Fotos.
Svensson, L.: *Identification Guide to European Passerines* (BTO, 1992). Spezialbestimmungsbuch für die wissenschaftliche Vogelberingung.

Handbücher

Bezzel, E.: *Kompendium der Vögel Mitteleuropas,* 2 Bände (Aula Verlag, Wiesbaden 1990 & 1993). Kurzbehandlung aller Vogelarten Mitteleuropas in Handbuchformat. Sehr kompakte Information.
Cramp, S. u. a.: *Handbook of the Birds of Europe, the Middle East and North Africa: the Birds of the Western Palearctic* (Oxford University Press, 1977–1995). Großes, höchst informatives und reich bebildertes Handbuch über alle Vögel der Region, ein Standardwerk der Ornithologen.
Glutz von Blotzheim, U. N. (Hrsg.): *Handbuch der Vögel Mitteleuropas,* 14 Bände (Aula Verlag, Wiesbaden 1966–1997). Ausgezeichnetes Standardwerk über die Vögel Mitteleuropas mit umfangreichen, sehr genauen Artbearbeitungen.
Tucker, G., & Heath, M.: *Birds in Europe: their Conservation Status.* (BirdLife International, 1995). Preisgekröntes Buch über Stand und Bedrohung der Vögel Europas.

Verbreitungsatlanten

Atlas der Verbreitung und Häufigkeit der Brutvögel Deutschlands, G. Rheinwald (Dachverband Deutscher Avifaunisten, 1993) und
Atlas der Brutvögel Deutschlands, B. Nicolai (Gustav Fischer Verlag, 1993).
Atlas der Brutvögel Österreichs, M. Dvorak, A. Ranner & H.-M. Berg (Umweltbundesamt Wien 1993). Ergebnisse der Brutvogelkartierungen in Österreich von 1981–1985 durch die österreichische Gesellschaft für Vogelkunde.
Atlas des Oiseaux de France en Hiver, D. Yeatman-Berthelot (Société Ornithologique de France, 1991). Übersichtliche Verbreitungskarten der Vögel in Frankreich im Winter.
The Atlas of Wintering Birds in Britain and Ireland, P. Lack (T. & A. D. Poyser, 1986). Kommentierte Verbreitungskarten der Vögel in Großbritannien und Irland im Winter.
Atlas van de Nederlandse vogels, Samenwerkende Organisaties Vogelonderzoek Nederland (SOVON, 1987). Verbreitung der Vögel in den Niederlanden.
Danmarks Fugle – en Oversigt, K. M. Olsen (Dansk Ornitologisk Forening, 1992). Übersicht über die Vögel Dänemarks.
The New Atlas of Breeding Birds in Britain and Ireland 1988–91, D. W. Gibbons, J. B. Reid & R. A. Chapman (Academic Press, 1993). Ergebnis der umfangreichsten Vogelkartierung in Westeuropa mit Diskussion der Verbreitung der Brutvögel Großbritanniens und Irlands.
Les Oiseaux Rares en France, P. J. Dubois, P. Yésou & LPO (Chabaud, 1992). Analyse der offiziell anerkannten Seltenheitsbeobachtungen in Frankreich.
Palearctic Birds: a Checklist of the Birds of Europe, North Africa and Asia, M. Baeman (Harrier Publications, 1995). Liste aller bislang in Europa, Nordafrika und dem nördlichen Asien nachgewiesenen Vogelarten (Bereich Paläarktis) mit den englischen Namen.
Sällsynta Fåglar i Sverige, B. Briefe, E. Hirschfield, N. Kjellèn & M. Ullman

(Skanes Ornithologiska Förening, 1990). Analyse der offiziell anerkannten Seltenheiten in Schweden.

Sveriges Fåglar, Sveriges Ornithologiska Förening (SOF, 1990). Verbreitungskarten der Vögel Schwedens.

Vogels in Vlaanderen: Voorkomen en Verspreiding, Vlaamse Avifaunacommissie (Bornem, 1989). Die Vögel Flanderns: Vorkommen und Verbreitung.

Führer zu den besten Beobachtungsplätzen

The Most Important Bird Areas in Europe, R. F. Grimmett & T. Jones (Cambridge, 1989). Wichtiges und anerkanntes Standardwerk.

Vogelparadiese 1–3, M. Lohmann u. a. (Paul Parey Verlag, 1989–1991). Die besten Gebiete in Deutschland.

Where to Watch Birds in Britain and Europe, J. Gooders (Hamlyn, 1994). Mehr als 200 der attraktivsten Plätze zum Vogelbeobachten in Europa.

Where to Watch Birds in Eastern Europe, G. Gorman (Hamlyn/Reed, 1994). Rund 140 der besten Beobachtungsplätze in Tschechien, der Slowakei, Ungarn, Rumänien und Bulgarien.

Where to Watch Birds in France, LPO (Helm, 1989). Die besten Plätze in Frankreich.

Where to Watch Birds in Holland, Belgium and Northern France, A. B. van den Berg & D. Lafontaine (Hamlyn/Reed, 1996). 200 Plätze in den Niederlanden, Belgien und Nordfrankreich.

Where to Watch Birds in Ireland, C. Hutchinson (Helm, 1994). Die 143 besten Plätze in Irland.

Where to Watch Birds in Italy, Lega Italiana Protezione Uccelli (Helm, 1994). Die besten Plätze in Italien.

Where to Watch Birds in Scandinavia, G. Aulén (Hamlyn/Reed, 1996). Die 180 besten Plätze in Skandinavien und Island.

Where to Watch Birds in Scotland, M. Madders & J. Welstead (Helm, 1993). Neuausgabe des besten Geländeführers für Schottland.

Where to Watch Birds in Southern Spain, E. Garcia & A. Paterson (Helm, 1994). Die 92 besten Plätze in Andalusien, den Extremaduras und Gibraltar.

Where to Watch Birds in Spain and Portugal, L. Rose (Hamlyn/Reed, 1995). Rund 190 der besten Gebiete in Spanien und Portugal.

Where to Watch Birds in Spain, La Sociedad Española de Ornitología (Lynx, 1994). 309 hervorragende Plätze in Spanien.

Spezielle feldornithologische Zeitschriften

Alula. Alula, PO Box 85, SF–02271, Espoo, Finnland.

Birding World. Bird Information Services, Stonerunner, Coast Road, Cley next the Sea, Holt, Norfolk NR25 7RZ, Großbritannien.

Birdwatch. Solo Publishing, 310 Bow House, 153–159 Bow Road, London E3 2SE, Großbritannien.

Bird Watching. Bretton Court, Bretton, Peterborough PE3 8DZ, Großbritannien.

Bliki. Icelandic Institute of Natural History, PO Box 5320, IS–125 Reykjavík, Island.

British Birds. British Birds Ltd., Fountains, Park Lane, Blunham, Bedford MK44 3NJ, Großbritannien.

Butlletí del Grup Català d'Annellament. Grup Català d'Anellament, Musea de Zoologia, Ap. 593, E–08080 Barcelona, Spanien.

Irish Birdwatching. 46 Claremont Court, Glasnevin Dublin 11, Irland.

Limicola. Limicola, Über dem Salzgraben 11, D–37574 Einbeck-Drüber, Deutschland.

Rivista Italiana di Birdwatching. Arex Spix Ed, via Chiesa 10, I–25058 Sulzano (BS), Italien.

CDs & CD-ROMs

Birdwatching (Opera Multimedia, 1995). Foto-CD mit einer Sammlung von 100 Fotos.

Die Vögel Europas (Springer Verlag, 1996). Interaktive CD-ROM mit Zeichnungen, Fotos, Text und Stimmaufnahmen.

Tous les oiseaux d'Europe, J. C. Roché u. a. (La Mure, 1990). 4 CDs mit Stimmaufnahmen und Begleitbuch.

Virtual Reality Bird (Dorling Kindersley, 1995). Ein lehrreicher Multimediaführer in die Welt der Vögel.

Europäische Organisationen

Die nachfolgend aufgeführten nationalen Organisationen geben Zeitschriften heraus oder bieten Informationsdienste an. Viele Gesellschaften organisieren zusätzlich auch vogelkundliche Exkursionen, die von Spezialisten geführt werden. In diesen Organisationen werden wichtige Beobachtungen gesammelt und besondere Arbeitsprogramme durchgeführt. Sie vermitteln außerdem Kontakte zu den örtlich und international tätigen Ornithologen oder schaffen Zugang zu den wissenschaftlichen Einrichtungen.

Die telefonischen Informationsdienste werden normalerweise in der Landessprache angeboten, aber Englisch kann in den meisten Fällen gleichfalls verwendet werden. Wo verfügbar, wurde zusätzlich zu der Telefonnummer auch die Faxnummer angegeben.

Organisationen

Belgien

De Wielewaal
Graatakker 11,
B–2300 Turnhout
Tel.: (32 14) 412252
Fax: (32 14) 439651
Flämische Gesellschaft für Vogel- und Naturstudien
Zeitschrift: *Oriolus*

Koninklijk Belgisch Verbond voor de Bescherming van Vogels (KBVBV)
Veeweidestraat 43,
B–1070 Brussel
Tel.: (32 2) 5212850
Fax: (32 2) 5270989
Vogelschutzgesellschaft
Zeitschrift: *Mens en Vogel/ l'Homme et l'Oiseau*

Société d'Etudes Ornithologiques (SEO)
Maison Liégeoise de l'Environnement
Rue de la Régence 36,
B–4000 Liège
Tel.: (32 41) 222025
Fax: (32 41) 221689
Zeitschrift: *Aves*

Dänemark

Dansk Ornitologisk Forening (DOF) BirdLife Denmark
Vesterbrogade 140A,
DK–1620 København V
Tel.: (45) 31 314404
Fax: (45) 31 312435
Zeitschriften: *Dansk Ornitologisk Forenings Tidsskrift, Fugle og Natur*

Deutschland

Naturschutzbund Deutschland (NABU)
BirdLife Germany
Herbert-Rabius-Str. 26
D–53225 Bonn
Tel.: (49 228) 975610
Fax: (49 228) 9756190
Naturschutzgesellschaft
Zeitschrift: *Naturschutz heute*

Deutsche Ornithologen-Gesellschaft (DOG)
c/o Dr. H.-W. Helb
Universität Kaiserslautern
Postfach 3049
D–67653 Kaiserslautern
Erteilt auch Auskünfte über regionale Gesellschaften
Zeitschrift: *Journal für Ornithologie*

Finnland

BirdLife Suomi Finland
PL 17, SF–18101 Heinola
Tel.: (358 06) 6854700
Fax: (358 06) 6854722
Zeitschrift: *Linnut*

Frankreich

Ligue Française pour la Protection des Oiseaux (LPO)
La Corderie Royale, BP 263,
F–17035 Rochefort Cedex
Tel.: (33) 46821234
Fax: (33) 46839586
Zeitschriften: *Ornithos, l'Oiseau Magazine*

Société d'Etudes Ornithologiques de France (SEO)
Musée National d'Histoire Naturelle,
55 Rue Buffon,
F–75005 Paris
Tel.: (33) 40793834
Fax: (33) 40793063
Zeitschrift: *Alauda*

Grossbritannien

British Trust for Ornithology (BTO)
National Centre for Ornithology,
The Nunnery,
Thetford,
Norfolk IP24 2PU,
Großbritannien
Tel.: (44 1842) 750050
Fax: (44 1842) 750030

Zeitschrift: *Ringing and Migration*

Royal Society for the Protection of Birds (RSPB)
The Lodge, Sandy, Bedfordshire
SG19 2DL, Großbritannien
Tel.: (44 1767) 680551
Fax: (44 1767) 692365
Zeitschrift: *Birds*

BirdLife International
Wellbrook Court, Girton Road,
Cambridge CB3 0NA, Großbritannien
Tel.: (44 1223) 277318
Fax: (44 1223) 277200
Zeitschriften: *World Birdwatch, Bird Conservation International*

Scottish Ornithologists' Club
21 Regent Terrace, Edinburgh EH7 5BT,
Großbritannien
Tel.: (44 131) 556 6042
Zeitschrift: *Scottish Birds*

IRLAND

Irish Wildbird Conservancy (IWC)
Ruttledge House, 8 Longford Place,
Monkstown, Co Dublin
Tel.: (353 1) 2804322
Fax: (353 1) 2844 407
Zeitschrift: *Irish Birds*

ITALIEN

Lega Italiana Protezione Uccelli (LIPU) BirdLife Italy
Vicolo San Tiburzio 5,
I–43100 Parma
Tel.: (39 521) 230380
Fax: (39 521) 287116
Zeitschrift: *Ali Notizi*

LUXEMBURG

Lëtzebuerger Natur-a Vulleschutsliga
Rue de Bettembourg,
L–1899 Kokelscheuer, Luxembourg
Tel.: (352) 290404
Fax: (352) 290504
Zeitschrift: *Regulus*

NIEDERLANDE

Dutch Birding Association (DBA)
PO Box 75611,
NL–1070 AP Amsterdam
Fax: (31 23) 5376749
E-mail: http://www.hol.nl/-mebweb/dba.haml
Zeitschrift: *Dutch Birding* (zweisprachig)

BirdLife/Vogelbescherming Nederland
Driebergseweg 16C,
NL–3708 JB Zeist
Tel.: (31 30) 6937700
Fax: (31 30) 6918844
Zeitschrift: *Vogels*

NORWEGEN

Norsk Ornitologisk Forening (NOF) BirdLife Norway
Seminarplassen 5,
N–7060 Klæbu
Tel.: (47) 72831166
Fax: (47) 72831255
Zeitschrift: *Vår Fuglefauna*

ÖSTERREICH

BirdLife Austria
Naturhistorisches Museum
Burgring 7,
A–1014 Wien
Tel.: (43 1) 523 4651
Fax: (43 1) 523 5254
Zeitschrift: *Egretta*

PORTUGAL

Centro de Estudos de Migrações e Protecção de Aves (CEMPA)
Rua Filipe Folque, 46-3°,
P–1000 Lisboa
Tel.: (351 1) 3523018
Zeitschrift: *Airo*

SCHWEDEN

Sveriges Ornitologiska Förening (SOF) BirdLife Sweden
PO Box 14219,
S–10440 Stockholm
Tel.: (46 8) 6626434
Fax: (46 8) 6626988
Gesellschaft für Vogelstudien und Vogelschutz
Zeitschriften: *Vår Fågelvärld, Ornis Svecica*

Skånes Ornitologiska Förening (SkOF)
Ekologihuset, S–223 62 Lund
Tel./Fax: (46 46) 146608
E-mail: Skof@algonet.se
Zeitschrift: *Anser*

SCHWEIZ

Schweizer Vogelschutz (SVS)
BirdLife Switzerland
PO Box, CH–8036 Zürich
Tel.: (41 41) 1 4637271
Fax: (41 41) 1 4614778
Zeitschrift: *Ornis*

Schweizerische Vogelwarte
PO Box, CH–6024 Sempach
Tel.: (41 41) 4629700
Fax: (41 41) 4629710
Zeitschrift: *Ornithologische Beobachter*

SPANIEN

La Sociedad Española de Ornitología (SEO)
BirdLife Spain
Carretera de Húmera, 63–1,
E–28224 Pozuelo de Alarcón, Madrid
Tel.: (34 1) 3511045
Fax: (34 1) 3511386
Zeitschriften: *Ardeola, La Garcilla*

Raritätenkomitees

Die Beobachtung seltener Vogelarten bedarf der Überprüfung durch die nationalen Raritätenkomitees um anerkannt zu werden. Die Organisationen werden nachfolgend genannt.

BELGIEN

Flandern
Belgische Avifaunistische Homologatiecommissie (BAHC)
Erfgoedlaan 8,
B–9800 Deinze
Zeitschrift: *Oriolus*

Wallonie
Commission d'Homologation (CH)
Rue A. Markelbach 68,
B–1030 Bruxelles
Zeitschrift: *Aves*

DÄNEMARK
Sjaldenhedsudvalget (SU)
Vesterbrogade 140, DK–1620 København V
Zeitschrift: *Dansk Ornitologisk Förening Tidsskrift*

DEUTSCHLAND
Deutsche Seltenheitenkommission
c/o Limicola, Über dem Salzgraben 11,
D–37574 Einbeck-Drüber
Zeitschrift: *Limicola*

FINNLAND
Suomen Lintutietellisen Yhdistyksen Rartiteettikomitea (SLY RK)
Mannerheimintie 64 A2,
SF–00260 Helsinki 10
Zeitschrift: *Linnut*

FRANKREICH
Comité d'Homologation National (CHN)
c/o LPO, La Corderie Royale, BP263,
F–17305 Rochefort Cedex
Zeitschriften: *Ornithos*, *Alauda*

GROSSBRITANNIEN
British Birds Rarities Committee (BBRC)
2 Churchtown Cottages,
Towednack,
St Ives,
Cornwall TR26 3AZ
Zeitschrift: *British Birds*

IRLAND
Irish Rare Birds Committee (IRBC)
Ballykennealy,
Ballymacoda,
Co Cork
Zeitschriften: *Irish Birds*, *British Birds*

ITALIEN
Comitato di Ornologazione Italiana (COI)
Via Venato 30,
I–25020 Verolavecchia (BS)
Zeitschrift: *Rivista Italiana di Ornitologia*

NIEDERLANDE
Commissie Dwaalgasten Nederlandse Avifauna (CDNA)
PO Box 45,
NL–2080 AA Santpoort-Zuid
Zeitschrift: *Dutch Birding*

NORWEGEN
Norsk Sjeldenhetskomite for Fugle (NSKF)
Rød, Asmaløy,
N–1684 Vesterøy
Zeitschrift: *Vår Fuglefauna*

ÖSTERREICH
Avifaunistische Kommission (AFK)
c/o Naturhistorisches Museum Wien,
Burgring 7,
A–1014 Wien
Zeitschrift: *Egretta*

SCHWEDEN
Sveriges Ornithologiska Förenings Raritetskommitte (SOFRK)
Segerstad Fyr,
S–38065 Degerhamn
Zeitschrift: *Vår Fågelvärld*

SCHWEIZ
Schweizerische Avifaunistische Kommission (SAK)
Schweizerische Vogelwarte Sempach,
CH–6204 Sempach
Zeitschrift: *Ornithologische Beobachter*

SPANIEN
Comite Iberico de Rareras
CIR de SEO
Facultad de Biologia,
Planta 9,
E–28040 Madrid
Zeitschrift: *Ardeola*

Informationsdienste (Birdlines und Hotlines)

BELGIEN
Birdline: 32 (0)3 4880194
Hotline: 32 (0)3 4880194
(auch vom Ausland zugänglich)

DÄNEMARK
Birdline: (45) 90 232400
Hotline: (45) 33 255300
(auch vom Ausland zugänglich)

FRANKREICH
Birdline: 33 (0)44 201897
Hotline: 33 (0)44 201897
(auch vom Ausland zugänglich)

GROSSBRITANNIEN
Birdline: 0891 700222
Hotline: 0263 741140
(nicht vom Ausland zugänglich)

IRLAND
Birdline: 1550 111700
Hotline: 01 348917
(nicht vom Ausland zugänglich)

NIEDERLANDE
Birdline: 06 32032128
Hotline: 078 6180935
(nicht vom Ausland zugänglich)

NORWEGEN
Birdline: 8205050
Hotline: 8205050
(nicht vom Ausland zugänglich)

SCHWEDEN
Birdline: 071 268300
Hotline: 020 768030
(nicht vom Ausland zugänglich)

SCHWEIZ
Birdline: 41 (0)31 8093324
Hotline: 41 (0)31 8093324
(auch vom Ausland zugänglich)

REGISTER und GLOSSAR

In dieser Kombination von Index und Glossar geben die fett gedruckten Zahlen an, auf welcher Seite die Hauptreferenz zu diesem Thema steht. Kursiv gedruckte Zahlen geben die Seiten an, auf denen sich Illustrationen oder Fotografien befinden. Ist eine Zahl gerade und nicht fett gedruckt, wird das Thema auf dieser Seite erwähnt, aber nicht ausführlich besprochen.

A

B

Q

R

S

BILDLEGENDEN

Seite 1: Der Grauschnäpper fängt Fluginsekten geschickt von einem Warteplatz aus.
Seite 2: Graugänse verpaaren sich lebenslang miteinander.
Seiten 4–5: Balztanz der Graukraniche
Seiten 6–7: Nachtigallen sind für ihre Gesangskünste berühmt.
Seiten 8–9: Den Sanderling erkennt man daran, wie er am Strand vor den Wellen läuft, als ob er sie jagen wollte.
Seiten 10–11: Papageitaucher brüten in selbst gegrabenen Erdhöhlen an Inseln vor der Meeresküste.
Seiten 12–13: Ein großer Schwarm Säbelschnäbler beim Abflug
Seiten 44–45: Kernbeißer lassen sich wie viele andere Vogelarten auch an Futterhäuschen locken.
Seiten 58–59: Weißstörche kommen in Mittel- und Osteuropa meist in Flussniederungen und an Feuchtgebieten vor.
Seiten 84–85: Singschwäne brüten in der arktischen Tundra. In Mitteleuropa sind sie Wintergäste.
Seite 95: Einklinker oben: Eine Gruppe Stare auf Leitungsdrähten; Einklinker unten: Haussperlinge, die gar nicht mehr so häufig sind wie früher!
Seite 119: Einklinker oben: Die heimliche Heckenbraunelle wird oft übersehen, obwohl sie weit verbreitet ist und häufig in Gärten und Parks vorkommt. Einklinker unten: Der Fitis ist häufig und überwintert im tropischen Afrika.
Seite 159: Einklinker oben: Die Feldlerchen singen nicht nur im Flug, sondern auch von einer Singwarte aus. Einklinker unten: Pfeifenten bei der Nahrungssuche
Seite 189: Einklinker oben: Unverkennbar ist das Männchen der Rohrammer. Einklinker unten: Am holländischen Wattenmeer gibt es die nördlichsten Brutkolonien des Löfflers.
Seite 227: Einklinker unten: Einzelner Säbelschnäbler auf Nahrungssuche am Ufer bei Sonnenuntergang
Seite 257: Einklinker oben: Bartgeier im Suchflug; Einklinker unten: Steinrötel auf der Sitzwarte
Seite 273: Ein sich putzender Krauskopfpelikan

Bildnachweis
(o = oben, u = unten, l = links, r = rechts, M = Mitte, Hrgr = Hintergrund. A = Auscape International Pty Ltd; AA/ES = Animals Animals/Earth Scenes; BAL = Bridgeman Art Library, London; BC = Bruce Coleman Limited; BPL = Boltin Picture Library; BW = Birdwatch; Cornell = Cornell Laboratory of Ornithology; Culver = Culver Pictures, Inc.; DJC = DJC & Associates; DRK = DRK Photo; FN = Foto Natura; IB = The Image Bank; J = Jacana; MEPL = Mary Evans Picture Library; MP = Minden Pictures; NHPA = Natural History Photographic Agency; NS = Natural Selection; NW = North Wind Picture Archives; OSF = Oxford Scientific Films Ltd; PA = Peter Arnold, Inc.; PE = Planet Earth Pictures; PI = Positive Images; PN = Photo/Nats, Inc.; PR = Photo Researchers, Inc.; S = Scala; SB = Stock Boston; TPL = The Photographic Library of Australia; TS = Tom Stack & Associates; V = Vireo; VU = Visuals Unlimited; WC = Woodfin Camp & Associates.)

1 Ben van den Brink/FN. **2** Wim Weenink/FN. **3** Thomas Buchholz/BCL. **4-5** Flip de Nooyer/FN. **6-7** F Houtkamp/FN. **8-9** William M Smithey Jr/PEP. **10-11** Frans Lanting/MP. **11** Fred Hazelhoff/FN. **12-13** Piet Munsterman/FN. **14-15** Robert Morton & David Wood. **16**o NW; ul Jean Vertut; Hrgr NW. **17**ol C M Dixon; tr David Woo/SB; M mit Erlaubnis der Linnean Society of London; u Lawrence Migdale. **18**o Louvre, Paris/BAL; Mr David Kirshner; u William E Ferguson. **19**o & Mr David Kirshner; u Gunter Ziesler/BCL. **20**ol Giraudon/BAL; tr B. Henry/V; ul John Gerlach/AA/ES; uM Wayne Lankinen/DRK; Hrgr NW. **21**o MEPL; M Danny Ellinger/FN, u Will & Deni McIntyre/PR. **22**o Frans Lanting/BCL; M & u David Kirshner. **23**o Frank Knight; Ml Jim Zipp/PR; Mr Thomas Kitchin/TS; ul Frank Knight; ur Lee Boltin/BPL. **24**ol Art Resource, NY/S; M Geoff Avern/Australian Museum; ul C Decout/FN; ur Frank Knight. **25** David Kirshner. **26**ol Flip de Nooyer/FN; Mr A. Morris/V; ul Stephen J. Krasemann/DRK. **27**ol Stephen J. Krasemann/DRK; or Wayne Lankinen/DRK; u Herman Berkhoudt/FN. **28**ol H. Brandl/FN; or R J Erwin/NHPA; Ml Jordan Coonrad; u Andrew J. Purcell/BC. **29**o Frank Knight; Mr Palazzo Vecchio, Firenze/S; u NW; Hrgr MEPL. **30**o J. White/ET Archive; M J. Wegner/FN; u Frits van Daalen/FN. **31**ol NW; or Danny Ellinger/FN; M1 Fred Hazelhoff/FN; M2 Gary Milburn/TS; u Fred Hazelhoff/FN. **32**or BW; ul BW; ur Gerald Driessens **33**or BW; Mr BW; u Gerald Driessens. **34**o C M Dixon; u Jaap Hoogeboom/FN. **35**ol Danny Ellinger/FN; or F. Ribbers/FN; Ml W Wisniewski/FN; ur Thomas Kitchin/TS. **36**o Wim Weenink/FN; u Erich Hartmann/Magnum. **37**ol F Houtkamp/FN; or Fred Hazelhoff/FN; Ml Cornell. **38**ol C M Dixon; ul Anne Bowman; ur Steve Kaufman/DRK. **39**ol Danny Ellinger/FN; or Roger Tidman/NHPA; u Wide World Photos/AP. **40**ol J P Delobelle/FN; c1, 2 & 3 Breck P Kent/AA/ES; ul O Faulhaber/FN; Hrgr Stephen J Krasemann/DRK. **41**o Life Magazine ©Time Warner/Nina Leen; M Tom J Ulrich; u Wayne Lankinen/DRK. **42**o Jonathan Blair/WC; M D Robert Franz/PE; u Piet Munsterman/FN. **44-45** F Cahez/FN. **46**ol Danny Ellinger/FN; or J J Etienne/FN; Mr P Garguil/FN; ul Culver. **47**o Casa del Bracciale d'Oro, Pompeii/S; u J Korenromp/FN. **48** Colin McRae Photography; ol J Korenromp/FN. **49**ur J J Etienne/FN. **50** Colin McRae Photography; ol Arnoud van den Berg; M BW. **51** Colin McRae Photography; Ml George H Harrison/Grant Heilman Photography; or Jaap Hoogeboom/FN; Mr Arnoud van den Berg; ur Jaap Hoogeboom/FN. **52**or Phillips, The International Fine Art Auction/BAL; ul J L Ziegler/FN; ur Mary Clay/PE. **53**or Jane Burton/BC; Ml C M Dixon; ur Arnoud van den Berg; Hrgr FN. **54** Colin McRae Photography; ol Jerry Howard/PI; ul J van Arkel/FN. **55**or Piet Munsterman; Mr Blondeau/FN; ul Hirondelle/FN. **56**or Casa del Bracciale d'Oro, Pompeii/S; Hrgr NW; ur Grace Davies/Envision. **57**o Philip Friskorn/FN; M Patti Murray/AA/ES; u Gerard Driessens. **58-59** Danny Ellinger/FN. **60**ol & or Colin McRae Photography; Mr Jiri Lochman; ul Susan Day. **61**o Hellio-Van Ingen/J/A; u Colin McRae Photography. **62**ol Paul Resendez/PI; or Colin McRae Photography; u Dennis Frates/PI; Einklinker Flip de Nooyer/FN. **63**o & M Stephen J Krasemann/DRK; u David Wood. **64**ol Tom Bean/DRK; Mr William H Mullins/PR; MM Colin McRae Photography; u Jim Brandenburg/MP. **65**ol Frits van Dalen/FN; or Jack Wilburn/AA/ES; ul Richard Day; ur K. Beylevelt/FN. **66**o Culver; M Fred Hazelhoff/FN u Stephen J Krasemann/PR. **67**ol Eric Wanders/FN; or H Polin/FN; Ml Fred Hazelhoff/FN; ul Danny Ellinger/FN. **68**o Frits van Daalen/FN; M Fred Hazelhoff/FN; u Frans Lanting/MP. **69**or, l & M Gerald Driessens; u George Holton/PR. **70**ol T Schenk/FN; Ml H Brandl/FN; ul Henk Tromp/FN. **70-71** Illustration Danker Jan Oreel; **71**or Arnoud van den Berg; Mr Jean-Paul Ferrero/A; Illustration M Frank Knight; ur Arnoud van den Berg. **72**o Colin McRae Photography; Mr O Faulhaber/FN; ur Cynthia Berger/Cornell; Hrgr NW. **73**ol Haroldo Castro; ul Colin McRae Photography; or Frits van Daalen/FN; ur Steve Pantle. **74**ol Art Resource, NY/S; ul Gerald Driessens. **75**ol Candice Cochrane/PI; or Colin McRae Photography; Mr Mark Catesby/BPL; ul Cornell; uM Culver; ur NW. **76**ol & r Colin McRae Photography; ul & r Joe McDonald/AA/ES. **77**o Courtesy R Gunz & Co Pty Ltd & Cannon Australia; ul Alan Briere; ur Daniel J Cox/DJC. **78**ol Julie O'Neil/PN; Ml Ron Austing; ul Alan Briere. **79**or NW; ol Richard Day; ul Jim Kahnweiler/PI; uM William H Mullins/PR; ur P Bulsing/FN. **80**ol Flip de Nooyer/FN; ul Culver; ur NW. **81**or Arnoud van den Berg; ul C Kalser/FN; ur P Wegner/FN. **82**or W Wisniewski/FN; Ml & MM Flip de Nooyer/FN; Mr Franz Kovacs/FN; ur Brigitta Witte/FN. **83**ol Hans Hut/FN; oM W van Dijck/FN; or H Heerink/FN; Mr Wim Klomp/FN; u Wim Klomp/FN. **84-85** Rino Burgio/FN. **86**ol Wim Weenink/FN; ur Henk Tromp/FN. **87**ol Danny Ellinger/FN; or J C Malausa/FN; **88**ol J C Malausa/FN. **89**o R de Kam/FN; M1 R de Lange/FN; M2 Fred Hazelhoff/FN; u Flip de Nooyer/FN. **90**ol Gordon Langsbury/BC; or Jaap Hoogeboom/FN; ul Francois Gohier/A. **91**ol H Wester/FN; or Flip de Nooyer/FN; ul Danny Ellinger/FN; ur Ad van Lokven/FN. **92**ul Fred Hazelhoff/FN; uM Flip de Nooyer; ur H Wester/FN. **93**ol Fred Hazelhoff/FN; or F Cahet/FN. **94** Philip Friskorn/FN. **95**Hrgr Jerry Howard/PI; o Frans Lanting/MP; u Wim Weenink/FN. **96-97** Erik van Ommen **98**o Daniel J Cox/OSF; Ml Wil Meinderts/FN; ur Philip Friskorn/FN; ul Jan Baks/FN. **99**ol Inge Yspeert/FN; or Wim Weenink/FN; Mr Ben van den Brink/FN; u Julie O'Neil/PN. **100** Frits van Daalen/FN. **101** Tom Walker/A. **102** Do van Dijck/FN. **103** Hans Menop/FN. **104** Wim Klomp/FN. **105** Wil Meinderts/FN. **106** Manfred Danegger/A. **107** Ben van den Brink/FN. **108** Peter Bulsing/FN. **109** Hans Reinhard/BC. **110** Otto Faulhaber/FN. **111** Guy Robbrecht/FN. **112** Henk Tromp/FN. **113** Piet Munsterman/FN. **114** Wim Weenink/FN. **115** Wil Meinderts/FN. **116** A Morris/V. **117** R Villani/V. **118** Franz Kovacs/FN. **119** Hrgr Catherine Ursillo/PR; o Do van Dijck/FN; u Ad van Lokven/FN. **120-121** Erik van Ommen. **122**o J Krasemann/DRK; Mr Frits van Daalen/FN; ul Roger Tidman/NHPA; ur Flip de Nooyer/FN. **123**o Do van Dijck/FN; M1 Ben van den Brink/FN; M2 Frits van Daalen/FN; u Francis Lepine/AA/ES. **126** Otto Faulhaber/FN. **127** Fred Hazelhoff/FN. **128** Frits van Daalen/FN. **129** Wim Weenink/FN. **130** Frits van Daalen/FN. **131** Eric Wanders/FN. **132** Flip de Nooyer/FN. **133** Harry Fiolet/FN. **134** Jaap Hoogeboom/FN. **135** Piet Munsterman/FN. **136** Wim Weenink/FN. **137** Frits Houtekamp/FN. **138** Otto Faulhaber/FN. **139** Frits van Daalen/FN. **140** Flip de Nooyer/FN. **141** Frits van Daalen/FN. **142** Frits van Daalen/FN. **143** Piet Munsterman/FN. **144** Gerard de Hoog/FN. **145** Flip de Nooyer/FN. **146** Ben van den Brink/FN. **147** Hans Schouten/FN. **148** Jos Korenromp/FN. **149** Rino Burgio/FN. **150** Otto Faulhaber/FN. **151** Frits van Daalen/FN. **152** C Decout/FN. **153** Hans Schouten/FN. **154** Piet Munsterman/FN. **155** Frits van Daalen/FN **156** Frits van Daalen/FN. **157** Flip de Nooyer/FN. **158** Leo Vogelenzang/FN. **159** Hrgr R J Erwin/DKR; o Arnoud van den Berg; u Ad van Lokven/FN. **160-161** Erik van Ommen. **162**o Wim Weenink/FN; M Danny Ellinger/FN; ul Paul Rezendes/PI; ur Joe McDonald/TS. **163**o Lone E Lauber/OSF; ul Michael Sacca/AA/ES; ur Hans Gebuis/FN. **164** Jean-Louis le Moigne/A. **165** Eric Wanders/FN. **166** Oene Moedt/FN. **167** Hans Dekkers/FN. **168** Wim Weenink/FN. **169** Hans Dekkers/FN. **170** Gerard de Hoog/FN. **171** Flip de Nooyer/FN. **172** Jos Korenromp/FN. **173** Flip de Nooyer/FN. **174** Danny Ellinger/FN. **175** Oene Moedt/FN. **176** George McGarthy/BC. **177** Wim Weenink/FN. **178** Ad van Lokven/FN. **179** Jaap Hoogeboom/FN. **180** Franz Kovacs/FN. **181** Wim Weenink/FN. **182** Philip Friskorn/FN. **183** Piet Munsterman/FN. **184** Frits van Daalen/FN. **185** Frits van Daalen/FN. **186** Frits van Daalen/FN. **187** Jan Sleurink/FN. **188** Arnoud van den Berg. **189** Hrgr Helen Cruickshank/V; o Piet Munsterman/FN; u Fred Hazelhoff/FN. **190-191** Erik van Ommen. **192**o Fred Hazelhoff/FN; ul R Glover/BC; ur Piet Munsterman/FN. **193**ol Arnoud van den Berg; or Fred Hazelhoff/FN; ul Stephen J Krasemann/PA; ur Bert Muller/FN. **194** Do van Dijck/FN. **195** Danny Ellinger/FN. **196** Guy Robbrecht/FN. **197** Wim Klomp/FN. **198** Rinie van Meurs/BC. **199** Arnoud van den Berg. **200** Danny Ellinger/FN. **201** Philip Friskorn/FN. **202** Arnoud van den Berg. **203** Wil Meinderts/FN. **204** Oene Moedt/FN. **205** Herman Berkhoudt/FN. **206** Erwin & Peggy Bauer/A. **207** J R Woodward/V. **208** Danny Ellinger/FN. **209** Wim Weenink/FN. **210** Ben van den Brink/FN. **211** Fritz Polking/A. **212** Oene Moedt/FN. **213** Flip de Nooyer/FN. **214** Danny Ellinger/FN. **215** Frits van Daalen/FN. **216** Oene Moedt/FN. **217** Danny Ellinger/FN. **218** Philip Friskorn/FN. **219** Oene Moedt/FN. **220** Rob Reijnen/FN. **221** Otto Faulhaber/FN. **222** Ben van den Brink/FN. **223** Henk Tromp/FN. **224** Arnoud van den Berg. **225** Ben van den Brink/FN. **226** Flip de Nooyer/FN. **227** Hrgr Brett Froomer/IB; o Gerard de Hoog/FN; u Hermann Brehm/BC. **228-229** Erik van Ommen. **230**o Arnoud van den Berg; ul Flip de Nooyer/FN; Mr Flip de Nooyer/FN; ur Leo Vogelenzang/FN. **231**ol Frans Lanting/MP; or Stephen J Krasemann/DRK. **232** Erwin & Peggy Bauer/A. **233** Wil Meinderts/FN. **234** T H Davis/V. **235** Flip de Nooyer/FN. **236** Fred Hazelhoff/FN. **237** Arnoud van den Berg. **238** Wil Meinderts/FN. **239** Fred Hazelhoff/FN. **240** A Pons/FN. **241** Flip de Nooyer/FN. **242** Hans Schouten/FN. **243** Ad van Lokven/FN. **244** A & E Morris/V. **245** A & E Morris/V. **246** Jaap Hoogeboom/FN **247** Philip Friskorn/FN. **248** Doug Wechsler/V. **249** Wim Klomp/FN. **250** Philippe Prigent/A. **251** Eric Wanders/FN. **252** Helen Cruickshank/V. **253** FN. **254** Piet Munsterman/FN. **255** M & A Boet/A. **256** Jan van Arkel/FN. **257** Hrgr Arnoud van den Berg; o Martin Harvey/FN; u Arnoud van den Berg. **258-259** Erik van Ommen. **260**o W Wisniewski/FN; ul W Wisniewski/FN; ur Martin van Lokven/FN. **261** o Arnoud van den Berg; Mr Nigel Dennis/FN; ul Martin Harvey/FN; ur Brigitta Witte/FN. **262** Martijn de Jonge/FN. **263** J C Malausa/Bios/FN. **264** Gerard de Hoog/FN. **265** Frits van Daalen/FN. **266** Oene Moedt/FN. **267** Arnoud van den Berg. **268** G Bortolato/Bios/FN. **269** G Bortolato/FN. **270** Ben van den Brink/FN. **271** Arnoud van den Berg. **272** G Bortolato/FN. **273** Martin Harvey/FN. **281** Erik Sok **274-287** Steven Bray.

Die Illustrationen im 4. Kapitel sind von **Helen Halliday;** Abbildungen an den Seitenrändern, Gebirge ausgenommen, **Gerald Driessen** 112, 113, 114, 115, 116, 117, 118, 136, 137, 138, 139, 140, 141, 154, 155, 156, 157, 158, 170, 171, 172, 173, 174, 175, 206, 207, 208, 209, 210, 211, 223, 224, 225, 226, 244, 245, 246, 247, 248, 249; **Frits Jan Maas** 106, 107, 108, 109, 110, 111, 142, 143, 144, 145, 146, 164, 165, 166, 167, 168, 169, 182, 183, 184, 185, 186, 187, 188, 200, 201, 202, 203, 204, 205, 232, 233, 234, 235, 236, 237, 250, 251, 252, 253, 254, 255, 256; **Karel Mauer** 124, 125, 126, 127, 128, 129, 147, 148, 149, 150, 151, 152, 153, 176, 177, 178, 179, 180, 181, 212, 213, 214, 215, 216, 238, 239, 240, 241, 242, 243, 268, 269, 270, 271, 272; **Erik van Ommen** 96, 97, 100, 101, 102, 103, 104, 105, 120, 121, 130, 131, 132, 133, 134, 135, 160, 161, 190, 191, 194, 195, 196, 197, 198, 199, 217, 218, 219, 220, 221, 222, 228, 229, 258,259 (Abbildungen an den Seitenrändern, nur Berge), 262, 263, 264, 265, 266, 267.